计算机教学研究与实践

——2018学术年会论文集

浙江省高校计算机教学研究会　编

ZHEJIANG UNIVERSITY PRESS
浙江大学出版社

图书在版编目(CIP)数据

计算机教学研究与实践:2018学术年会论文集 / 浙江省高校计算机教学研究会编. —杭州:浙江大学出版社,2018.12

ISBN 978-7-308-18838-8

Ⅰ.①计… Ⅱ.①浙… Ⅲ.①电子计算机－教学研究－高等学校－学术会议－文集 Ⅳ.①TP3-42

中国版本图书馆 CIP 数据核字(2018)第 289717 号

计算机教学研究与实践

——2018 学术年会论文集

浙江省高校计算机教学研究会　编

责任编辑	陈静毅	
责任校对	刘　郡	
封面设计	杭州林智广告有限公司	
出版发行	浙江大学出版社	
	(杭州市天目山路 148 号　邮政编码 310007)	
	(网址:http://www.zjupress.com)	
排　　版	杭州隆盛图文制作有限公司	
印　　刷	虎彩印艺股份有限公司	
开　　本	787mm×1092mm　1/16	
印　　张	17.25	
字　　数	377 千	
版 印 次	2018 年 12 月第 1 版　2018 年 12 月第 1 次印刷	
书　　号	ISBN 978-7-308-18838-8	
定　　价	55.00 元	

目　录

翻转课堂与混合课堂

教学方法与教学环境

课程建设

实验教学

专业建设与课程体系建设

翻转课堂与
混合课堂

000010111

000010111

00001011001011
000010111

00001011001011

000010111

00001011001011
000010111
00010111000

工程教育认证背景下国际化培养模式及质量改进策略研究[①]

陈建国　陆慧娟　周杭霞　周永霞

中国计量大学信息工程学院,浙江杭州,310018

摘　要:面向OBE工程教育认证的专业建设与教学改革已逐渐在国内高等院校展开。本文围绕工程教育认证的国际互认目标和质量持续改进理念,研究了国际化联合培养模式,着重研究了综合面对面传统课堂教学和实时e-learning学习方式的混合式教学策略,提出了合作班混合式教学策略,并实例验证了这一策略在质量改进方面的有效性。

关键词:人才培养;国际化;质量改进;混合式教学;工程教育认证

1　引　言

2013年6月,我国成为《华盛顿协议》的预备成员。3年后,在吉隆坡国际工程联盟大会上,我国成为《华盛顿协议》的正式会员。这些成果标志着我国的人才培养已开始与国际接轨,具体表现是国内不少高等院校纷纷开展成果导向理念(outcomes based education,OBE)的工程教育专业建设与教学改革,参加中国工程教育专业认证协会主导的专业认证工作[1]。

开展工程教育专业认证的目的之一是促进中国工程教育的国际互认,提升我国工程技术人才的国际竞争力;工程教育专业认证的基本理念之一是质量持续改进。本文就工程教育专业认证这一目的和理念展开讨论。

《国家中长期教育改革和发展规划纲要(2010—2020年)》明确将国际化作为高等教育

①　资助项目:浙江省人力资源和社会保障厅2010年度留学人员科技活动择优资助项目(浙人社函〔2010〕423号);中国计量大学2015年度校立教改项目(HEX011);中国计量大学校立教改项目(HEX2016006);教育部产学合作协同育人项目(201701022010);浙江省示范性中外合作办学项目(教外综函〔2011〕7号)等。

长期发展的战略,纲要对高等教育国际化起到了决定性的推动作用,涉及的主要内容归纳起来有四个方面:出国留学、来华留学、对外交流与合作、中外合作办学。本文研究人才培养新模式,将仅讨论后面两个方面。

在质量持续改进方面,本文将提出一种结合面对面课堂教学和实时 e-learning 学习方式的混合式教学策略,并以国际化项目中的一个课程为例,实例验证这一策略在质量持续改进方面的有效性。

2　工程教育认证

《华盛顿协议》于 1989 年由来自美国、英国、加拿大、爱尔兰、澳大利亚、新西兰 6 个国家的民间工程专业团体发起和签署。该协议主要是国际上本科工程学历(一般为四年)的资格互认,确认签约成员认证的工程学历基本相同,建议毕业于任一签约成员认证课程的毕业生均应被其他签约成员视为已获得从事初级工程工作的学术资格。

中国加入《华盛顿协议》对我国高等工程教育意义重大,标志着我国工程教育质量及其保障已得到国际工程教育界的认可,为工程教育类学生提供具有国际互认质量标准的"通行证"和将来走向世界打下基础。我国工程教育国际化迈出了重大步伐,能够促进我国工程类产业走出国门,走向世界。但是,值得注意的是,《华盛顿协议》正式成员身份不是永久的,需按协议相关规定接受定期检查,不合格将被降级或留待观察处理。

3　人才培养国际化

《国家中长期教育改革和发展规划纲要(2010—2020 年)》涉及四个国际化人才培养模式,这里我们只研究对外交流与合作、中外合作办学两个方面。

3.1　对外交流与合作

国(境)内外高校之间通过签订交流与合作协议,开展人才的联合培养,常见模式有"2+2"双学位本科生联合培养、"3+1+1"本硕连读联合培养、"4+1"联合培养等[2]。

"2+2"双学位本科生联合培养模式的学制四年,采用国(境)内两年、国(境)外两年"两段式"培养。学生在学校完成前两个学年的课程后,申请参加国(境)外院校的联合培养,双方学校互认学分,达到双方毕业学位标准后获得学校本科学位和国(境)外院校的本科学位。我校和澳大利亚堪培拉大学在计算机专业的合作属于此类。

在"3+1+1"本硕连读联合培养模式中,学生在国(境)内完成前三年的学业后,赴国

(境)外院校联合培养两年。学校承认学生第四年在国(境)外修读的学分,达到学校培养方案要求可获得学校本科毕业证书和学位证书;学生在第五年继续在国(境)外院校学习,完成在国(境)外院校的全部学习后,达到对方毕业标准,可获得国(境)外院校的硕士学位。我校和澳大利亚伍伦贡大学在通信工程及计算机专业的合作属于此类。

"4+1"联合培养模式是指学生在国(境)内学校本科毕业后,直接到国(境)外大学就读研究生学位。我校与英国斯特拉斯克莱德大学在机械专业、机电专业的合作属于此类。

"2+2"模式和"3+1+1"模式的前四年的人才培养,达到了国际互认的目的;而"4+1"模式没有国际互认的含义,原因是最后一年学生前往国(境)外学校就读,不再是国(境)内学校的学生。

这些合作模式存在的问题有:语言问题是瓶颈,因语言不达标,进入项目的学生人数总体偏少;因人才培养定位和模式存在不同,专业培养方案、课程设置不同,项目双方课程对接难度较大;学生出国后,与国内的交流较少,学校对学生的学习情况、思想状态、生活情况缺乏细致的了解,造成项目过程管理薄弱。

3.2　中外合作办学

中外合作办学的特征是引进国(境)外优质师资,共享教育资源,学习国(境)外先进的办学理念、方法和实践经验,这种形式的国际化人才培养模式对我国高等教育国际化具有积极意义[3]。

1995 年颁布的《中外合作办学暂行规定》提出,"中外合作办学是中国教育对外交流与合作的重要形式,是对中国教育事业的补充",肯定了中外合作办学对促进我国高等教育的重要性;2003 年的《中华人民共和国中外合作办学条例》提出,"中外合作办学属于公益性事业,是中国教育事业的组成部分",进一步明确了中外合作办学对高等教育事业的积极作用,并起到了规范和指导的作用。

此类模式的特点是项目必须被教育部批准立项;项目内的学生入学后必须注册备案,毕业后学生获得的外方学位才被官方认可。我校与新西兰奥克兰理工大学合作举办计算机科学与技术专业本科教育项目(简称中新项目)、我校与英国安格利亚鲁斯金大学合作举办金融工程专业本科教育项目(简称中英项目)属于此类。

此类人才培养达到了国际互认的目的。中新项目是"4+0"模式,即四年都在国内学习;中英项目是"3+1"模式,学生第四年需要前往英国安格利亚鲁斯金大学学习。学生毕业时,只要满足双方大学的毕业要求,均可获得中文的毕业证书和学位证书、外方的学位证书。此外方的学位证书等同于在外方大学就读获得的学位证书。

这种合作办学模式存在的问题包括:还未完全为公众所接受;合作项目不一定是学校的核心优势专业;考生在报考选择上不会将其作为第一选择,导致生源质量没有保障;毕业后所获学历和学位可能不被用人单位认可;培养出的学生可能难以适应就业需求等。

4　混合式教学策略

混合式教学的定义不尽相同。然而,从众多的定义可以看出,混合式教学的目的是发挥教师在教学过程中的组织、引导、启发、监控、管理等主导作用,充分发挥学生在学习过程中的主体地位,激发学生学习的主动性、积极性与创造性。只有将教师的主导作用和学生的主体地位相结合,使两者优势互补,才能获得最佳的学习效果。混合式教学的主要形式是将传统课堂教学与网络教学相结合,充分体现以"教"为主导,以"学"为主体的教学思想。

4.1　混合式教学模式

混合式教学模式有多种,较为著名的有 Pumima Valiathan 模式,其中包括技能驱动型模式、态度驱动型模式、能力驱动型模式;PCR 专案模式,其中包括补充模式、取代模式、中央市场模式、完全线上模式、自助餐模式;Barnum 和 Parrmann 四阶段模式,即基于 Web 的学习材料传输,面对面交流沟通,形成一定产品、记录心得、作业、练习,通过电子邮件相互交流评价,协作扩展学习;Jared M. Carman 模式,其中包括实时教学事件、自定步调学习、协作学习、评价、绩效支持材料等五个部分;体现"主导-主体"教育思想混合学习计划的欧洲复兴计划模式;Josh Bersin 模式,其中包括识别与定义学习需求,根据学习者特征制订学习计划和测量策略,根据实施混合式学习的设施(环境)确定开发或选择学习内容,执行计划并对结果进行测量。国内的相关研究有田富鹏和焦道利的信息化环境下包括混合式教学目标、教师主导教学、学生在线学习、混合评价四个方面的高校混合式教学模式;李克东教授、祝智庭教授的设计八步骤、三维整合框架等[4]。

4.2　混合式教学理论

混合式教学模式在形式上是在场(on site)或面对面(face to face)和在线(on-line)学习的混合,其更深层次体现了不同教学理论的教学模式的混合,教师主导活动和学生主体参与的混合,不同教学媒体的混合,实体课堂与虚拟教室的混合等[5]。

历史上,计算机辅助教学(CAI)的理论基础经历过三次大的演变,分别是行为主义学习理论、认知主义学习理论、建构主义学习理论[6]。

(1)行为主义学习理论

这一理论是从 20 世纪 60 年代初至 70 年代末使用的 CAI 的初级阶段,其特点是:①以刺激-反应理论作为所有心理现象的最高解释原则;②强调学习过程中的外部强化因素,忽视学习者内在心理因素对学习的作用。在课件中,通过设计一步步的学习程序与练习,提供及时的反馈,促进学生某种技能的迅速形成。在行为主义学习理论的影响下,CAI 课件设计中基于框面的、小步骤的分支式程序设计,多年来一直成为 CAI 课件开发的主要模式,并且沿用至今。

(2)认知主义学习理论

第二次演变是从 20 世纪 70 年代末至 80 年代末,以认知主义作为理论基础,是 CAI 的发展阶段。这种理论的共同特点:①强调学习是通过对情境的领悟或认知而形成认知结构;②主张研究学习的内部过程和内部条件。认知理论是从内部心理过程来解释人类的行为,强调人的认识是由外部刺激和认知主体心理过程相互作用的结果。这一理论把学习解释为每个人根据自己的态度、需求、兴趣和爱好,利用过去的知识和经验对当前的学习内容做出主动的、有选择的信息加工过程,这一理论强调培养学生解决问题的能力和学习能力。

(3)建构主义学习理论

第三次演变是以建构主义作为理论基础,时间是从 20 世纪 90 年代初至今,这是 CAI 的成熟阶段。这一理论的基本观点是,知识不是通过教师传授得到的,而是学习者在一定的情境即社会文化背景下,借助于他人(包括教师和同学)的帮助,利用必要的学习资料,通过建构的方式而获得。这一理论强调以学生为中心,认为"情境""协作""会话"和"意义建构"是学习环境中的四大要素。

建构主义的提出,对传统的教学提出了挑战。它主张学生为学习的主体与中心,教师作为学习情境的创设者,教学活动的组织者、引导者。

4.3 合作班混合式教学模式

在中新项目中,外方承担了全部课程的三分之一以上,负责这些课程的授课、作业、答疑、考试、批卷、学术委员会批准等环节。根据合作办学项目的特点,中新项目的课程采取集中在场(on site)教学与在线方式(e-learning)相结合的教学方式。以其外方承担的课程之一——"信息安全技术(IST)"为例,该课程的教学时数是 64 学时,其中 48 学时为教学,16 学时为实验。

整个教学安排在 2 个阶段完成,每个阶段是 24 学时教学+8 学时实验。在每个阶段中,集中授课时间是 6 天,每天上午 4 学时授课;在 2 个下午安排实验,每个下午 4 学时。2 个阶段通常间隔 1~2 个月,具体间隔时间在开课前由双方学校协商确定。在 2 个阶段的间隔,学生们在我校课程助教的指导下,通过外方 Blackboard 教学平台与外方教师保持联系,完成师生互动、作业递交、答疑等工作。在课程的教学过程中,学生可随时通过外方 Blackboard 教学平台,获知外方老师的通知,下载课程相关课件及参考资料等。我校为每一门外方课程安排了 1~2 名助教,这些助教也可登录外方 Blackboard 教学平台,随时了解学生学习的动态,协助解决可能出现的教学问题;助教在必要时联系辅导员和班主任,了解学生对课程的内部心理过程；根据学生对课程的态度、需求、兴趣和爱好，与外方教师协商主动地、有选择地对课程信息进行加工调整，以培养学生解决复杂问题的能力和学习能力。

合作班混合式教学是在传统教学的基础上，由中外双方教师引导和带领学生，在特定时间内有目标、按计划地学习指定的在线课程内容。在这种模式中，教师的参与是全程的，他们既注重前期的教学设计，也注重学习过程的参与；学生学习的针对性强，学习效率高。

在这一模式中，所有学生必须在统一的学习进度下学习，不能超前或拖后；学习过程中有教师的全程辅导，教师制订教学计划、制作网络课件、上传资料、组织讨论，学生完成课程预习、在线学习、阅读资料、提交作业、组间或组内讨论、主题讨论等。这种学习模式在学期过程中将一直有效，直至学期结束时教师组织期末考试完成整个教学。

我们认为，合作班混合式教学模式是 CAI 的行为主义和认知主义等理论核心内容的综合体。这一模式采用刺激-反应方式，强调学习过程中的外部强化因素，兼顾学生内在心理因素，主张研究学习的内部过程和内部条件，了解学生的态度、需求、兴趣和爱好，强调培养学生解决问题的能力和学习能力等。

5　混合式教学实例分析

我们抽取"信息安全技术"课程的 6 届学生成绩进行分析。该课程面向合作班全体符合条件的学生开设。

实例分析分两个阶段。第一阶段抽取自 2011 年中新项目开始起入学的 3 届学生的成绩来分析其分布，如表 1 所示。

从表 1 可知，随着合作班混合式教学模式的开展，优秀和良好率由 2011 年的 28.41％上升至 2013 年的 2.59％＋28.45％＝31.04％，教学质量持续提高。

表 1　2011—2013 年 IST 成绩分布 单位：%

年份	A(≥90 分)	B(80 分～<90 分)	C(70 分～<80 分)	D(60 分～<70 分)	F(<60 分)
2011 年	0.00	28.41	42.04	22.73	6.82
2012 年	3.00	19.00	28.00	41.00	9.00
2013 年	2.59	28.45	40.51	21.55	6.90

在接下去的第二阶段中，我们继续研究 2014—2017 年该课程的成绩分布。从表 2 可知，三次的平均成绩分别是 74.61 分、77.86 分和 83.41 分（2016 年因计划调整，未开此课）；三次 A 类的比例分别是 12.09％、14.14％和 37.78％；三次 A＋B 类的比例分别是 23.08％、55.55％和 73.34％。数据分析证实，虽然成绩偶有起伏，通过坚持混合式教学策略，学生成绩稳步提高，教学质量持续改进。

表2　2014—2017年IST成绩分布

年份	A(≥90分)/%	B(80分～<90分)/%	C(70分～<80分)/%	D(60分～<70分)/%	F(<60分)/%	平均分/分
2014年	12.09	10.99	53.84	20.88	2.20	74.61
2015年	14.14	41.41	31.32	10.10	3.03	77.86
2017年	37.78	35.56	19.99	6.67	0.00	83.41

6 总 结

基于OBE的工程教育专业认证强调以学生为本,面向全体学生,强调以学生为中心,以学生产出为导向,对照毕业生核心能力、素质要求,评价专业教育的有效性;强调合格评价与质量持续改进,以及工程教育基本质量要求,并且要求专业建立持续有效的质量改进机制。

本文围绕工程教育认证的国际互认的目标和质量持续改进的理念,研究了人才培养国际化联合培养模式,着重研究混合式教学策略、模式和理论,提出了合作班混合式教学策略,并分析"信息安全技术"课程6届学生的成绩分布,用实例验证了混合式教学策略可稳步提高成绩,持续提升教学质量。

参考文献

[1] 顾佩华,胡文龙,林鹏,等.基于"学习产出"(OBE)的工程教育模式——汕头大学的实践与探索[J].高等工程教育研究,2014(1):27-37.

[2] 刘春阳.国际视野下高校本科生联合培养模式研究[J].北京教育(高教),2017(2):74-75.

[3] 朱文,张浒.我国高等教育国际化政策变迁述评[J].高校教育管理,2017,11(2):116-125.

[4] 唐加强.混合式学习在4A平台中的应用模式研究与实践[D].长沙:湖南大学,2009.

[5] 徐玲,何巍.基于社会性软件的高校混合式教学策略研究[J].黑龙江高教研究,2013,31(11):174-176.

[6] 王云峰.基于e-learning平台的网络多媒体课件的设计与开发[C]//2004年职业教育国际研讨会(昆明)论文集,2004:211-224.

基于SPOC的混合式教学研究与探索①

陈尧妃②　陈焕通　胡冬星　颜钰琳　陈晓龙

金华职业技术学院信息工程学院,浙江金华,321017

摘　要:SPOC是小规模限制性在线课程,比较适合以班级为单位的传统教学形式。本文在简要介绍国内、外SPOC研究和应用的基础上,提出基于学习金字塔理论开展SPOC教学,进行"4C+ID"教学模式的探索。本文详细介绍了基于SPOC开展翻转课堂混合式教学的组织和实施过程,构建了课前、课中和课后三个主要阶段的教学过程模型,对于开展SPOC混合式教学有一定参考意义。

关键词:SPOC;MOOC;翻转课堂;学习金字塔

1　引　言

小规模限制性在线课程(small private online course,SPOC)是一种比大型开放式网络课程(massive open online course,MOOC)更精致、更小众的在线开放课程类型。它既融合了大型开放式网络课程的优点,同时也能弥补传统课堂教学的不足。SPOC源于MOOC,被视为"后MOOC时代"的新模式,也可以视为MOOC与传统校园课程相互融合的产物[1-2]。从面向对象、学习规模等多项指标对MOOC和SPOC特点的对比分析,比较适合高校教学的普遍模式是SPOC。SPOC适合以班级为单位,线上和线下同步开展,优势互补的教学模式。学生除了在课堂学习外,还能在网络空间独立学习,可以让不同认知水平的学生,按照自己的学习习惯,开展自主的学习活动。教师借助互联网,掌握学生学习动态,开展有针对性的答疑解惑等。

①　资助项目:2018年度浙江省教育科学规划课题——"基于SPOC的混合式教学在'数据库技术与应用'中的实践研究"(2018SCG069)。

②　作者简介:陈尧妃(1978—),女,副教授,主要研究方向为数据库应用与开发、软件开发、计算机教育教学等。

本文的研究是基于学习金字塔理论设计教学方法，开展对"4C＋ID"的教学模式的探索，实现以"学生为中心"的教学变革，推进信息技术应用与教育全面"深度融合"。

2　国内、外研究概述[3]

2013年，哈佛大学对三门课程进行了SPOC实验，反响良好。加州大学伯克利分校的SPOC实验及推广，成效显著。在国内，浙江大学计算机科学与技术学院的翁恺老师在2014年9月开始采用SPOC的方式来辅助课程，清华大学MBA的SPOC课程突破了保守教学模式等。教学案例证明，SPOC更适合高校的教学。

2015年，地平线报告指出，混合学习会成为推动高等教育信息化发展的核心趋势。因此，将SPOC引进高校传统课堂，采用混合式教学形式既有利于共享优质MOOC资源，提升高校的品牌效应，又能够发挥SPOC集约化、小众化等在线学习的特点，使线下课堂变得更加动态、灵活，提高校内教学质量。

哈尔滨工业大学周丽娜等人在论文《基于MOOC等网络开放资源的数据库系统课程混合式教学模式研究》中分析教学实际中数据库系统课程的授课难点，阐述MOOC教学方法的特点，提出一种基于MOOC等网络开放资源的数据库系统课程混合式教学模式。她的方法在于将课堂延续到课下，但是对于资源建设这块基本没有提及。浙江同济科技职业学院副教授李桂香在论文《MOOCs与混合式教学在网络数据库管理课程教学改革中的实施探索》中仅提及了混合式教学的实施过程。

关于高等教育翻转课堂的有效性的研究主要关注的是学生学习成绩的提升以及学生的主观报告。然而，并非所有有关高等教育翻转课堂的研究报告都有积极的效果。究竟哪些因素影响了翻转课堂有效教学，例如谁会从翻转课堂模式中受益，以什么方式或在什么情境下翻转，该如何建设翻转课堂的教学资源等，这些问题还需要进一步深入的研究。

3　基于SPOC的混合式教学思路

为了和现有以班级为单位的传统教学方式接轨，最合适的是基于SPOC开展混合式教学。好的方案必须有好的理论来支持。我们实施翻转课堂的支持理论是美国缅因州的国家训练实验室提出的"学习金字塔(learning pyramid)理论"，如图1所示[4]。该理论认为：不同教学方法的学习效果在两周后的内容留存率上有显著不同。越是塔尖的学习方式，留存率越低，只能达到5%。塔底的学习方式，留存率最高，可以达到90%。学习效果在30%及以下的教学方式（位于上方的四种），都是被动学习方式；而学习效果在50%及以上的（位于下方的 3 种),都是主动学习方式。

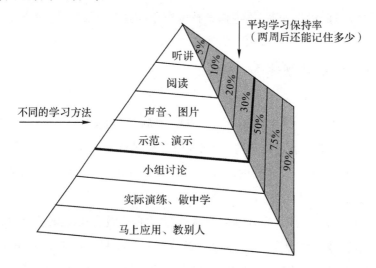

图 1　学习金字塔理论

　　因此,我们在本课程的翻转课堂混合式教学中将积极探索"小组讨论""做中学"以及"教别人"的主动学习方式。在内容的准备中将突出以学生为中心,教师在整个教学过程中起组织者、启发者、引导者和促进者的作用。"4C+ID"教学模式如图 2 所示[5]。用有趣的话题导入,激发学生的学习探究愿望;联系实际生活,明确建构主题;建构启发探索,使建构过程沿着目标方向发展;反思通过讨论等方式引导学生去发现问题,解决问题;培养和提高学生的学习迁移能力,从而实现学习效果最大化;测评包括课堂测评和个性化分析测评。

图 2　"4C+ID"教学模式

4 基于 SPOC 的混合式教学实施

基于 SPOC 开展翻转课堂混合式教学,必须结合 SPOC 的特点以及学习者的需求。本文将翻转课堂分为课前、课中和课后三个主要阶段来构建教学模型,如图 3 所示。

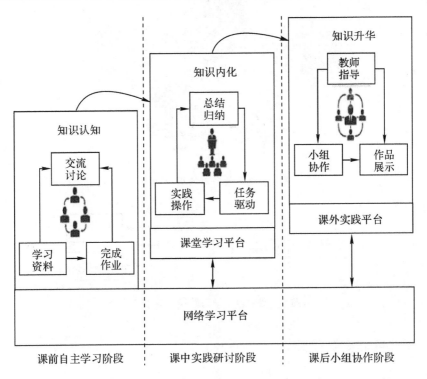

图 3 基于 SPOC 的翻转课堂课程教学模型

4.1 课前自主学习阶段

课前自主学习阶段,即学生通过网络学习平台,自主学习,实现对知识的认知。这是翻转课堂最为关键的环节。只有自主学习阶段真正有效实施,才能为课中实践研讨阶段和课后小组协作阶段奠定基础。因此课前的组织非常重要,尤其是对于自主学习能力或者习惯不是很好的学生来说。这时一份好的学习任务单就显得特别重要。图 4 是学习任务单需要考虑的内容。任务单要给出明确的学习要求、任务,以及实施的资源和方法等。图 5 给出了课前自主学习阶段学习流程。

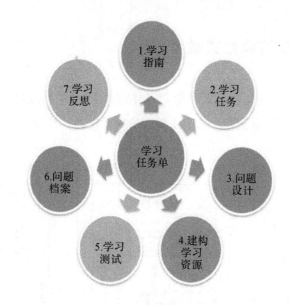

图 4 学习任务单的组成结构

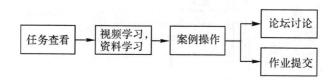

图 5 课前自主学习阶段学习流程

4.2 课中实践研讨阶段

课中实践研讨阶段，即通过师生课堂教学，项目驱动的实践操作，专题交流、答疑解惑，作品展示、答辩等，实现对知识的内化。课中实践研讨阶段的教学组织流程主要有 3 种方式：课堂导学、课堂研讨和课堂评价，如图 6 所示。课堂导学主要根据所学内容的重点、难点、疑点来设计任务，进行针对性的学习。课堂研讨主要针对课堂导学中以及课前自主学习阶段学生集中反映的问题进行交流、研讨。课堂评价可以针对课中或者课后的作业和作品进行展示、答辩和点评。

4.3 课后小组协作阶段

课后小组协作阶段学习流程如图 7 所示，主要是学生通过课外实践、小组协作，共同完成小组作业和作品。

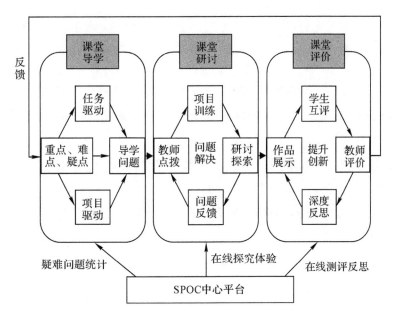

图6　课中实践研讨阶段教学组织流程

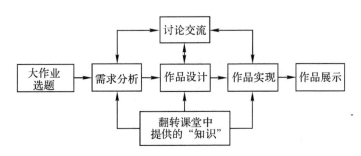

图7　课后小组协作阶段学习流程

5　总　结

SPOC 比较适合以班级为单位的传统教学提升,它既能发挥 MOOC 的传统优势,又能整合自身的资源。教师可以根据班级的情况和特殊学情,设计符合班级的 SPOC 课程。混合式教学的方法很多,翻转课堂只是一种比较有效的方法。教学离不开考核。考核内容和考核方式设计得是否完整和合理,直接关系到课程实施的效果。翻转课堂的考核涉及线上和线下,因此它完全有别于传统课堂的考核。对于翻转课堂的考核,应该注重对知识、能力、过程、态度的全方位考核,从而督促学生更好地主动学习,督促教师更好地实施翻转教学。

本文主要对基于 SPOC 开展混合式教学的实施过程进行了探索,对于诸如线上、线下资源建设,教学效果评估与检测等方面涉及不多,有待在今后的教学过程中不断总结提高。

参考文献

[1] 贺斌,曹阳.SPOC:基于 MOOC 的教学流程创新[J].中国电化教育,2015(3):22-29.

[2] 曾明星,李桂平,周清平,等.从 MOOC 到 SPOC:一种深度学习模式建构[J].中国电化教育,2015(11):28-34.

[3] 王朋娇,段婷婷,蔡宇南,等.基于 SPOC 的翻转课堂教学设计模式在开放大学中的应用研究[J].中国电化教育,2015(12):79-86.

[4] 姜艳玲,徐彤.学习成效金字塔理论在翻转课堂中的应用与实践[J].中国电化教育,2014(7):133-138.

[5] 邱飞岳,刘朋飞,王丽萍,等.基于 4C/ID 模式的复杂学习支持平台构架探究[J].电化教育研究,2012(4):67-71.

基于 SPOC 的无线传感器网络课程教学实践[①]

李燕君

浙江工业大学计算机科学与技术学院、软件学院，浙江杭州，310023

摘　要：本文针对无线传感器网络课程教学中存在课时有限、教学内容多、学生学习积极性差和教学效果不好的问题，尝试基于 SPOC 的课程教学新模式。本文提出基于 SPOC 的翻转课堂教学模型，探讨教学实施各阶段中的主要任务和对策，阐述针对无线传感器网络课程的教学资源设计、教学流程重构和促进学生参与教学的方法，为进一步深化课程教学改革提供经验。

关键词：SPOC；翻转课堂；教学设计；无线传感器网络

1　引　言

小规模限制性在线课程（small private online course，SPOC）是由加州大学伯克利分校的福克斯教授于 2013 年提出并使用的一种信息化教育技术。它可以将大型开放式网络课程（massive open online course，MOOC）教学资源，如微视频、学习资料、训练与测验、自动评分、站内论坛等功能应用到小规模实体校园（不限于校内）[1]。SPOC 中的 small 和 private 是相对于 MOOC 中的 massive 和 open 而言的[2]，small 指学生规模在几十人到几百人，private 指对学生申请设置限制性准入条件，达到要求的申请者才能被录入。相较于 MOOC，SPOC 有其独特的优势：既能推动高校对外品牌效应，又能提升校内教学质量；提供了 MOOC 的一种可持续发展模式；重新定义了教师的作用，创新了教学模式；在赋予学生完整、深入的学习体验的同时，又提高了课程的完成率。更重要的是，SPOC 设计和利用优秀的 MOOC 资源，改变或重组学校教学流程，促进混合式教学和翻转课堂的应用，进而切实提高教与学的质量[3]。

---

①　资助项目：浙江工业大学校级精品在线开放课程建设项目（JPZX1605）。

2 无线传感器网络教学现状

物联网是国家大力发展的战略性新兴产业之一。业界普遍认为,物联网将继计算机、互联网和移动通信之后掀起一次新的信息产业革命。无线传感器网络是物联网的核心技术,被称为物联网的"神经末梢",它涉及微传感器、无线通信、嵌入式计算等主要技术,在过去十多年中得到了广泛、深入的研究,在基础理论、关键技术和应用系统方面都形成了较为完整的体系[4]。教育部审时度势,在普通高等学校本科专业目录(2011 年)中正式列出了物联网工程专业。据统计,全国至今已有超过 700 所院校开设了该专业。浙江工业大学计算机科学与技术学院早在 2011 年就开设了无线传感器网络课程,并于 2012 年增设了物联网工程专业。

无线传感器网络教学分为理论和实验两部分。理论教学包含大量的概念、原理、协议和算法,要在有限的课时内组织高效的教学,对教师来说是一个极大的挑战。实验教学一般由操作型和设计型项目组成,目的是让学生在操作过程中,加深理解概念和原理,获得应用能力。从近几年课程学评教和调查问卷发现,80%~90%的学生反映课程涉及的知识点庞杂,重点不明确,部分知识点晦涩难懂;90%的学生主要看 PPT 等电子资源;80%的学生对实验课的兴趣较高。但由于课时限制,教师对实验讲解太多容易使得学生动手操作时间减少,从平时实验表现和最后实验答辩过程中学生一知半解的现象看,教学并没有达到预期效果。课堂提问常成为教师的自问自答,作业直接从网络搜索或相互拷贝,都是常见的学习现象。针对上述问题,对该课程的改革势在必行。

3 基于 SPOC 的翻转课堂教学模式

如图 1 所示,基于 SPOC 的翻转课堂教学主要由课前和课中两个相辅相成的过程组成,这两个过程中的教学活动又分为教师方和学生方,下面将对此具体介绍。

3.1 课前教学活动

在课前,从教师的活动来看,首先,教师要梳理现有的教学计划、教学大纲、PPT 课件、视频、电子教材、实验项目、课外阅读材料、练习题等,按照 SPOC 平台的资源结构模式进行结构化资源设计[5]。其次,是根据知识体系框架,梳理教学 PPT 资源并编辑制作视频课件。编辑 PPT 课件和制作视频是最繁重的工作,每个 PPT 课件对应一个知识点,页数应控制在 10~15 页,保证对应的视频课件播放时间控制在 5~15min。然后,根据知识体系框架,将练

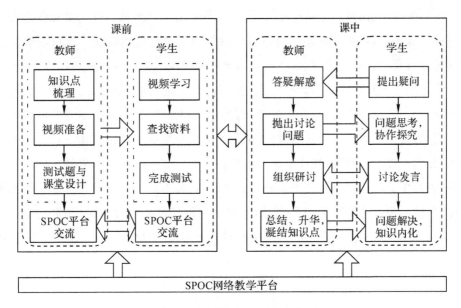

图 1　基于 SPOC 的翻转课堂教学模型

习题按照 PPT 分类。SPOC 平台提供的题型丰富,一般有单选题、多选题、判断题、填空题、简答题、计算题等。一个 PPT 配置 5～10 道单选题、判断题或填空题,保证认真看过 PPT 课件的学生能答对 90％以上。某些重要的知识点配置 1～2 道简答题或计算题,保证学生能答对 80％。为每个 PPT 配置几道难度循序渐进的课堂讨论题,由学生组成学习小组完成,这部分需要教师在课前精心设计,保证学生能在教师的引导下自主讨论,避免冷场。最后,教师在网络平台与学生进行交流,一方面,得到对"微视频"内容的反馈,以便今后改进,另一方面,对学生学习和做测试题中的疑问进行在线解答。

从学生的活动来看,首先,学生登录 SPOC 平台观看"微视频",并完成教师布置的测试题。在这个过程中,学生可以按照自己的节奏与方式自主学习,基础好的学生可以加快学习进度,基础差的学生可以放慢进度或重复观看视频反复学习。学生也可以先看测试题,带着问题观看视频并在其中寻找答案。在观看视频和做测试题的过程中可能产生疑问,对此,学生可以自主查找资料,增强自学能力。学生可以在网络平台与教师进行交流或相互交流,一方面,对"微视频"的内容提出意见和建议,另一方面,对自己不能理解的问题向教师或其他学生求助;学生之间也可以分享自己的学习经验。

3.2　课中教学活动

在课中,教师首先针对学生课前提出的问题答疑解惑,或者根据学生课前测试的反馈情况,花 5～10min 有针对性地讲解学生疑惑较多的知识点。然后,教师按照预先设计的课堂活动,简单介绍课时目标和任务,按照难易循序渐进或知识点承前启后的顺序抛出若干讨论问题。学生每 3~5 人组成一个讨论小组,每小组推选出一名组长。讨论组长负责协调组员参与问题讨论和发言,需积极调动起每位组员参与问题讨论的积极性。教师在学生讨论过程中可随机旁听某一组的讨论情况,适当给出意见和建议。在组内讨论过程中,学生相互交流自己对问题的认识和想法,以辩论或相互补充的方式达到组内的共识。教师视问题的难易程度给学生 3~5min 的小组讨论时间后,请小组代表总结发言,其他组的成员可与其辩论或对其补充,教师在此过程中可适当发问,引导学生思考更深层次的问题。对于学生存在的共性问题,教师可以统一示范,集体解决。这样,学生在"思考—研讨—陈述—提问—点拨—再思考"的过程中不断得到提升。课堂经过翻转以后,师生之间的互动和个性化的接触时间大大增多,教师不再是高高在上的圣人,学生也不再是唯命是从的信徒,课堂成为学生讨论交流、解决问题的场所;学生在不断思考、不断讨论的活跃气氛中学习理论,最大限度地完成了知识内化。

4 基于 SPOC 的无线传感器网络教学实践

下面,我们将具体介绍如何将基于 SPOC 的教学模式应用到无线传感器网络课程教学中。

4.1 课程知识点框架

我们通过梳理课程现有的教学资源,整理出如表 1 所示的包含理论教学和实验教学的知识点框架。从表 1 可以看出,每一章凝练的知识点不超过 6 个,便于学生明晰课程重点。

表 1 无线传感器网络课程知识点框架

章标题	PPT 知识点名称
概述	•什么是无线传感器网络 •无线传感器网络的应用 •无线传感器网络与物联网
软、硬件平台	•传感网硬件平台 •传感网软件平台
物理层	•调制编码技术 •信道模型
数据链路层	•数据链路层基本问题 •无线网络 CSMA/CA 协议 •S-MAC 原理 •B-MAC 原理

章标题	PPT 知识点名称
网络层	•网络层基本问题 •定向扩散协议原理 •LEACH 协议原理 •地理位置路由协议原理 •SPEED 路由协议原理
传输层	•传输层基本问题 •CODA 协议原理
时间同步	•时间同步概述 •TPSN 与 RBS 协议原理
定位技术	•定位技术概述 •测距技术 •基于测距的定位 •无测距定位
拓扑控制	•拓扑控制概述 •部署方法 •功率控制方法 •节点调度方法
新型传感网	•无线多媒体传感网 •水下传感网 •传感器/执行器网络
实验	•定时器和 LED 组件(操作) •节点通信(操作) •串口通信(操作) •传感组件(操作) •时间同步 TPSN 协议(设计) •远程环境监测应用(设计)

　　针对每个知识点,我们重新编辑 PPT 课件,制作相应的微视频,并上传至校内的超星泛雅 SPOC 平台,微视频截图如图 2 所示。泛雅 SPOC 平台是超星公司在 MOOC 基础上开发的在线教学平台,在课程建设、学习行为管理、教学组织与教学评价等方面有独特的优势[6]。目前,我们已经完成约 60％的微视频上传。

　　针对每个微视频,我们按照知识点的性质和重要性分别设置了单选题、判断题、填空题、简答题和计算题,并且为每个知识点配置几道难度循序渐进的课堂讨论题。下面我们将给出一个具体的教学案例,来阐明我们的教学思路。

图 2　无线传感器网络课程微视频截图

4.2 教学案例

无线传感器网络数据链路层的知识点主要包括数据链路层基本问题、无线网络 CSMA/CA 协议、S-MAC 原理和 B-MAC 原理。我们首先准备了四段微视频,对这四个知识点分别进行讲解,设置了如下测试题:

选择题:

(1)一般来说,无线传感器网络的 MAC 协议最关注以下哪个性能?( )

A.吞吐量   B.时延   C.功耗效率   D.公平性

(2)以下哪个协议不可以作为传感器网络的 MAC 协议?( )

A. IEEE 802.15.4   B. IEEE 802.3   C. S-MAC   D. CSMA/CA

(3)以下哪种协议适合负载较高的传感器网络?( )

A. S-MAC   B. CSMA-CA   C. B-MAC   D. TRAMA

填空题:

(1)无线网络采用_____机制缓解隐藏终端问题。

(2)根据信道使用方式的不同,无线传感器网络的 MAC 协议可分为_____、_____、_____三类。

(3)无线传感器网络中的无效能耗主要来源于_____、_____、_____、_____四方面。

(4)为减少空闲侦听,S-MAC 采用_____机制;为高效传递长数据,减少控制开销,S-MAC采用_____机制。

(5)B-MAC 采用基于_____的低功耗侦听。

课堂讨论题:

(1)回顾有线局域网的 CSMA/CD 协议基本原理。

(2)无线局域网为什么不能用 CSMA/CD 协议?

(3)传感网为什么不宜用 CSMA/CA 协议?

(4)S-MAC 和 B-MAC 的主要区别在哪里?

学生在课前观看视频后,结合教材阅读,准备这些测试题和讨论题。在课堂上,教师先将知识点进行连贯梳理,以弥补微视频碎片化的缺陷;然后为检验学生的学习效果,教师针对布置的作业组织学生展开讨论,以学生讲为主,教师点评为辅。学生按总数分成3～5人不等的小组,每一个讨论小组选出一位组长,负责协调组员的发言;教师及时指出错误和不足,进行总结,让学生在分析讨论中更深入地理解无线传感器网络数据链路层的基本概念和几种 MAC 协议的原理。

5　基于SPOC的无线传感器网络课程评价机制

课程考核由考试、作业和课程参与度共同决定,其中考试占50%,测试题、实验报告和课程参与度占50%。SPOC的自动评分功能能够减轻教师的负担,使教师更加有精力深度参与教学活动和从事问题解决的教学工作,自动评价学生线上浏览课件、练习、互评作业和参与讨论的学习行为,提高学生参与度和推动教学流程优化。课程参与度主要体现在课堂回答问题,课堂演讲,课堂分组讨论,课后与教师的当面交流,以及线上平台与教师、同学的互动等。这种评价指标体系实现了授课过程的全程管理,综合考查了学生的理论知识掌握、实践动手、口头表达、文献阅读、论文撰写、合作交流等多方面的能力,因此具有更好的合理性。

6　结　语

SPOC作为一种新的教学模式,能有效地整合课程资源,改变传统的教学流程,促进线上、线下混合式教学和翻转课堂教学的应用。SPOC的发展符合教学规律,为改善无线传感器网络课程教学效果和提高教育质量带来了希望。

参考文献

[1] 蔡京玫,孟庆华,张新谊.计算机网络基于SPOC模式下的教学实践[J].计算机教育,2018(5):15-19.

[2] 李燕君,郭永艳.应用慕课理念的计算机网络教学研究[C]//浙江省高校计算机教学研究会.计算机教学研究与实践——2015学术年会论文集.杭州:浙江大学出版社,2015:139-142.

[3] 厉兰洁,廖雪花,谭良,等.基于SPOC的C语言程序设计课程教学改革研究[J].计算机教育,2016(1):74-76.

[4] 李燕君."无线传感器网络"的任务驱动实验教学研究[C]//浙江省高校计算机教学研究会.计算机教学研究与实践——2014学术年会论文集,杭州:浙江大学出版社,2014:41-45.

[5] 黄岚,袁钢,程新荣,等.基于SPOC理念的计算机组成原理课程互动教学研究[J].计算机教育,2015(13):15-18.

[6] 尹合栋."后MOOC"时期基于泛雅SPOC平台的混合教学模式探索[J].现代教育技术,2015,25(11):53-59.

Office 高级应用翻转课堂教学改革与实践[①]

倪应华[②]　吴建军　吕君可　于　莉　马文静　王丽侠

浙江师范大学行知学院,浙江金华,321004

摘　要:翻转课堂是 MOOC 和 SPOC 开展混合式教学的有效方案。本文以公共课 Office 高级应用为例,介绍了依托"线上+线下"模式("线上"——浙江省高等学校在线开放课程共享平台上的"Office 高级应用";"线下"——Office 高级应用同步评测软件)开展翻转课堂教学的探索。本文还以 Word 高级应用中的邮件合并功能为案例,介绍了翻转课堂实施中的总体设计和具体实施。

关键词:翻转课堂;线上;线下;评测

1　引　言

大规模开放式网络课程(massive open online course,MOOC)是一种近年迅速发展起来的全新的在线课程教育模式。翻转课堂是混合式教学中一种比较可行的方案[1-2]。翻转课堂实现了"教"与"学"模式的翻转,即将"课堂"变为"学堂"。这种混合式教学模式从"以教师为中心"变革到"以学生为中心"。课堂上老师引导学生积极思辨、互助学习,课堂外学生根据自己的兴趣、习惯,自主安排"线上"自学,并完成老师布置的学习任务,以此培养学生主动学习的能力;教学过程由"重教学任务完成"转变为"重知识内化,重吸收效果",实现"教师少讲,学生多学"的目的。本文重点探讨在公共课 Office 高级应用课程教学中,如何依托"线上+线下"模式开展翻转课堂教学的探索和实践。

---

①　资助项目:浙江省课堂教改项目(kg20160566);计算机基础课程教学团队项目(ZC303113171)。

②　作者简介:倪应华(1977—),男,副教授,浙江省高校计算机教学研究会理事,主要研究方向为多媒体技术及应用、中小学信息技术教学与测评、计算机辅助教学测评系统研发等。

2 改革背景

2.1 课程体系

浙江师范大学行知学院计算机基础教研室承担行知学院所有非计算机专业的计算机公共课教学。从 2010 年开始,根据信息技术的发展和社会对办公软件应用能力的要求,在文、理科中推出了 Office 高级应用课程,往年课程体系如图 1 所示。随着高中课改的推进、学生信息技术应用技能的提高以及专业对于学生信息技术的需求变化,之前的课程体系已经不适用。因此,我们采用"Office 高级应用＋专业自选课程"的方式来全新组织我院信息技术课程体系,如图 2 所示。这个方案的最大特点是根据专业需求、学生兴趣自主选择、模块化组合教学内容,兼顾了社会的普遍需求和专业的特殊需求。无论从哪一个体系,Office 高级应用都是作为主要课程来支撑公共课课程教学体系的。

图 1　旧课程体系　　　　图 2　新课程体系

2.2 改革思路

对于翻转课堂,大家都能理解是将学习的主要环节由课堂内转向课堂外,强调通过在线视频、教材等让学生进行课前自学。摆在我们面前的几个主要问题是:①不同学生之间的主观能动性差异需要正视。这种差异会造成认真的学生在课前已经初步或者完全掌握,而不认真的同学根本没有开展线下学习。这种情况不利于教师开展翻转课堂教学。②不同课程有不同课程的特点,需要因地制宜。对于 Office 高级应用而言,教学内容除了必要的理论知识外,更为重要的是操作技能和技术应用方面能力的培养与训练。如何检测学生翻转学习阶段线下自学阶段的预习成效,这是问题的关键。

针对上述问题,我们的解决思路是依托"线上＋线下"相结合模式开展教学。"线上"主要利用我们建设的浙江省高等学校在线开放课程共享平台上的"Office 高级应用"开展;"线下"是依托我们开发的 Office 高级应用同步评测软件进行效果评测和反馈,提高翻转课堂教学实效。

3 翻转课堂的教学设计

Office 高级应用翻转课堂的总体设计是"课下＋课堂"相结合。"课下"——学生根据教师布置的学习任务单或者教学进度安排在线上依托浙江省高等学校在线开放课程共享平台开展自主学习(在线视频学习、教材预习、同步评测等)。这一部分主要由学生自主完成,教师的任务有两个,一是布置任务,二是任务完成后的检查。"课堂"——教师开展探究式教学、知识点教学与操练、课堂评测;探究学习与设计、展示交流;布置下一堂课自学内容等。

这种"课下＋课堂"相结合的翻转课堂教学设计大致流程如图 3 所示,主要分为课下知识获取和课堂知识内化两个阶段[3-4]。课下知识获取阶段都是依赖浙江省高等学校在线开放课程共享平台进行,主要由学生自主完成,图 3 对于这个部分进行了详细介绍。

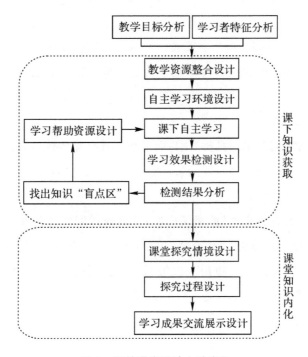

图 3 翻转课堂设计大致流程

4 翻转课堂案例实施

下面我们以 Word 高级应用中的邮件合并功能为例来具体介绍实施的过程。

（1）教学目标分析

①掌握邮件合并的使用流程；

②掌握邮件合并中 Excel 数据表文件的制作方法；

③掌握邮件 Word 文档的设计方法和技巧。

（2）学习者特征分析

①学习者已掌握 Word 和 Excel 的基本应用；

②学习者已掌握关于 Word 域等相关概念；

③部分学习者自学的主动性不是很强。

（3）课下知识获取

①教学资源整合。

教学资源：教材《Office 高级应用实践教程》，视频"Office 高级应用"浙江省高等学校在线开放课程，浙江省高等学校在线开放课程平台上的操作案例和素材，软件"Office 高级应用同步评测软件"。

②自主学习环境。

通过教材学习理论知识，了解操作要求；通过浙江省高等学校在线开放课程平台进行视频预习和操作案例和素材下载；通过评测软件实现学习效果检测。

③课下自主学习。

首先预习教材关于"邮件合并"的相关内容；然后通过浙江省高等学校在线开放课程平台点播"Office 高级应用"课程的"邮件合并"视频，从该平台下载相关操作案例和素材，在视频中的案例操作环节，边听边操作以加深理解；最后打开软件"Office 高级应用同步评测软件"，完成任课教师布置的有关"邮件合并"的练习任务。

（4）课堂知识内化

①评测结果分析（5min）。

教师通过评测软件查看并反馈班级学生练习效果。查看分数偏低学生存在的主要错误，并分析造成这种情况的原因。

②知识点教学与操练（30min）。

教师通过多媒体教学系统，开展"邮件合并"功能的现场教学，采用 CDIO"做中学、学中做"，边讲边练的方式进行。

③课堂评测(5min)。

再次布置一个有关"邮件合并"的新的测试任务,让学生在课堂规定时间内完成测试。最终该知识点的测试成绩取预习测试和本次测试中的最高分。该知识点测试成绩计入课程平时分。

④探究学习与设计(30min)。

根据掌握现状,提出现实问题,开展科学探究。

掌握现状:学生基本掌握了邮件合并的流程和操作方法,但是不一定会灵活运用。

现实问题:若要打印准考证需要设计怎样的邮件合并内容?如何使准考证设计得美观大方(主要针对文字下划线长短无法控制的问题,提出使用表格边框线控制的方法)?如何实现一张 A4 纸打印多张准考证?

作品设计:教师讲解关键要点和解决方法(点到为止);教师下发作品设计的资源和素材;根据教师讲解和提示,学生独立完成作品设计。

⑤展示交流(5min)。

教师通过多媒体教学系统随机抽点、展示部分学生的作品成果并加以适当点评。

⑥布置下一堂课自学内容(5min)。

布置下一堂课知识点的预习要求和评测任务。

在上述"课堂知识内化"的各个阶段,教师可以根据知识点的不同灵活调整和增删相应环节。

5 成效分析与体会

5.1 成效分析

使用翻转课堂开展教学后,由于评价内容、评价方式发生了显著变化,因此无法开展系统的成效对比分析。但是翻转课堂教学开展比较迎合当前高校的课程评价改革趋势[6]。当前我校提倡加大课程平时成绩的比例,平时成绩的占比应达到 60% 及以上。本课程平时成绩占比 60%(其中在线视频学习占 30%,在线测验占 10%,知识点评测占 20%),期末考试成绩占比 40%。在线开放课程平台的视频点播学习、客观题题库测验等,在课程评价中方便实施,使得通过平台统计平时成绩具有一定的合理依据。只要认真看视频、做测验的同学基本都能拿到比较高的分数。

对于本课程而言,使用"Office 高级应用同步评测软件"可以监督和巩固线下自学环节的学习质量。提高知识点评测成绩的机会在课前预习环节和课堂测试环节。对于课堂预习环节没有完全掌握的同学而言,课堂测试环节就是最后的补救机会。要想在课前预习环节的评测中拿到好成绩,就必须认真地预习教材,认真观看视频并完成相应的案例操作演练。"Office 高级应用同步评测软件"既实现了知识点的评测,又倒逼了线下自学的各个环节。线下自学阶段的学习成效好是翻转课堂成功进行的必要前提和质量保证。

5.2 体 会

对于计算机公共课而言,班级规模比较大,教学内容比较多,学时比较少,因此开展小组学习等形式不是特别适合。部分开展翻转课堂的教学尝试是一种不错的选择。我们的体会是翻转课堂的难点应该在线下,因为线下是监控的盲区。而使用评测软件监督是一种比较好的监控手段。

6 总 结

基于 MOOC 或者 SPOC 的翻转课堂教学,可以使教师和学生在一个"开放、共享、交互、协作"的空间,通过翻转课堂教学模式,全面增强课堂的互动性,形成学生以"学"为主,教师以"教"为辅的教学模式,从而为传统课堂注入新鲜血液,赋予学生更多的个性化学习体验,有助于培养学生自主协作学习能力,有助于发展学生的创新思维和实践能力;也使教师有更多精力了解每个学生的问题,有助于实现个性化教学目标,有助于提高课堂教学质量。

参考文献

[1] 薛云,郑丽.基于 SPOC 翻转课堂教学模式的探索与反思[J].中国电化教育,2016(5):132-137.

[2] 王朋娇,段婷婷,蔡宇南,等.基于 SPOC 的翻转课堂教学设计模式在开放大学中的应用研究[J].中国电化教育,2015(12):79-86.

[3] 陈怡,赵呈领.基于翻转课堂模式的教学设计及应用研究[J].现代教育技术,2014,24(2):49-54.

[4] 张金磊,王颖,张宝辉.翻转课堂教学模式研究[J].远程教育杂志,2012(4):46-51.

[5] 朱宏洁,朱赟.翻转课堂及其有效实施策略刍议[J].电化教育研究,2013,34(8):79-83.

翻转课堂教学模式在计算机基础课程中的设计研究

吴红梅　孟学多

浙江大学城市学院计算机与计算科学学院,杭州浙江,310015

摘　要：变革教学思路和教学方法,提升课堂教学质量,是一个教育工作者不断努力的方向。本文介绍了翻转课堂教学模式的定义及特点,并基于我校的计算机基础课程,进行了翻转课堂教学模式设计方法的尝试。

关键词:翻转课堂;教学模式;计算机基础

1　引　言

变革教学思路和教学方法,提升课堂教学质量,是一个教育工作者不断努力的方向。随着计算机网络技术和多媒体技术的快速发展,传统的教学模式不断地被新的教学方式渗透,使用微课、慕课、翻转课堂、移动学习的学习方式近几年不断涌现。在本文中,作者对于我校的计算机基础课程"Access 数据库应用"采用翻转课堂教学模式进行了设计和尝试。

2　翻转课堂教学模式

翻转课堂也称翻转教学、翻转学习等,这种教学模式的主要特点是改变以教师为主体的课堂教学模式,使学生成为课堂教学的主体[1]。

翻转课堂并不是简单地把课内的事情拿到课外做,把课外的事情拿到课内做,而是课堂内教师和学生地位的翻转。传统教学模式中教师主导课堂,学生在课堂内学习知识,通过课后作业完成知识的内化;翻转课堂教学模式中学生处于主导地位,由被动学习变为主动学习,学生课前完成知识的学习,课堂内在教师的辅助下完成知识的内化。

在翻转课堂教学过程中,教师和学生在课前、课中分别担当的责任是:

在课前：

教师：制作教学材料（电子课件、教案、教学视频、练习、任务单等）并向学生发布，布置学生任务单，收集并整理学生对视频的疑点和难点的问题反馈，监督学生的完成情况，并给予指导、归类总结，确定好课上需要解决的问题，便于课上进行讨论、答疑。

学生：结合教学材料完成任务单的相关内容，自学知识点并记录下疑点和难点反馈给任课教师，通过学习平台和教师进行互动交流。

在课中：

教师：解答课前问题，重点、难点知识点讲解，并布置巩固和深化知识的新任务。教师可以通过提问、做题、分组讨论、小测验等措施，让学生运用学到的知识做一些实践性的练习，教师根据学生的成果展示进行引导、评价或建议。

学生：在学生遇到问题时，教师会进行指导，而不是当场授课。教师要求学生努力探索并提出解决方案，学生的解决方案以成果交流形式展示出来。

翻转课堂对教师提出了更高的要求，教师需要课前做好教学相关材料以供学生课前自主学习并完成相应的任务；其中最重要的是教学视频，以知识点为核心，一般 5～10min 一个知识点，视频中间穿插着小问题，可以帮助学生及时测试学习效果。视频具有暂停、回放多种功能，也可以通过手机、iPad 等移动终端播放，学生可以自主控制学习进度，可以随时随地充分利用碎片时间学习。

3 课程设计

"Access 数据库应用"是我校开设的计算机公共基础课程，主要面向非计算机专业的学生开设。本课程对学生来说是非常实用的课程。通过学习这门课，学生可以初步掌握使用 Access 处理和分析数据的基本知识，以及解决实际问题的能力；也能为将来应用计算机知识解决本专业领域中的实际问题打下基础。

笔者近几年承担 Access 课程的教学任务，就如何提高该课程教学质量，初步在几个知识点上进行了翻转课堂模式的尝试，以下是对"数据库的概念模型"这一节尝试翻转课堂教学模式的思路介绍。该教学模式的设计思路遵循常规的翻转课堂的设计步骤，首先进行学习内容分析、学习目标分析，然后进行课前任务设计、课上任务设计，最后是教学设计反思。

3.1 学习内容分析

在数据库管理系统实现的过程中，概念模型是各种逻辑模型的共同基础，它比逻辑模型更独立于机器、更抽象。E-R 图是描述概念模型的有力工具，是一种用直观的图形方式建立现实世界中实体及其联系模型的工具。这一节的学习,直接影响学生对数据库后续知识的掌握,是极其重要的一个学习环节。

3.2 学习目标分析

本翻转课堂的学习目标是学生能根据具体现实问题画出对应的 E-R 图。

怎样判断学生是否达到了目标? 可以从两个方面来判断:一是根据老师的问题能画出对应的 E-R 图;二是让学生根据自己的专业等熟悉的题材自己出题并画出对应的 E-R 图。

3.3 课前任务设计

(1)预习教材中概念模型、E-R 图相关内容,并观看视频,预习本节相关的 PPT。

(2)完成相关的 10 个选择题。

(3)根据老师出的题目画出对应的 E-R 图。

(4)根据自己熟悉的题材(与专业相关)自己出题并画出对应的 E-R 图。

(5)在学习平台上提问并互相讨论,对于参与度高或有效的问与答,给予加分。

3.4 课上任务设计

(1)根据学生作业情况,请出 5 位做得比较好的同学上讲台讲解自己的系统设计思路,老师参与评价总结。

(2)针对 10 个选择题出现的问题进行讲解,针对讨论版中出现的问题进行讲解。

(3)学生提问,讨论。

(4)老师在课上推出 1~2 个比课前任务难度高的题目,学生以小组为单位一起动手练习。这同时也是老师观察学生学习效果的简便办法。(我们的课程是在机房进行的,建议学生一个小组的坐在一起,便于交流。)

(5)作业的验收可以采用答辩的形式。

3.5 教学设计反思

(1)学生分组,3~5 人一组。设计概念模型是设计数据库管理系统的第一步,系统设计的工作量较大,采用分组的方式就比较合适;学生的自主设计能力超乎想象,作业的验收可以采用答辩的形式,更利于相互的学习交流,小组间取长补短,也是学生把思路解释给老师、大家的一个较快的途径。每一个小组的分数评定可以由同学互评和老师的评分决定,分数公平合理。

(2)在 PPT 及教学视频中,列举简短的与生活贴近的案例,吸引学生的注意力,来树立学生的信心,如学生与课程、银行储蓄、学院与院系、订外卖等。

（3）学生的课前作业中有"根据老师出的题目画出对应的 E-R 图"，这个题目既要简单明了，学生容易理解，和学生生活贴近，又能包括重要知识点，如一对一联系、一对多联系、多对多联系均应当被包括进去。

（4）让学生根据自己的专业等熟悉的题材自己出题可能会困难些，可以给学生一些提示，通过网上收集资料，给学生提供参考题目，比如律师事务所案件管理系统、广告比赛信息管理系统、动漫大赛管理系统、摄影展览评定系统、运动会组织管理系统、电影资源管理系统等。

（5）老师在课上推出 1～2 个比课前任务难度高的题目，大家一起动手练习。这个题目应该是跳一跳就能够得着的，也是老师观察学生学习效果的简便办法。

4　翻转课堂教学模式的总结

一学期结束后，作者针对采用翻转课堂教学模式的班级进行了调查访谈，对于课堂气氛、互动方式、教学收获等方面进行考查，得出的结果是学生普遍认为翻转课堂教学模式有利于学生自主学习，课堂气氛活跃，学生乐意接受这种教学模式；但仍有部分学生认为这种教学模式需要学生自己花费大量的时间，如果学生的自控能力差，很多时候就不能按照老师的要求主动去学习，反而不如传统课堂的收获多。

因此，相对于传统的教学模式，翻转课堂教学模式对教师的素质要求较高，老师一定要关注每一位学生的课前预习和课前测试情况，否则可能会出现优秀生更加优秀，学困生更加困难的情况。所以需要老师精心设计教学过程，提高对学生自学、归纳、总结能力的培养，注重知识的系统性，使学生的能力得到全面提高[2]。

翻转课堂教学模式会使学生课前花较多的时间，如果所有课程均采用翻转课堂的话，学生在时间安排上会难以应付；针对一门课程，也不需要所有的知识点均采用翻转课堂，比如本课程的第一章主要是概念性的知识点及技术前沿介绍，就可以使用传统教学模式。无论采用哪种教学模式，都需要对该教学模式进行进一步研究，有针对性地解决存在的问题，使所有的学生都能从中受益，才能真正优化我们的教学，真正实现教学目标[3]。

参考文献

[1] 谢云飞，郭亚辉，姚卫蓉.基于"食品安全"课程翻转课堂的初步教学改革及探索[J].教育教学论坛，2017(5):108-109.

［2］郭欣红.翻转课堂与传统教学模式优势比较分析［J］.安徽职业技术学院学报,2016,15(2):5-7,10.

［3］王建平,屠义强,陈启飞,等.试论"翻转课堂"与传统教学模式的区别［J］.教育教学论坛,2015(44):67-69.

改变程序，设计课堂

——"C语言程序设计"混合式教学模式研究与实践

夏一行　韩建平

杭州电子科技大学计算机学院，浙江杭州，310018

摘　要：本文针对"C语言程序设计"课程进行混合式教学模式的研究与实践。基于建立的在线课程资源，运用翻转课堂等形式扩展与延伸课堂教学，探索建立新型教学关系，其核心是"弱化'以教定学'的授课模式，强调以问题为中心，调动学生以学为主"；使课堂教学侧重于以知识内化吸收为目标的互动、协作探究和实践模式，让学生在思维碰撞中和协作实践中深化知识、提升能力。

关键词：在线课程；翻转课堂；混合式教学

1　引　言

"C语言程序设计"课程是高校计算机基础教学的核心课程，其教学目标是使学生掌握程序设计的思想和方法，能够编写和调试程序，具备初步的利用计算机求解问题的能力。近年来，程序设计课程面临的形势不断发生着变化，对课程教学提出了一些新的要求。一方面，在大众化教育阶段，学生的基本素质和学习能力参差不齐。另一方面，各地区中小学计算机教育发展的不均衡造成大学新生的计算机知识和能力悬殊。而目前高校的程序设计课堂教学普遍存在一定的问题：以知识传授为重点，能力培养重视不足；课堂主要是教师的舞台，学生是观众；课堂灌输、封闭，互动和交流不足；课后的知识吸收与内化，缺少支持和帮助。在这样的背景下，改变传统课堂的固定教学模式，研究设计"以学生为中心"的新颖课堂，激发学生的学习兴趣，引导学生的自主学习，提高学生的应用实践能力和创新能力，成为程序设计课程课堂教学改革的方向。

2 混合式教学改革思路

程序设计课程对学生的培养要求是达到能够编写程序,解决实际应用问题的目标。传统的教学常态一般是:讲程序,读程序,一筹莫展写程序。我们必须引入新鲜灵活的手段,使之改变成理解程序,探讨程序,让学生在编程中体会新奇和成就感。开展混合式教学,将在线课程资源和课堂教学结合起来,通过"线上"和"线下"两种教学组织形式的有机结合,引导学生进行深度学习[1-3]。

基于建立的在线课程资源,运用翻转课堂等形式扩展与延伸课堂教学,探索建立新型教学关系。线下授课采用翻转形式,设计更有利于让学生融入教学过程的课堂,其核心是"弱化'以教定学'的授课模式,强调以问题为中心,调动学生以学为主",避免课堂陷入"独角戏,满堂灌,一考定乾坤"的泥坑。翻转课堂使课堂教学侧重于以知识内化吸收为目标的互动、协作探究和实践模式,让学生在思维碰撞中和协作实践中深化知识、提升能力。

开展混合式教学,主要从三个思路实现"改变程序,设计课堂"。

(1)面向课堂教学开发在线课程资源,为学生课前自主学习提供资源丰富,且具备监督、跟踪、记录、考核和评价等多种功能于一身的在线环境。线上的资源是开展混合式教学的前提,将传统课堂讲授内容通过微视频等形式前移,课前给予学生充分的学习时间,让学生"带着"知识基础走进课堂。课前知识学习使得课堂教学有更大的自由度,学生的课前在线学习信息让课堂教学更具针对性,而课堂上形式多样的教学活动也促进学生将课前学习落到实处。

(2)以学生为中心,从学生学习体验出发改进教学方式。在课前环节,以简洁、生动的微视频展现课程中的知识点和案例,既使得学生的学习活动更易于安排,也有助于学生在有限时间内集中注意力,高效获得相关知识;而在课堂环节,将重、难点内容讲解穿插在设计的案例中,同样有利于挖掘学生的兴趣点,进而提升学生对课程的关注度,对教学效果有显著改善。

(3)多元评价,全程反馈,促进教学过程持续改进。建立了线上与线下相结合,形成性与终结性相结合的多元化评价体系,从多角度全面评价学生的学习行为,引导学生落实线上学习,积极参与课堂活动。通过信息技术与课程深度融合,不仅可以有效跟踪、分析学生线上和线下环节的学习进度,也可以即时向学生反馈,促进教学过程不断改进。

3 混合式教学模式的实施

混合式教学模式实施方案如图1所示。教师在课前一周通过在线课程平台发布微视频等课程资源及其学习任务单。学生在课前通过平台自主完成知识点视频学习和闯关测试，发现问题并在线交流。在课堂教学环节，教师则以解决问题为线索，设计安排答疑解惑、质疑纠错、小组协作、课堂小测、编程实践、个性化指导等形式多样的教学活动。

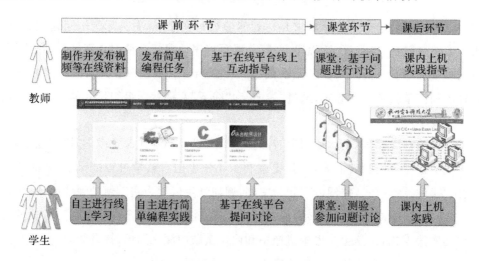

图 1 混合式教学模式实施方案

这种模式不仅在于前置的线上知识学习所带来的自主、个性化体验，更在于课堂上压缩了知识传授的空间，放大了学生思考的空间，给知识内化方式的优化带来了潜力。课堂教学围绕每个研讨主题一般包括以下四种形式：

（1）课堂小测验。安排在课堂教学的开始阶段，时长在 10min 左右。测验内容围绕课前任务，即教师课前发布的在线资源；题型为客观题（判断题或选择题）。通过课堂测验，既可以及时了解学生对知识的掌握情况，又可以督促学生把课前学习落到实处。

（2）答疑纠错，质疑解惑（以任务为索引，穿插进行）。课前学习的过程中，在在线平台上和课程学习群里，学生可以随时提出自己的问题，同时也可以回答其他同学提出的问题。教师可以汇总一些典型问题或不能解决的问题，在课堂上统一答疑解惑，有侧重地引导学生解决问题。

另外，教师在每堂课之前，需根据知识点，将语法规范融入典型实例，从提出问题、解决问题，到拓展问题、再解决问题、评价问题，在层层推进中逐步引入教学知识点，将重、难点内容讲解穿插其中，使得学生课前知识学习落到实处，课堂知识内化到位。

（3）小组协作讨论。以小组协作的方式来组织问题讨论，在课堂上形成组内合作、组间竞争的氛围。一般安排 20min 时间，提出一个问题，要求以小组为单位讨论并发表意见。当小组要求提交问题解答时，教师会随机抽取该小组成员来分析、解释。教师对每组最后提交的编程结果在课堂上进行评价打分，并针对问题讲解；学期结束后汇总每组的总积分，按积分排名给分。

(4)个人编程实践。分散穿插在课堂讨论中进行,教师可以选择$1\sim2$个围绕主题的典型问题,让学生课堂上进行编程实践。学生在完成任务的过程中可以小组讨论,也可以寻求教师的帮助。教师在学生完成作业的过程中,在教室中巡视,对有创意的作业予以展示,对发现的问题马上指出并进行一对一讲解,对典型的问题可以统一讲解。教师对每个学生最后提交的编程结果,课后进行评价打分,学期结束后汇总。

4 取得成效分析与体会

为了对混合式教学方法有客观的评价,我们抽取了部分教学班进行改革实践,其他班级仍然按以往传统的方式组织教学,这些教学班学生的学习习惯和能力没有明显差异。承担教学任务的教师均具有多年教学经验,具备较强的教学能力与责任心。期末,我们对全体学生(试点班及普通班)进行统一的上机测试。要求学生在$60\min$内完成3道程序设计题的编写和调试(总分40分)。测试采用程序设计自动评测系统。学生完成程序后提交源代码,由自动评测系统的服务器端对提交的程序自动评判,实时反馈。测试分为3批,每批同时包含普通班和试点班。三个批次题目采用不同的测试题。表1给出了成绩的统计数据,实施教学改革的试点班学生在平均分、满分率和及格率都有显著优势。

表1 期末上机测试成绩及比较

批次	班级	平均分/分	满分率/%	及格率/%
1	普通	26.45	18.2	71.2
	试点	30.13	24.4	86.7
2	普通	20.26	15.3	49.3
	试点	35.93	51.0	100.0
3	普通	25.18	7.8	68.9
	试点	32.89	18.5	90.2

采用"线上"和"线下"结合开展混合式教学,学生课前的"线上"学习是教学的必备活动;"线下"教学有别于传统课堂教学活动,是基于"线上"的前期学习成果而开展的更加深入的教学活动。线下课堂教学开展多个环节的非传统模式的教学,包括:课堂测试(检测课前学习效果)、答疑纠错(促进知识点内化)、小组协作(集思广益,相互促进)、个人编码实践(加深理解,加强能力培养)。从而解决以下三方面的问题:一是如何突破课堂教学的困境。教师为了按既有进度讲授,无暇顾及学生的个体需求;学生在课堂上忙于聆听、理解和记忆而缺乏互动探究和独立思考的机会。二是如何实现教学重心的转变,由"教"转向"学",由"知识传递"转向"能力培养"。三是如何让理论与实践教学紧密结合,让教学过程真正聚焦教学目

标。程序设计课程具有鲜明的实践性,学生需要在大量的编程实践中,掌握程序设计的思想和方法。

混合式教学模式促进了我校"C 语言程序设计"课程教学质量的显著提高。目前每学年校内受益学生人数近 3000 人,深受大部分学生的欢迎,超过 80% 的同学认同课堂活动,并对所学知识的掌握更加全面和深入。我们在教学实践中始终关注学生学习体验,不断丰富在线课程资源的数量,不断提升在线课程资源的质量,不断完善"改变程序,设计课堂"的混合式教学模式。

参考文献

[1] 陈建新,等. 混合式教学模式——高校共享课程的新探索[M]. 上海:复旦大学出版社,2014.

[2] 朱长江,甘志华. "软件工程"课程多模式教学研究[J]. 软件导刊,2015(5):174-176.

[3] 周天涯. 基于 MOOC 的混合式教学模式研究[D]. 南京:南京邮电大学,2016.

混合学习模式下课堂教学改革研究及实践

熊丽荣

浙江工业大学计算机科学与技术学院、软件学院，浙江杭州，310023

摘　要：本文在移动微型学习、联通主义理论的指导下，探索和构建混合学习模式。结合"计算机网络原理"课程的教学要求和特点，在混合学习模式下开展课堂教学改革。实践结果表明，新兴混合学习模式能够有效地提高课程教学质量。

关键词：混合学习；课堂改革

1　引　言

高校课堂教学在强调知识性、理论性、目的性的同时，按照学科和专业的知识体系循序渐进开展，课堂教学主要以 PPT 课件加上多媒体辅助设备的传统方式为主。随着慕课等大规模开放式网络课程席卷全球高等教育领域，教育者、受教育者和教育内容等教育基本要素之间已经发生实质性与结构性的变化，传统的高等教育范式日益受到挑战[1]。

一方面，手机等移动设备对学生产生了极大的吸引力，课堂上存在一定数量的玩手机"低头族"，课堂教学秩序受到冲击。移动互联网冲击高校课堂，正在改变课堂的教学生态环境。高校教师也顺应时代，充分利用移动互联网技术，组织、开展有效的课堂教学活动，变被动为主动。

另一方面，互联网集个人和群体的智慧为一体，借助于手机等移动终端设备，让学生随时随地开展移动学习。通过移动互联网，可以实现联通，知识共享，为学习者的持续、终身学习提供可能。

混合学习将传统教学方式的优势和数字化或网络化学习的优势相结合，既能发挥教师引导、启发、监控教学过程的主导作用，又能充分体现学生作为学习过程主体的主动性、积极性与创造性[2]。因此，融合课堂教学、网络教学和移动学习的混合学习模式具有重要意义。

2　混合学习模式

传统教学主要是面授模式。宽带网络、移动技术的发展和智能终端的广泛应用,使课程教学模式发生变化,教学过程和师生关系需要重构。

联通主义学习观认为学习不再是一个人的活动,而是知识的重新联合,是在知识网络结构中一种关系和节点的重构和建立[3]。联通主义符合现代网络化社会结构的学习模式,对新形势下师生关系的重构有重要指导意义。

泛在学习为学习者提供了无时无刻、无处不在的学习支持。微信作为一种具备通信、社交和平台化功能的移动性应用软件,在大学生群体中广泛使用。在这些技术的支持下,片段化的微型学习内容给人们带来轻松、灵活的学习体验[4]。

混合学习模式,就是把多种学习理论、教育技术和教学方法综合应用起来实施教学的一种策略。把传统的课堂面授教学与网络在线学习进行优化组合,来提高教学效果。

混合学习模式正逐步从理论研究转向更好的应用研究。本文基于联通主义理论和微型学习理论,提出了一种新型的混合学习模式,如图 1 所示。高校教育网络平台较为成熟,模式融合了高校教育网络平台在系统化学习课程知识方面的优点,微信平台碎片化、泛在性的学习优势,以便学习者根据自身要求进行选择和学习。

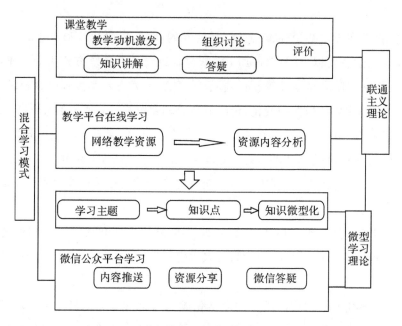

图 1　混合学习模式

本文介绍的混合学习模式将课堂学习与课外持续学习融为一体进行教学形式设计。课程教学内容从学习主题、知识点等方面进行组织。

课堂教学之前,教师将设计好的多媒体课件、视频等信息提前发布到学校网站课程中心,供学生课外共享学习。

课堂教学,强调教学动机激发、知识讲解、组织答疑,进行重点内容的讲解。

课后学习,构建学习者的联系。基于微信公众号、微信小程序、微信群、QQ 群等进行学习交流、答疑和互动。密切师生之间的联系以及学生之间的联系。

在学生过程性学习评价方面,通过课堂教学组织、教学平台以及课后互动等,综合学生个人汇报、小组讨论、网络或课堂中交流的活跃度等因素,将其作为评估准则,尽量客观多维度对教学实施过程性管理。

3 新型混合学习模式下的课程教学组织和实践

"计算机网络原理"课程是计算机信息类专业的核心基础课程。课程教学基本上是由两大块构成:理论课程和实验环节。课程围绕五层网络体系结构,以 TCP/IP 协议为例子和主线展开教学,在此基础上,通过小组讨论、读书报告等方式融入网络新技术、新专题讲座。

3.1 课堂教学内容组织

计算机网络原理抽象,学生不容易理解和接受。课堂教学内容的组织中,需要有效取舍,让学生形成网络原理知识体系。教学基本思想是以分层理论为基础,以 TCP/IP 协议为实例,将计算机网络原理及设计问题讲透彻。

(1)数据通信知识广、内容多,在课程中应讲解基本的数据通信知识。

(2)点到点链路从成帧方法、编码技术、流量控制、可靠传输等方面加深学生的理解。在讲授中将流量控制和差错控制结合到滑动窗口机制中。从流量控制引入滑动窗口概念,从差错控制强化窗口的控制作用,从拥塞控制扩展滑动窗口对拥塞状况的动态反应。点对点通信是端对端通信的基础。广播型链路中,局域网的广播技术是重点,在多种 MAC 访问控制方法比对分析基础上,让学生着重理解以太网和无线局域网的原理。

(3)网络层基于分组交换技术,从互联、路由、转发角度,结合网络内部结构与路由算法进行讲解,以 IP 协议、Internet 路由协议为例,增强知识的可理解性。

(4)传输层重点介绍连接管理、流量控制和拥塞控制,在点对点通信基础上,重点学习端对端 TCP 协议。

(5)在应用层,以域名系统、文件传送协议 FTP、电子邮件和万维网 WWW 应用为主。网络安全、网络新技术采用学生小组报告、集体讨论等形式学习。

3.2 课程碎片化知识组织设计

可汗学院的统计结果和脑科学研究表明,人注意力集中的有效时间一般在 10min 左右。本文秉承科学性的原则选择和设计"计算机网络原理"这门课程的学习资源[5],如表 1 所示。该资源遵循微型化、以学习者为中心、知识展示多样化等基本原则[6]。

表 1 "计算机网络原理"的微型化资源

学习专题	知识点	微型化知识点描述
概述	计算机网络概念、发展、性能指标;协议、层次、服务、体系结构	电路交换和分组交换动画、图片
物理层	数据通信理论基础、调制技术、多路复用技术、傅里叶分析传输介质、网络接入技术	数据通信知识汇总文章,傅里叶分析动画,网络传输介质图片、文章,ADSL、Cable Modem、FTTx 文章
数据链路层	帧、帧定界、透明传输、PPP 协议、以太网 CSMA/CD、网桥、VLAN、无线局域网	CSMA/CD 动画、滑窗协议动画、透明网桥文章、VLAN 原理动画、CSMA/CA 协议动画及文章
网络层	面向连接和无连接的服务、IP 报文、ARP 协议、子网划分和构造超网、IP 分片、IP 路由	子网与超网图文、IP 分片动画、ARP 协议动画、路由协议动画
传输层	进程通信模式、TCP 连接管理、TCP 流量管理、TCP 拥塞控制、UDP 协议	TCP 连接管理文章、TCP 流量控制文章、TCP 拥塞控制文章、三次握手动画
应用层	DNS、HTTP 协议、SMTP 协议	客户服务器模型图片,DNS 原理文章,SMTP、HTTP 原理动画
网络安全	网络安全攻击	网络安全模型文章

在内容设计方面,做到主题突出,内容微小;遵循学习者视觉驻留规律和注意力集中时间的规律;考虑移动终端流量和内存的局限性;通过动画演示、图片、文本等多种方式展示知识内容;体现移动学习是课堂外的有效补充的特点。

3.3 混合学习模式的评价与建议

本研究以参加"计算机网络原理"授课的软件工程专业两个教学班学生为研究对象,利用 QQ 讨论组、网络教学平台、微信平台及微信小程序等方式对课堂内容进行辅助,并对学习效果进行调研。

大部分学生对混合学习模式感兴趣,认为与单纯的传统课堂教学或数字化学习相比,混合学习具有比较大的优势,主要体现在如下两个方面:课堂教学、网络平台和移动学习的有机整合,可以提高教学效果;良好的学习情境,多样化的学习资源,有助于学生掌握课程内容。混合教学模式加强了师生互动,调动了学生学习的主动性和创造性,便于学生的个性化学习。

大部分学生认为本研究所构建的混合学习模式比较合理,是一个相对稳定、有效并具有较好操作性的教学模式。

(1)混合学习模式在课程导入时将课程的教学目标、教学内容、教学计划安排、学习方法、考核方式以及课程的学习资源等向学生讲解清楚,并将相关信息放在教学平台上。课程导入可以让学生对课程的教学有个总体的了解,明确学习目标、任务和方法,对他们学习该课程有很大的帮助。

(2)教学活动的组织方面。学生认为本研究所构建的混合学习模式在教学活动设计和安排方面合理,整个教学活动过程清晰,有利于学生积极参与。

(3)教学评价方面。学生认为本研究所构建的混合学习模式在教学评价方面设计得比较合理、客观、全面。

通过调研,教师也认为由单一的课堂教学向混合学习模式转换,还需要对模式的操作性进行优化。微信学习、答疑、评价等需要师生投入较大的热情和精力。

4 总 结

本文基于联通主义和移动学习,结合课堂教学设计混合学习模式,从课堂教学组织、微型化资源设计,并以"计算机网络原理"课程的混合式教学实践,说明混合学习模式的可行性和可操作性。

参考文献

[1] 周雨青,万书玉."互联网＋"背景下的课堂教学——基于慕课、微课、翻转课堂的分析与思考[J].中国教育信息化,2016(2):10-12,39.

[2] 肖尔盾."互联网＋"背景下高校体育教学混合学习模式探索[J].中国电化教育,2017(10):123-129.

[3] 王佑镁,祝智庭.从联结主义到联通主义:学习理论的新取向[J].中国电化教育,2006(3):5-9.

[4] 张振虹,杨庆英,韩智.微学习研究:现状与未来[J].中国电化教育,2013(11):12-20.

[5] 李琳,赵志刚,云红艳.传统教学与翻转课堂教学相结合的计算机网络原理教学模型研究[J].计算机教育,2015(22):31-36.

[6] 顾凤佳.终身学习视野下的微型学习课程设计原则研究[J].远程教育杂志,2013(4):60-66.

首要教学原理在翻转课堂教学设计中的应用①

徐 翀

杭州电子科技大学计算机学院,浙江杭州,310018

摘 要:在当前信息技术和教学改革深度融合的背景下,越来越多的教师尝试翻转课堂这一教学模式,其中翻转课堂的教学设计是课堂改革的关键因素。首要教学原理提出以解决问题为宗旨,通过激活旧知、示证新知、尝试应用、融会贯通这四个步骤进行教学,对翻转课堂的设计有重要的指导意义。

关键词:首要教学原理;翻转课堂;教学设计

1 引 言

翻转课堂作为一种新的教学模式,自 2011 年在美国兴起以来,得到了国内外学者的广泛认可和应用。与传统的教学模式不同,翻转课堂需要教师在课前录制好视频,学生学习视频,在课堂上以教师引导学生讨论、答疑为主。在该模式下,学生成为学习的主体,必须主动学习,积极思考。因此,翻转课堂能充分调动学生的主观能动性。但如果仅仅将翻转课堂看成是录制视频,制作微课,而在课程设计中依循传统课堂,无疑是达不到翻转的效果的。因此翻转课堂效果好坏,在很大程度上取决于教师对翻转课堂的设计是否合理,以及学生是否配合。

首要教学原理是美国犹他州立大学的梅里尔教授提出的一种教学设计理论,他认为最有效的学习成果或环境是要聚焦问题的,必须通过激活旧知、示证新知、尝试应用、融会贯通这四个学习阶段来实现问题解决。[1]

笔者在首要教学原理指导下进行了翻转课堂的设计,经过两轮的实践,取得了较好的教学效果。

---

① 资助项目:杭州电子科技大学翻转课堂项目"数据结构(甲)";杭州电子科技大学翻转课堂项目"计算思维"。

2　首要教学原理

如图 1 所示,首要教学原理的核心主张是:在"聚焦解决问题"的教学宗旨下,教学应该由不断重复的四阶段循环圈——"激活旧知""示证新知""尝试应用""融会贯通"构成。[2]

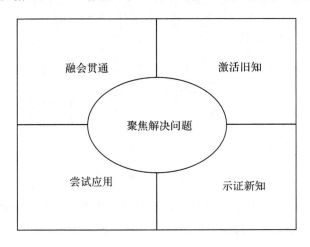

图 1　首要教学原理的四阶段循环圈

实施这一模式还应辅以"指引方向""动机激发""协同合作"和"多向互动"四个教学环节的配合。其实质是:具体的教学任务(教事实、概念、程序或原理等)应被置于循序渐进的实际问题解决情境中来完成,即先向学习者呈现问题,然后针对各项具体任务展开教学,接着再展示如何将学到的具体知识运用到解决问题或完成整体任务中去。只有达到了这样的要求,才是符合学习过程(由"结构—指导—辅导—反思"构成的循环圈)和学习者心理发展要求的优质高效的教学。[3-5]

3　翻转课堂实施

在首要教学原理指导下,翻转课堂的实施主要分线上和线下两个阶段,分别对应课前学习和课中学习。其中,在线上学习阶段,教师需要录制教学视频和设计简单的测试,并发布在课程平台上,同时布置课前任务单,明确需要解决的复杂问题,进行学习内容的介绍及课前任务说明。学生观看视频,并完成课前任务以及在线测试,教师通过测试结果获取学情。在线下学习阶段,教师进行重点和难点梳理,并作为引导者组织学生进行交流展示,由于了解了课前学情,教师能进行靶向指导,获得最佳教学效果。翻转课堂实施过程如图 2 所示。

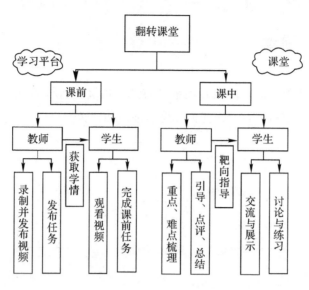

图 2　翻转课堂实施过程

首要教学原理的四个教学环节与翻转课堂的设计理念高度吻合,翻转课堂中的实施环节与首要教学原理的教学环节对应如表 1 所示。

表 1　首要教学原理教学环节和翻转课堂实施环节对应

翻转课堂实施环节	首要教学原理教学环节
发布任务	指引方向
观看视频	动机激发
小组讨论	协同合作
课堂研讨	多向互动

3.1　线上学习

3.1.1　布置任务,明确问题

课前任务单是学生在线上学习的指南针。任务单通常以问题为中心,明确本次课的学习目标,内容设计通常分为自主学习和小组探究两类。自主学习部分由学生单独观看视频;小组探究部分由小组合作完成,学生必须要有明确的分工,确保每位成员参与了课前讨论和展示的制作。任务单最后有课前学习目标达成度自我检测,以便学生能明确自己的薄弱点,便于其在课堂上加强这些内容的学习。表 2 是数据结构课程中第 7 章第 2 讲的课前任务单。

表2　课前任务单示例

授课内容:第7章图论,第2讲 学时:3学时
学习目标
1.掌握图的存储结构(邻接表、邻接矩阵)和两种遍历方式(深度优先遍历、广度优先遍历); 2.理解两种遍历的异同。
学习内容与课前任务准备
在之前学习任务中,同学们已经学习了图形结构的基本术语、概念,这是一个更加复杂的数据结构,本节课主要学习图的基本存储结构(邻接表和邻接矩阵)、图的遍历(深度优先遍历、广度优先遍历),并针对具体问题(农夫过河)利用遍历的方式求解。 自主学习内容: 1.图的两种存储结构(邻接表、邻接矩阵); 2.图的两种遍历方式(深度优先遍历、广度优先遍历)。 小组探究内容: 1.广度优先遍历和树的层次遍历算法之间的关系; 2.利用广度优先遍历解决农夫过河问题,请列出状态图,分析过河的步骤,做好展示准备。
课前学习目标达成度自我检测
1.能否根据给定的有向图或无向图写出其邻接表和邻接矩阵? 2.能否根据给定的有向图或无向图写出其深度优先遍历和广度优先遍历的结果? 3.深度优先遍历和广度优先遍历的异同点是什么?

3.1.2　观看视频,激活旧知,示证新知

教师在课前录制视频时要注意知识点的衔接,通常旧知识是新知识的先修内容。一方面要激活旧知,为本次课程的内容做好铺垫,通过简短的旧知回顾,迅速激发起学生的记忆,激活知识结构。[6-7]激活旧知的时间安排尽量紧凑,不可拖沓,可用图表或提纲的形式列出内容。另一方面则要示证新知,通过讲解、设问、示范等手段讲清本次课程的主要内容。学生通过观看视频,达到掌握基本概念,实现基本应用的目标。

3.2　线下学习

学生在线上学习结束后,需要完成教师设计的线上测试,这是教师获取学情的途径。教师应仔细分析学生的测试结果,基于学生学习产出为中心的原则,有针对性地准备课堂讲解内容。课堂讲解并非是视频讲解的重复操作,而是总结学生易错、难以理解的内容,以讨论、提问、练习、展示等多种形式进行靶向指导。

3.2.1　讨论答疑,尝试应用

线上学习以基本概念和原理为主,10min左右的视频难以完成一个复杂问题的讲解。因此在线下学习过程中,教师应该组织学生参与多种形态的讨论和答疑,引导学生将基本概念和原理应用到具体问题中。翻转课堂适用于小班化教学,为了能启发更多同学参与到讨

论中来,实现翻转的目标,教师需要注意以下几点:

(1)实现合理分组和分工,是小组讨论的前提。每组的综合水平应该持平,搭配成绩好和成绩差的学生成为一组,调动成绩差的学生的学习积极性,鼓励成绩好的学生当小老师,不仅能够提升他们的能力,也能帮助其他同学。

(2)精心设计讨论话题,是小组讨论的关键。教师应该以某个具体应用问题为中心,设计探究性和开放性的话题,避免课堂讨论盲目性和随意性,引导学生层层递进地解决问题,帮助他们建构知识框架和脉络。在小组讨论期间,教师应参与到其中,适时点拨、释疑,可以提高课堂讨论的成效。

(3)要求每位同学参与进来,是小组讨论的底线。有效的课堂讨论应该是全体学生共同探求知识的过程,而不应该成为个别同学的展示专区。为了达到这一效果,教师应该一方面创造轻松愉悦的讨论环境,适时给予鼓励、表扬与肯定,激发学生的讨论兴趣,维护学生的尊严,提升学生的信心;另一方面应该将课堂讨论环节纳入课程评价中,这样也能提升学生讨论的积极性,更加用心对待讨论。

3.2.2 展示成果,融会贯通

学生在课前观看视频的基础上针对任务单进行了小组讨论,对解决问题的方法做了初步的了解。在课堂上经过教师的引导、指点后小组进一步讨论,对原先的展示方案进行修订和完善。每个小组上台展示成果,其他小组倾听、质疑,最后由教师点评和总结。这样的展示方式不仅加深了学生对知识的理解程度,提升了其解决复杂问题的能力和语言表达的能力,还能让小组在质疑过程中碰撞出思维的火花,往往能用多种不同的方法解决问题,达到知识融会贯通的目的。

4 改革效果分析

4.1 问卷调查分析

笔者共进行数据结构课程的翻转课堂实践两轮,在第一轮实践结束后,对全班(52 人)进行了问卷调查,表 3 所示是问卷的一部分内容。

表 3 翻转课堂学生调查问卷

问题	选项及选择比例			
你可以通过课前任务单掌握本课程的基本内容吗?	大部分甚至更多可以(60%)	约一半可以(26%)	少于一半可以(13%)	完全不行(1%)

问题	选项及选择比例			
你对课前学习中的师生互动形式是否满意?	非常满意 (34%)	满意 (48%)	一般满意 (15%)	不满意 (3%)
经过课前学习,你是否更有信心、更有意愿参与课堂活动呢?	非常有信心 (38%)	比较有信心 (42%)	不太有信心 (12%)	完全没有信心 (8%)
你对课堂中课堂活动的安排是否满意?	非常满意 (67%)	满意 (18%)	一般满意 (7%)	不满意 (8%)
在课堂学习中,你与老师或者同学讨论交流的频率怎样?	经常 (53%)	有时 (26%)	较少 (21%)	完全没有 (0%)
通过课堂中的讨论和小组协作,你对所学知识的掌握是否更全面和深入?	很全面深入 (56%)	较全面深入 (32%)	一般 (10%)	较差 (2%)
在课堂中你喜欢和组员开展各种课堂活动吗?	非常喜欢 (45%)	一般喜欢 (36%)	无所谓 (8%)	不喜欢 (11%)
与传统课堂相比,你认为翻转课堂学习能够提升自己的自主学习能力吗?	非常同意 (26%)	比较同意 (61%)	不清楚 (13%)	不同意 (0%)

从表3中可以得知,学生对翻转课堂的教学模式总体比较认可,具体到课前任务单的设置、课堂交流、师生互动、小组讨论、能力提升等方面,持肯定或者比较肯定态度的学生占了80%以上。

4.2 学生试卷成绩分析

选用2017—2018学年第一学期的两个教学班成绩进行比较,授课教师和试卷相同。在教学班之间,因为平时成绩占总评成绩比重不同,所以总评成绩不具备可比性,仅用期末考试的卷面成绩进行对比分析,如表4所示。

表4 普通班与教改班期末考试的卷面成绩比较

成绩等级 /分	普通班人数 /人	所占比例 /%	教改班人数 /人	所占比例 /%	普通班平均分 /分	教改班平均分 /分
90~100	5	9.1	10	19.2		
80~<90	11	20.0	16	30.8		
70~<80	18	32.7	14	26.9	66.9	72.1
60~<70	15	27.3	7	13.5		
<60	6	10.9	5	9.6		

从这次成绩分析来看,教改班的优秀(90~100)、良好(80~<90)的比例高于普通班,低分段[及格(60~<70)和不及格(<60)]比例也低于普通班。中等比例相差不大,平均分比普通班高5分左右。说明了翻转课堂教学模式对学生掌握基础知识和应用是有帮助的。

5 结 语

在当今信息技术与教学过程深度融合的背景下,翻转课堂教学以学生为中心,能调动学生的主观能力性,提升学生思辨的能力。在首要教学原理的指导下,合理地设计翻转课堂,聚焦问题的解决,方能达到良好的教学效果。

参考文献

[1] 梅里尔,盛群力,何珊云,等.首要教学原理[J].当代教育与文化,2014,6(6):1-7.

[2] 张红艳.首要教学原理下高校"多媒体技术"课程APP移动学习资源建设研究[J].教育理论与实践,2014,34(24):50-51.

[3] 亓玉慧,高盼望.基于首要教学原理的翻转课堂教学设计探索[J].山东师范大学学报(人文社会科学版),2018,63(2):93-99.

[4] 周思林,周蓓.基于五星教学模式的数据结构微课教学设计研究[J].计算机教育,2016(12):87-90.

[5] 肖伟.首要教学原理指导下的微课教学设计模式探索[J].中国教育信息化,2016(8):27-30.

[6] Love B,Hodge A, Grandgenett N,et al. Student learning and perceptions in a flipped linear algebra course[J]. International Journal of Mathematical Education in Science & Technology,2014,45(3):317-324.

[7] 范文翔,马燕,李凯,等.移动学习环境下微信支持的翻转课堂实践探究[J].开放教育研究,2015,21(3):90-97.

混合教学模式在 C 语言课程教学中的探索与实践[①]

张银南　　罗朝盛

浙江科技学院信息与电子工程学院,浙江杭州,310023

摘　要: 混合教学模式实现了 MOOC 与传统教学的有机结合,通过线上与线下教学的有机统一,能充分挖掘教师和学生的潜力。在分析传统课堂教学不足的基础上,提出 O2O 线上线下融合的 C 语言程序设计课程的混合教学模式,应用网络平台辅助实现了完整的教学业务流程,从平台建设、教学资源的准备、教学方式的组织、课程考核评价等方面,进行了教学实践。实践表明,混合教学模式能有效调动学生的学习主动性和积极性,提高学习兴趣,提升学习效果。

关键词: C 程序课程;MOOC 平台;混合教学模式;主动学习

1　引　言

近几年来,大型开放式网络课程(MOOC)迅速在全球传播,越来越多的学习者参与在线学习。但是,MOOC 存在着学习过程缺乏生动性、教学管理困难、评价机制单一等问题,导致教学效果存疑、课程辍学率居高不下。

混合式教学是面对面的课堂教学与数字化在线学习的有机结合,融合了传统学习和MOOC 学习的优势,同时发挥教师和学生的双方作用,提高教学效果。这种新型的教学模式,引起了国内外教育领域的广泛关注和应用[1]。

①　资助项目:浙江省教育厅 2016 年度高等教育课堂教学改革项目"基于线上线下混合的 C 语言程序设计教学实践"(kg20160271);浙江科技学院 2015 年度新生研讨课项目"信息与计算思维"(2015-K8)。

2　传统课堂教学面临的新问题

2.1　学生学习现状分析

(1)学习状态不足。

大学一年级学生进入大学校园后,其学习态度远远不如中学时。有人把中学生紧张的学习和大学生轻松的生活形象地比喻为"玩命的中学,快乐的大学"。大学生缺乏"内生动力"是当前最头痛的事。普遍存在上课不认真听讲、下课不积极主动学习,自控能力差,个人精力大多用在玩游戏等非学习事情上。还有一部分学生对大学课程的学习方法认识不够,没有目标和动力,缺乏自主学习的积极性[2]。

(2)学习效果不佳。

进入高校的学生,水平相差较大。一部分在中学阶段表现好的学生,就会认真学习;另一部分在中学阶段表现一般的学生,就很难达到大学的基本要求。程序设计课程要求学习者有扎实的数学基础、逻辑判断能力、运用知识解决问题的能力。后面这部分学生普遍反映上课听不懂,教师授课进度快等问题,久而久之,这部分学生就跟不上进度,导致学习效果不佳。

(3)网络教学资源缺乏指导性。

虽然网上有很多教学资源,但缺乏针对性,很难满足不同层次、不同专业的应用实践需求。同时,各种原因造成网上实时互动交流无法有效实施,学生得不到及时的指导。

(4)实践教学条件手段限制。

大部分学生在实验课上只会按照书上的例题敲代码,缺乏独立思考的能力,当自己编写程序出错时,查找不到错误的原因,在某种程度上就失去了学习的积极性,导致学习兴趣不高。

2.2　传统教学模式

传统教学模式是"讲授—接收",先教后练,强调了老师的主导作用,忽视了学生学习主动性的调动,不利于培养学生灵活解决实际问题的能力[3]。传统课堂的教学流程如图 1 所示[4]。

图 1　传统课堂的教学流程

3 程序设计课程教学的思考

3.1 教学的思考

随着经济和产业的发展,社会对高校人才的能力提出了更高要求,但现实上,人才培养与企业需求存在差距,在实践能力和创新性思维方面的培养相对欠缺。在程序设计课程中,我们一直在考虑如何培养学生的计算思维能力。

为此,我们认真学习和借鉴国内外的先进教学理念,深刻反思传统计算机程序设计教学的不足之处,着重研究和探讨以下几个问题[5]:

(1)程序设计系列课程应如何定位才能跟上时代发展的步伐,站在科技发展的前沿?才能使学生掌握计算机编程技术工具性知识的同时,具有解决专业领域问题的能力?

(2)作为应用型大学的基础课程,应该采取什么样的教学模式、方法和手段,教授哪些内容,才能真正为学生的专业发展打好基础,激发学生的学习兴趣,并使学生感觉到学习编程的成就感?

(3)面对不同专业发展要求、不同背景基础的学生,如何调动学习的主观能动性,挖掘学生的学习潜能,实现以学生为中心的个性化教学?

通过对这些问题的反复研讨和深入思考,我们认为课程要培养学生良好的计算思维能力,提高学生的计算机问题求解能力和计算机应用水平,可以利用先进的网络教学平台,采用混合教学模式。

3.2 混合教学模式

混合教学模式的教学理念旨在把传统的面对面教学与在线学习的优势结合起来,教师发挥启发思路、引导学习、监控教学的主导作用,学生发挥作为主体的主动性、积极性与创造性[6]。基于这种教学理念,混合教学模式可以用一个3阶段的实施过程模型表示,如图2所示。

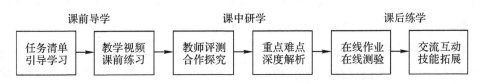

图 2 混合教学模式的实施过程模型

在混合教学模式中,教学过程在网络与课堂上同时展开,学生的学习行为也随之分布在线上与线下。因此,应当遵循混合教学模式的教学理念,以驱动学生自主学习、主动交流为目标,建立学习评价体系,以客观地评价学生线上、线下的学习行为和学习效果。

4 C语言混合教学模式的实践

我们根据 C 语言课程、传统教学及 MOOC 平台教学的特点,精心组织教学资源、教学要素和教学环节,帮助学生既能高效掌握理论知识,又能迅速提升开发程序的能力。

4.1 平台的建设

在前两个学期,我们在 C 语言程序设计教学中应用了"高网学堂"网络教学综合服务平台。"高网学堂"实现了完整的教学业务流程,实现教学互动功能、资源共享功能、移动学习功能、教学门户的建设,进行学习进度控制、学习行为分析、学习过程监控、学生异动分析、成绩统计分析,能自动记录学生全过程学习轨迹。同时在教学中实现了师生实时互动、线上线下配合的混合教学模式,并实现了教学质量过程化控制与预警。

为推进以 MOOC 为代表的网络教学模式和教学方法的更新,构建网络环境下的自主教学活动,方便快捷地建设网络课程和开展课堂教学以外的辅导答疑、交流和互动,我校升级了新版的 Blackborad Learn$^+$ 网络教学平台(后文简称 BB 网络教学平台)。该平台覆盖了课前、课中、课后教学过程的各个环节,集课程创建、资源建设、交流互动、统计评测、资源管理、学习社区、学习空间和移动学习等功能于一体,为师生备课、授课、讨论、评分提供了一站式的教学服务和体验。在本学期,我们也升级了课程平台,C 语言课程在我校 BB 网络教学平台上的访问量一直排在前三,说明学生在用平台,但效果还要进一步验证和改善。

4.2 教学资源的准备

(1)课程教学设计。

在教学方式上,要充分考虑授课对象的特点,以教学理念为指导,围绕教学目标来安排教学内容和设计教学活动。

在教学环境上,网络平台的应用将课前、课中、课后紧密结合在一起,营造了良好的混合式学习环境。

(2)教学视频录制。

根据教学计划和我们编写的教材,每章的一个小节为一个知识点,录制一个教学视频,每个视频时长为 5~8min 为宜。

(3)题库建设。

依据课程的知识点和难易程度,设计与之配套的客观题(判断题和选择题)、主观题(程序填空题、改错题和编程题）。

4.3 教学方式的组织

（1）在线学习。

学生根据网络课程平台中发布的任务清单及引导性问题，有针对性地观看教学视频，完成课前练习，从而实现对知识点的学习。学习情况纳入课程考核评价。同时，组建学习小组，鼓励小组内学习讨论，培养协作交流能力和实际解决问题的能力。

（2）小结测验。

为检验和监督学生的学习成效，在每一个知识点讲解结束后，都会有相应的在线测试题要求学生作答。学生可以在线答题并提交至系统，由系统自动判题。

（3）平台互动。

如学生在自学过程中遇到问题，可在互动平台上寻找答案，可以在学习小组内讨论，也可以与老师在线互动。

（4）课堂教学。

教师根据学生在导学阶段提出的问题，设计教学内容与教学情境。在课堂上，教师讲解重点与难点，帮助学生解决共性和难点问题，并组织学生对问题进行共同探究。

（5）实践教学。

对于实践教学，以上机练习为主。上机题目从简单到复杂，覆盖了验证型、设计型和综合型的实验。教师针对学生的实验情况进行必要的指导和总结。

（6）课后练习。

学生在课程平台上完成在线作业及在线测验，巩固知识点；通过讨论交流，拓宽思维。此外，教师鼓励学生运用所学知识与技能进行课外拓展。

4.4 课程考核评价

学习评价是对学习者的学习过程及结果进行价值判断的手段，是教学模式的重要组成部分。需要构建与之相适应的学习评价体系，综合考虑平时在线学习、课堂实践、期末考核等因素，在线学习与课堂教学相结合，总结性评价与过程性评价相结合。

在课程平台上，有学生学习的统计，包括作业成绩统计、考试成绩统计、学生考勤统计、课后练习统计、视频进度统计，能比较客观地反映学生的学习情况。

5 结束语

基于线上线下的 C 语言混合教学模式，我们将传统教学和 MOOC 平台教学的优势融合起来,能够充分挖掘学生和教师这两个教学主体的潜力,切实调动学生学习的主动性和积极性。在MOOC背景下,面向社会需求和人才培养目标,探索"以学生为中心、学生学习成效驱动"的O2O线上线下深度融合的混合教学模式,充分发挥各自优势,能真正起到"发展学习能力,提高学习兴趣,提升学习效果"的作用,是我们需要解决和深入探讨的问题。

参考文献

[1] 詹泽慧,李晓华.混合学习:定义、策略、现状与发展趋势——与美国印第安纳大学柯蒂斯·邦克教授的对话[J].中国电化教育,2009(12):1-5.

[2] 孙静.互联网+教育背景下自主学习模式策略与评价体系研究[J].福建电脑,2018(4):62-63.

[3] 陶丽娜.基于MOOC平台的C语言课程混合教学模式探究[J].长沙大学学报,2018,32(2):123-125.

[4] 苏小红,王甜甜,张羽,等.基于大班翻转课堂的混合教学模式探索与实践[J].中国大学教学,2017(7):54-62.

[5] 张银南.基于MOOC的C语言程序设计教学改革实践[C]//浙江省高校计算机教学研究会.计算机教学研究与实践——2016学术年会论文集.杭州:浙江大学出版社,2016:63-67.

[6] 曹阳,顾问.基于SPOC混合式教学模式的学习评价体系构建[J].计算机教育,2017(12):76-80.

教学方法与
教学环境

面向网络空间安全应用型人才培养的实战演练教学实践

陈铁明　江　颉

浙江工业大学计算机科学与技术学院、软件学院,浙江杭州,310023

摘　要: 随着信息化革命的到来,网络空间安全已上升到国家战略高度,网络空间安全一级学科虽已成立,但安全应用型人才缺口巨大。传统的网络安全人才培养方式已不适应网络空间新环境下的安全实战需求,因此教学实践模式急需改革。本文提出一套网络空间安全实战技能演练教管系统,基于 Docker 容器技术实现攻防环境的自动化配置并保障系统自身安全性,采用最新的 CTF 竞赛方式提高学生实际动手能力。"网络攻防技术"课程实践表明,该系统对网络空间安全应用型人才培养的课程教学实践具有显著效果。

关键词: 网络空间安全;人才培养;实战演练;CTF 竞赛;网络攻防

1　网络空间安全教学背景

1.1　网络安全学科发展

随着信息化革命带来的技术创新,移动互联网、物联网、工业 4.0 等各种新的网络形态不断涌现。人类的日常生活和工作与网络的联系已越来越密不可分,网络的迅速发展,扩大了人类的信息交流,大大提高了社会生产力。但网络的脆弱性所导致的安全问题也随之深入影响到各行各业,已关系到国家政治、国防以及社会安定等关键因素。

2014 年 2 月,中共中央总书记、国家主席、中央军委主席、中央网络安全和信息化领导小组组长习近平召开中央网络安全和信息化领导小组第一次会议,强调指出网络安全和信息化是事关国家安全和国家发展、事关广大人民群众工作生活的重大战略问题。国家网络空间安全战略不仅是一个中长期的战略规划,更是一个适应网络信息发展规律的科学管理体系[1]。2015 年 6 月,为实施国家安全战略,加快网络空间安全高层次人才培养,国务院学位委员会决定在"工学"门类下增设"网络空间安全"一级学科,学科代码为"0839",授予"工学"学位。2015 年 7 月,教育部正式批准设立"网络空间安全"一级学科,标志着网络空间安全进入高等教育和人才培养的学科体系。

1.2 网络安全人才需求

我国网络安全人才极其缺乏。据不完全统计,当前我国重要行业信息系统和信息基础设施需要各类网络空间安全人才 70 余万人,预计到 2020 年需要各类网络空间安全人才约 140 万人。数量的增长带来了质量的变化,以数字化、网络化、智能化、互联化、泛在化为特征的网络社会,为网络安全带来了新技术、新环境和新形态[2]。但我国在 CPU 芯片和操作系统等核心芯片和基础软件方面主要依赖国外产品。这就使我国的网络空间安全失去了自主可控的基础[3]。而且我国高等学校每年培养的信息安全相关人才不足 1.5 万人,远远不能满足网络空间安全的需要。同样更值得关注的是网络安全人才培养的质量问题[4],随着信息技术的高速发展,为确保网络安全防御落实到位,需要大量网络安全实战型人才。传统的信息安全教育往往偏重基础理论,存在重数量、轻素质的现象,缺乏对解决网络安全实际问题的实践动手能力的培养[5]。

因此,无论是高校还是企业,培养具备网络安全实战经验的应用型人才,将成为网络安全学科建设和网络安全产业发展的基石。

1.3 网络安全实践教学

网络空间安全是一门实践性很强的新型交叉性学科,涉及知识面广、内容复杂、难度较大,概念抽象难懂,如果不亲自动手实践,学生将难以理解和掌握基础理论知识。更重要的是,实验教学相对理论教学更具有直观性、实践性、综合性与创新性,是实现素质教育和创新人才培养目标的重要教学环节[6]。

目前,主要的网络安全实验包括网络攻防实验、网络入侵检测实验、网络扫描实验、网络协议分析实验、网络病毒实验、网络安全通信实验、访问控制实验、操作系统安全配置实验和身份验证实验等,其中以网络攻防实验的实践性最为突出。传统的安全攻防实验往往存在实验项目不实用、不直观,实验系统操作和维护过于复杂、烦琐等问题,因此近年来面向网络安全攻防实践出现了新的教学模式[7-9]。

CTF 即 capture the flag 的简称,是近几年来网络安全攻防技术领域中以夺旗赛的方式流行起来的一种新型竞技比赛形式。其中的 flag 通常就是一串特定格式的文字,或是要达成的目标,获取 flag 就是 CTF 竞赛的唯一目标。早期的网络攻防比赛通常是由参赛黑客队伍相互发起真实的攻击,而 CTF 起源于 1996 年全球黑客大会 DEFCON,是一种可替代真实攻击的模拟赛制,参赛者通常以团队形式参加比赛。发展至今,CTF 已经成为全球网络安全圈最流行的竞赛形式。自 2013 年起，全球每年举办的国际性 CTF 赛事超过 50 场，DEFCON 作为 CTF 赛制的起源，DEFCON CTF 也因此成为目前全球较高技术水平和影响力的 CTF 竞赛。演变至今的 CTF 竞赛不仅比拼的是黑客的网络攻防技术，甚至包含全方位的计算机科学技术，包括系统安全、演算法、密码学以及程序设计能力等，这样的竞赛形式提供了一个挖掘具有安全技术潜能人才的平台，这种训练方式也更能快速高效地培养出国家急需的网络安全高级实战型人才[10]。

2　网络空间安全实战技能演练教管系统

基于上述分析，我们自主设计并实现了一套基于 CTF 竞赛形式的网络空间安全实战技能演练教管平台。该平台兼具实践教学和竞赛管理功能。学生可以登录系统进行安全技术的自主学习和实训练习，并可报名参加由教师指定的攻防比赛等；教师可以登录系统远程发布实训题目，并可设置管理攻防比赛，自动获得学生的比赛成绩统计等；管理员可以管理维护系统日常功能，导入扩充题库，并可管理多种类型的可攻击虚拟环境从后台无缝接入系统等。

2.1　系统结构

系统底层设计为单台物理服务器，在物理服务器实现裸机虚拟化，在虚拟机中划分不同的业务服务器，其中核心的靶机模块采用 Docker 容器技术实现。网络空间安全实战技能演练教管系统网络拓扑如图 1 所示。整套系统运行于单台服务器上，可适应复杂的网络环境和机房。系统依赖环境均设计成开机自动启动，并可定时巡检脚本，发现问题自行修复，保证系统的稳定性和容错性。

系统整体采用 B/S 模式，学生使用浏览器通过网络即可接入平台。对于实验需要用到的软件可以直接使用系统提供的集成了工具和环境的虚拟机镜像，无须再额外投入硬件设备。

系统完全采用 Docker Container 的架构。对于每个题目，每个学生可以根据需要创建不同的实验 Docker Image。一个用于实验的 Docker Image 由两个基本部分组成：一是包括操作系统与常用软件的基础部分；二是因学生而异的不同配置参数与文件。为了减少学生创建 Docker 所需要的时间，第一部分由教师提供的 Dockerfile 生成的 Image 提交到私有的 DockerHub 库中，而第二部分需要用学生的个人信息、IP 地址等动态生成一个 Dockerfile 文件，然后创建出特定实验的 Image。从系统的角度来看，Docker 的创建、启动、停止等操作完全等价于执行了一系列的 Linux Shell 脚本，资源控制权也是从这个角度出发，对下层通过直接调用 Shell 脚本的方法操作 Docker，对上层提供接口，将下层实现封装。

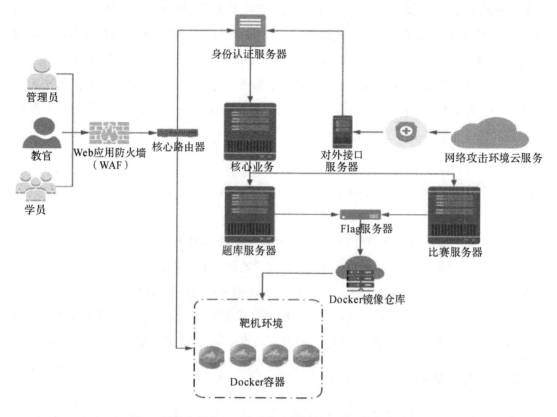

图 1 网络空间安全实战技能演练教管系统网络拓扑结构

2.2 系统主要功能

网络空间安全实战技能演练教管系统的主要功能模块如下:

(1)题库管理模块:处理练习题和竞赛题的日常编辑、增删管理、更新维护等,支持题库文件导入,实现题库更新的自动化。

(2)竞赛管理模块:处理竞赛的快速创建、编辑、删除、备份等,支持多个比赛同步运行,实现比赛管理的自动化。

(3)业务数据模块:处理个人学习训练、参加竞赛记录、竞赛历史记录、技术演练效果等数据分析与统计,实现业务数据管理的可视化。

(4)用户管理接口:处理学生、教师、管理员三种用户类型,支持对演练、题库、系统等不同操作的不同权限的管理。

(5)攻击环境接口:处理本地虚拟服务、外部应用服务环境、攻击环境云服务等三种类型的环境对接,支持跨平台的实战演练环境无缝接入系统。

(6)第三方授权登录接口:处理系统与第三方系统的授权登录,支持 OAuth 2.0 标准,实现系统与第三方系统之间的相互授权认证机制。

(7)平台安全防护模块:提供系统自身的安全防护机制,确保虚拟攻击环境的可用性、可靠性、可控性等机制。

2.3 题目范围和类型设置

系统覆盖了网络空间安全基础、密码学及应用、系统安全、网络安全、应用安全五大安全理论与技术,并以 CTF 的形式,支持加解密、Web、漏洞溢出、二进制分析、隐写取证、杂项六大类题型。加解密主要考查编码学和密码分析学,对古典密码体制、现代公钥密码体制的加密和解密;Web 主要是对 Web 中常见的漏洞的考查,如 SQL 注入、XSS 跨站、服务器配置不当等漏洞;漏洞溢出主要考查对可执行程序的缓冲区溢出,通过编写精心构造的 shellcode 来完成指定的目标;二进制分析主要是对软件完成逆向工程,找到 key 或者制作注册机等,也包括对移动应用的逆向等;隐写取证考查对隐藏在文件、图片、音频、网络流量和磁盘碎片中的 flag 的寻找和还原的能力;杂项则考查流量分析、大数据统计、还原数据、分析数据及信息搜索等能力,是一类考查面非常广的题型。

系统内置数百个 CTF 竞赛题,每个 CTF 竞赛题配套详细的实验教程,从读题、审题、解题三步走,充分讲清题目思路,详细介绍知识点和衍生内容。CTF 题目共分为 MISC 杂项、PPC 编程、REVERSE 逆向、PWN 溢出、Web、STEGA 取证等几类,涵盖了网络安全各个方面的知识点,形成一个全面的、有体系的网络安全观。系统以 flag 为驱动,引导学生进行探究性学习,在获得 flag 的过程中,主动地去了解、学习、掌握知识点,寓教于乐。同时转变传统的被动式填鸭教学为主动式探究学习,激发学生的兴趣。

3 "网络攻防技术"课程实践效果

3.1 基于实战技能演练系统的课程实践设计

浙江工业大学的"网络攻防技术"课程在 2015 年第二学期中采用了网络空间安全实战技能演练教管系统,同学们在理论学习的基础上充分进行实战操作训练,课程设计如下:①根据网络攻防知识点划分,采用 16 学时的技能知识课堂讲授;②作为网络攻防技能实践,采用 16 学时的网络空间安全实战技能演练系统开展针对性的 CTF 题型实训,主要分为加解密、隐写取证、Web、杂项等不同的类型,并为每个题目设置不同的难度和分值;③课程考核采用完整的 CTF 题型,一共设置 20 道综合题,全面考查学生对网络空间安全攻防实战技能的掌握情况。

3.2 课程实践教学效果反馈

基于网络空间安全实战技能演练教管系统的"网络攻防技术"课程实践是一种全新的教改模式,不仅激发了全体学生对网络攻防实战技能的学习欲望,还引发了一部分尖子学生对CTF赛题和攻防技术的深入探究,既获得了应用型人才培养的整体效果,也为网络安全特长专才培育提供了有效途径。

3.3 基于CTF的课程考核效果分析

浙江工业大学的"网络攻防技术"课程期末考核也采用了CTF的竞赛模式,个人单独比赛,按获得的flag兑换相应的积分。同学普遍反映这种考核形式比之前传统的比赛更有意义,不用死记硬背,真正考查了实际能力。在45次实验,总分160分的平时考核中,学生的最终分值分布合理,有效区分了学生的实战技能水平,如图2所示。

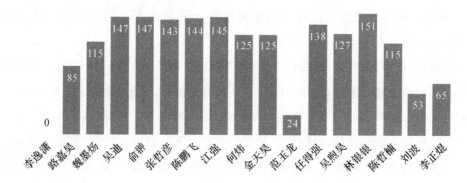

图2 "网络攻防技术"课程CTF考核成绩汇总(单位:分)

4 结束语

随着信息化革命的到来,网络空间安全问题愈来愈突出,网络空间安全应用型人才存在巨大缺口。对于传统的纸上谈兵式教学,培养教学模式急需改革。网络空间安全实战技能演练教管系统提供了一套先进的可操作的实践方案,为教师提供了简单快捷的题目自选和教学管理等功能,为学生提供了最新最佳的实战技能演练平台,课程应用实践表明了良好的教改效果。

参考文献

［1］惠志斌.我国国家网络空间安全战略的理论构建与实现路径［J］.中国软科学,2012(5)：22-27.

［2］王世伟.论信息安全、网络安全、网络空间安全［J］.中国图书馆学报,2015,41(2)；72-84.

［3］张焕国,韩文报,来学嘉,等.网络空间安全综述［J］.中国科学:信息科学 2016,46(2)：125-164.

［4］雷敏.北京邮电大学信息安全专业介绍［J］.中国信息安全,2015(11)：80.

［5］潘懋元,周群英.从高校分类的视角看应用型本科课程建设［J］.中国大学教学,2009(3)：4-7.

［6］李志敏,徐馨,李存华.计算机网络安全课程实验教学探索［J］.科教文汇旬刊,2011(31)：64.

［7］赵宏,王灵霞.高校计算机网络安全课程教学改革与实践［J］.兰州文理学院学报(自然科学版),2015,29(1)：113-116.

［8］贺惠萍,荣彦,张兰.虚拟机软件在网络安全教学中的应用［J］.实验技术与管理,2011,28(12)：112-115.

［9］张卫东,李晖,尹钰.网络安全实验教学方法的研究［J］.实验室研究与探索,2007,26(12)：286-289.

［10］李建华,邱卫东,孟魁,等.网络空间安全一级学科内涵建设和人才培养思考［J］.信息安全研究,2015,1(2)：149-154.

中外学生混班教学的探索与思考

丁智国　　吴建斌

浙江师范大学数理与信息工程学院,浙江金华,321004

摘　要:本文从一位国际化班级专业任课教师的角度,论述了混班教学的意义,分析了中外学生混班教学中存在的问题,并给出了一些改进的措施。

关键词:混班教学;国际化;教学探索

1　引　言

随着我国教育产业的蓬勃发展、国际合作与交流的增加以及"一带一路"的影响,越来越多的留学生到我国高等院校学习,留学生教育已经成为我国高等教育的重要组成部分[1]。通常,留学生到中国高校学习有两种模式:第一种是将中外学生"分班教学"并成立相应的国际学院;第二种是将留学生按照专业分散到各个学院,采用中外学生"混班教学"模式,这种模式将国籍不同的本国学生和外国学生混合在一个教学班级中,由相同的教师任课,学习相同的课程并采用相同的考核方式,预期达到相同的教学效果[2]。相对前者,后者在教学过程中拉近了中外学生的距离,为中外学生提供了更多相互交流和学习的机会[3]。很多留学生选择中国高校的标准除了学校排名、专业知名度之外,往往更倾向于选择与中国学生混班教学的学习模式。因此,混班教学模式更受国际学生的青睐。

本文作者所属的软件工程专业从 2014 年开始招收国际学生。作者作为国际班的专业任课教师,以自己近年来的教学体会,讨论了混班教学的意义,从教学的角度对混班教学过程中存在的问题进行了总结,并提出了相应的改进措施。需要说明的是,本文所讨论的国际生,主要是指非洲等不发达国家的留学生;其次,本文所论述的中外学生的混班教学,特指用英文教学,而非中文教学。

2　混班教学的意义

作者所在的浙江师范大学软件工程专业从 2006 年开始招生；2009 年成立浙江省第一批国际服务外包人才培育基地；2010 年、2011 年分别获得软件工程一级学科专业型和学术型硕士学位授予权；2014 年成为浙江省国际化专业，开始招收第一批国际生；2016 年成为浙江省一流 A 类学科。该专业的培养目标是以工程化人才培养为理念，使学生知识、能力、素质协调发展，具有良好的自然科学与人文社会科学素养，掌握软件工程理论基础和技能，具有工程分析、设计和实现等实践能力，成为具有英语沟通能力、国际化视野、创新精神的复合型软件工程技术人才或软件工程管理人才。该专业发展迅速，其先进的国际化人才培养理念越来越受到中外学生的青睐。表 1 给出了 2014—2017 级该专业中国学生和留学生的人数和比例。

表 1　浙江师范大学 2014—2017 级软件工程(英语班)班级概况

入学时间	中国学生人数/人	留学生人数/人	留学生所占比例/%
2014 年	29	2	6.5
2015 年	29	15	34.1
2016 年	31	25	44.6
2017 年	30	28	48.3

从表 1 可知，该专业的留学生人数从 2014 级的 2 人(占班级总人数的 6.5%)，到 2017 级留学生人数已经达到 28 人(占整个班级人数的 48.3%)，留学生几乎已经占了班级人数的一半。这表明该专业国际化发展方向明确，受到国际学生的认可。多位给国际班任课的专业教师一致认为混班教学模式符合国际化教育发展方向，对教师、中国学生和留学生都具有积极的意义。简述如下：

(1)激励学生学好专业知识和英文

由于课堂采用全英文教学，中国学生为了掌握知识点，学习英语的积极性就会加强。作者通过对 2014 级、2015 级学生的调查发现，混班教学的全英文授课模式，使中国学生的听、说、读、写能力都得到了提高，为毕业后继续深造、申请国外研究生，以及进入外资公司、跨国公司奠定了基础。对留学生来说，全英文授课使其学到更多的专业知识，掌握更高的专业技能。

(2)提高学习质量和国际视野

教学活动并不仅仅是老师教、学生学，也不仅仅是学生自学，而是一个教师教、学生自学、学生相互学习的三位一体的过程。从长远来看，在混班教学中，学生来自于不同的国家，有不同的背景,教学过程中的"互动"是一个核心的环节。学生之间肤色、文化、传统和国籍的差异使得学生对同一个问题可能有不同的见解,通过团队合作、课堂讨论和课后学习,可以拓宽学生的知识面,促进学习兴趣,并且潜移默化地培养学生跨文化的沟通能力和开阔的国际视野。

(3)培养国际化师资

混班教学使用全英文教学,这对教师提出了严峻的挑战。除了课堂教学需要使用全英文,作业、主题讨论等都需要使用英语,这对教师的专业水平和英语水平都提出了很高的要求。目前,国内很多高校都缺乏能胜任混班教学的师资,我们专业能进行纯正英语授课的老师相对很少。同时,任课教师需要具备较强的跨文化沟通能力。比如在教学过程中,教师为了讲解某个知识点,可能引用了某个例子,这就要考虑到中国学生和留学生的文化背景,否则就达不到预期的效果。混班教学有助于培养教师的英文授课水平,对不同背景的学生因材施教,对教材的选择、课堂教学方式、考核方式、跨分化交流能力、跨文化教学技巧的掌握,都具有意义。

(4)增强中外学生交流

目前很多高校的留学生教育都是独立成体系的,虽然中外学生同处一个校园,但交流仍相对较少,这样容易造成误解、隔阂甚至分歧。混班教学将中外学生在空间上聚在同一个教室,在逻辑上形成一个班级,拉近距离,提供交流机会。中外学生在学习、生活上通过交流,取长补短,相互学习语言知识。很多留学生到华留学的目的就是学习汉语,而通过和同班同学的交流,就能迅速提升汉语水平;同样,中国学生在交流的过程中,英语的听、说能力也得到提升。

(5)提升教学国际化水平

教育体现着一国的软实力,我国目前重视文化创业产业的发展和对外输出,通过混班教学实现国际化,促进了国内外学生的深入交流,可以吸引更多的外国留学生,让他们深入了解我国文化,融入社会,有助于提高我国的国际影响力。

3　混班教学过程中存在的问题

需要注意的是,虽然我校的国际化专业发展迅速,混班教学作为一种新的教学模式受到了中外学生的肯定,但作为一个新事物,在发展实践的过程中不可避免地存在很多问题,如果不能及时的解决,将会影响专业的持续发展。现对存在的问题简述如下:

(1)中外学生学习模式差异

国际生(留学生)通常表达能力较强,在课堂上表现活跃且善于提问。由于文化差异和自身特点,喜欢相对自由的,比如在机房上课的一对一的教学模式,传统教学模式易使得留学生失去学习兴趣。同时,由于我校的留学生大部分来自于不发达的国家,如非洲、东南亚等,教育水平相对落后,学生的自学能力较差。而中国学生相对内向,不善于表达;喜欢传统的以教师讲授为主的理论性授课方式,自学能力较强。

(2)纪律性和学习态度差异

首先,留学生由于各自国家的基础教育形成的习惯,普遍行为比较自由化,反映在课堂上就是迟到、缺勤情况严重,很大一部分学生不能按时上课,无法专心听讲。该专业的很多留学生来自非洲,由于文化背景,普遍不喜欢被约束,时间观念差。而中国学生自小接受了较为严格的教学模式,对于学生的日常行为规范能够很好地遵守,这在大一新生身上更能得到体现。其次,留学生相对中国学生有着较强的独立意识,他们对待课程,对待所学的知识有着强烈的务实态度,目的性比较强,比如对某门课程感兴趣,就会认真听讲并完成作业,否则就会缺课。这种情况造成某些留学生在某些课程的通过率很低。

(3)学生英语能力差异

英语是大部分留学生的母语或者第二官方语言,大部分留学生都具有较好的英语听、说能力。他们基本上能用英语流利地表达自己的想法,能熟练地查阅文献和阅读原版书籍,但口语有地方口音(英语只是官方语言,不是母语)、写作等能力较差等。而中国学生英语听、说能力远低于读、写能力,对全英文教材和教学都有一定程度的担忧,部分学生对全英文教学方式不适应。

(4)基础知识差异

留学生所在国家和地区的经济水平的差异性以及教育体制的多样性,导致来自不同国家和地区的留学生基础知识差异性很大,学生水平参差不齐(特别是我校的非洲留学生的数学基础),而中国学生水平相对较高,这在讲授诸如"离散数学""数据结构与算法"等课程时尤其明显,以致教学效果不理想。

(5)教师英语水平不高

由于专业教师本身的英语水平有限,教师不可能全面讲解课程知识点,特别是很抽象的知识,因此往往课程内容讲解相对简单,上课的内容难度相对较低,这导致部分专业课程未能达到预定的教学目标。对中国学生来讲,由于采用全英文教学,增加了学生的学习负担,如学生反映全英文课程听不懂,这就很难掌握课程的所有内容。留学生由于基础薄弱,同样对抽象的难点不能理解,这样各方面因素导致教师在教学过程中降低难度,造成教学深度不够,用相同的课时不能完成预定的教学任务,达不到本科教学要求。如"高级语言程序设计"这门课程,在大一第一学期开设,为了缓解中国学生语言障碍,迁就外国学生基础薄弱的问题,课堂教学进度就很慢,比如教学只讲到循环结构,数组和指针等C语言最核心的内容都没有办法在教学中完成,只能作为课后学习任务,这严重影响了教学效果。后续的"数据结构与算法""软件质量与测试"等课程同样存在这样的问题。而这些课程是专业基础课程、专业核心课程,对中国学生而言是非常重要的,因此教学效果很难保证。

4 改进的措施

国际化教育是一种趋势,针对国际班中外学生混班授课所引发的问题,作者根据自己的经验,提出以下的建设和改进措施,以供参考。

(1)多种教学方法综合应用

首先,考虑中外学生的个性特点和不同背景,增加课堂讨论环节,鼓励中国学生提问,多采用讨论课、案例分析、学生小组式的教学方法。同时增加自主性较强的作业,比如读书和报告、外文资料收集和综述、课后团队合作大作业等,增加学生的互动交流的机会。其次,教师角色变换,教师在教学过程中扮演的不是"讲授者",而是"设计者"和"激励者"的角色,引导学生寻找解决问题的方法,鼓励学生自己寻找问题的答案,遵循"授人以鱼,不如授人以渔"的古训开展教学。通过项目教学、团队合作完成项目、中外学生结对子等,增加中外学生的交流,提升学生的英文能力和团队合作能力。

(2)整改课堂纪律和设置课堂实时反馈机制

对课堂纪律、课后作业以及团队项目进行严格的考核,将出勤率、作业、期中考试、团队项目等都计入课程总成绩,设置多样性的成绩考核机制。同时在混班教学过程中,要特别注意收集教学实时反馈,通过比如"授课问卷"的形式,对内容难易、讲课语速、作业内容和作业量、课堂教学互动的效果征求中外学生的意见,适当调整教学方法和内容。

(3)改革课程设置和授课方式

分班模式和混合模式都有其优点,在全面贯彻混班教学时,也要考虑一些比如留学生基础较差的实际情况,需要改革相近专业留学生的课程设置,为了保证留学生能够在专业基础上和中国学生处在同一水平,对于专业基础课,通过增加教学学时进行完善。同时培养学生的自主动手能力和自主学习能力,增加实践和实验学时。如可以针对留学生基础差的问题,对专业基础课进行分班教学,并设置预科班,对专业课程采用混班教学,通过这种方式消除由中外学生的知识差异导致的教学效果不理想和教学资源浪费。

(4)采用基于 MOOC 的混合教学[4]

国外顶尖高校的 MOOC 很多具有免费开放的特点,基于 MOOC 的混合教学日益流行,值得我们在教学过程中借鉴。积极引入国外开放课程,将英美等名校的 MOOC 引入本校的混合教学,这也是实现教育国际化的重要途径,可以时刻保持与国际接轨,推动教学层次的纵深发展,拓宽学生的视野,提升学生对课程的理解。

（5）师资队伍建设的激励措施

专业在建设过程中，投入大量的资金鼓励青年教师出国当"访问学者"，培养能够双语或全英文授课的教师，积极鼓励拥有留学经历的青年教师从事这方面的教学。加强国际化队伍建设，提高具有国外留学经历的教师和外籍教师的师资比例。同时需要注意的一点是，担任国际班教学的主力军是青年教师，虽然全英文教学的课时费是传统教学的 3～4 倍，但高校的考核依旧是以科研作为职称晋升的重要依据，如果不能对任课教师在职称评审方面给出相应的政策，很难从本质上鼓励教师进行全英文教学。

（6）选对标杆构建国际化课程体系

与国际接轨，在充分借鉴欧美发达国家的课程体系和先进经验的同时，需要综合考虑中国留学生教育的基本情况和国际大环境，不能照搬欧美发达国家的以英语为母语的留学生教学经验，更多的应该以韩国、日本等国家以基准，学习其混班教学的先进经验，比如课程的设置、教材的选择等。针对某个课程，如果原样选择欧美的原版教材，学习这样的科目，留学生可能更偏重于选择欧美的国家。因此，国际化教育应该符合我国的国情，选择值得借鉴的标杆。

（7）提升教务管理水平

学校的教务平台需要面向国际化，需要考虑到留学生的需求，开发双语系统，典型的如"教务管理系统""选课系统""图书系统""网络教学平台"等，能满足留学生的学习需要。同时，专业培养计划、培养目标，课程设计，毕业论文，专业实习等，都需要综合考虑留学生的实际需要，制定对应的标准和政策。

5　结　语

教育国际化符合当前的发展趋势，本文以国际班专业授课教师的角度，简单探讨了中外学生混班教学的积极意义。特别针对浙江师范大学软件工程专业国际班的现状（专业发展迅速，留学生人数逐年增加，师资相对短缺等），在提升混班教学的教学质量，保证课堂教学效果，提升教师技能及教学管理方面给出了一些建议和思考。希望本文能给国际化教育的发展提供一些参考和借鉴。

参考文献

[1] 赵亮，董燕举，李照奎，等. 中外本科生混合授课的教学实践与改革[J]. 计算机教育，
　　2018(5):81-84.

［2］黄洁.中外学生"混班教学"模式的困境和出路［J］.国际贸易法论丛,2014,5:345-352.

［3］王海彬,潘道蒙,郑玉.中外合作办学和留学生混合培养模式的研究［J］.教育教学论坛,2017(32):185-186.

［4］马红亮,袁莉,白雪梅,等.基于 MOOC 的中外合作混合教学实践创新［J］.开放教育研究,2016,22(5):68-75.

基于统计学习的计算机学科学评教数据可视化及关联分析

高 飞 谭 敏 朱素果 余 宙

杭州电子科技大学计算机学院,浙江杭州,310018

摘 要:学评教在"以学生为中心"的教学体系中发挥着极为重要的作用。然而,现有的学评教过程存在分数差异大、影响因素多、主观噪声强等缺陷。本文采用科学的统计学习方法,研究以下两个部分内容:①学评教数据的统计分析与可视化,对现有学评教数据进行统计分析,并进行合理、美观的可视化分析;②学评教相关因素的关系挖掘,对教师和课程特征属性与学评教数据之间进行相关分析,挖掘各个因素与学评教结果的相互关系。本文的研究成果对于进一步探索公平公正的学评教评价体系,促进教学水平的提升具有一定的启发性。

关键词:计算机教学;学评教;统计学习;数据可视化;关联分析

1 引 言

学评教在"以学生为中心"的教学体系中发挥着极为重要的作用。一方面,学评教可以反映学生对于某门课程的学习效果。对于学评教分数比较高的课,学生的口口相传,可以促使更多的学生去学习相关课程,获取相关知识,促成良好的学习氛围。另一方面,学评教可以反映教师的教学质量。较好的学评教结果,是对教师教学方法与教学成果的肯定,使教师获得满足感与成就感,从而更加努力地从事教学工作。而差的学评教结果,可以促使教师对自己的教学方法、教学手段等进行反思,进而改进教学方法并增加对于教学的投入。这有利于提升教学水平及教学效果[1]。

在现有的教学考核体系中,通常在教学末期进行学评教。大体评价内容由多项单选题组成。这些题目分别侧重评价教师的教学态度、教学方法、教学效果以及教学行为。学生要从教学态度、教学方法和教学效果三个方面对任课教师做出不同等级的评价。针对每门课程,取所有学生的评分的平均分作为对应教师在该门课程的学评教得分。如果教师执教多门课程,则将其所有课程学评教得分的均值作为其学评教的最终结果。不过,该评价方法无法精确反映教师的教学情况,其主要存在以下三方面的缺陷:

(1)学评教过程存在任务间的评价分数尺度的不一致性。首先是人与人评价标准的不一致性。有些同学可能认为 90 分以上对应的是教学质量"好",70 分以下对应的是"差";而有些同学可能认为 80 分以上对应的是教学质量"好",60 分以下对应的是"差"。这样,在学评教的过程中,不同的学生给出的评价分数在尺度空间上存在很大的差异性。其次,同一个学生在不同的时间进行学评教时,其评价标准也可能发生变化。在这种情况下,直接对所有学生的评分计算平均值是不合适的,无法精确反映各个老师教学质量之间的差异[2]。对此,应该对不同任务的评价结果进行校准,使其对齐到同一个分数尺度空间,然后进行综合。

(2)影响学生评教的因素多种多样[3-5],主要可以分为教师、学生、课程三个方面[6]。比如:被评教师的职称、表达能力、人格特质、性别、年龄等;学生的学习动机、期望获得的成绩、学习习惯、个人性格、评价准则等;课程的类型、学科、水平、难度、课堂规模等。这些因素中,有些是教师可控的,有些则是教师不可控的(比如学生的学习动机、期望获得的成绩)。为了缓解这些因素的影响,统计部门在对数据进行分析时,需要适当控制一些变量,以保证结果的可比性[7]。为了实现这一目标,需要采用科学的统计方法,对所有相关因素进行分析,挖掘各个因素与学评教结果的相关性强弱及相互关系。

(3)学评教数据存在主观噪声。尽管绝大部分同学会客观公正地评分,但少数学生在评教过程中持有一些不良心态[8]。主要存在的不良心态有[9]:①儿戏心理——学生把评教当成儿戏,随意给教师打分;②任性心理——学生完全从个人喜好的角度给教师打分;③报复心理——学生对批评过自己的教师打低分。"噪声数据"是指少数学生在评教过程中持有一些不良心态,如儿戏心理、任性心理、报复心理等,对教师故意打低分。尽管这些数据所占比例很少,但有可能对最终的评价结果产生极大的影响。比如,参与学评教的人数为 30 人,其中 29 人给出的平均分为 90,另外 1 人给出 60 分,则被评教师的平均分就会下降 1 分,这对于被评教师在整个学校或学院的排名影响很大。因此,需要对学生的原始打分进行科学的统计与处理,消除一些极端的数据,保证学评教数据的有效性和可靠性[10-11]。

综上所述,现有学评教过程存在分数差异大、影响因素多、主观噪声强等缺陷,导致学评教结果无法精确反映教师的教学水平和教学效果。针对学评教中的随机性,有必要采用科学的统计学习方法,削弱分数差异,挖掘相关因素,消除主观噪声。这可以保证学评教结果的精确性,对教师教学水平进行公平公正的评价,进而提升教师对于学评教的信任度。最终,促使教师基于学评教的反馈改进教学方法,实现教学水平的提升。

本文拟采用科学的统计学习方法,研究以下两个部分内容:①学评教数据的统计分析与可视化,对现有学评教数据进行统计分析,并进行合理、美观的可视化分析;②学评教相关因素的关系挖掘,对教师和课程特征属性与学评教数据之间进行相关分析,挖掘各个因素与学评教结果的相互关系。

在本文第 2 节中,我们将详细介绍对应的 9 项统计分析结果;在第 3 节中,我们将对本文工作进行总结。

2 学评教数据统计分析

我们在研究过程中,得到了学院相关部门的支持,得到了包含教师编号(匿名)、课程名、课程编号、学评教总得分、参评学生人数、教学能力、教学态度、师生交流和教学效果等总计 132 位教师、288 门课程的数据。本文在此基础上进行了统计分析。由于数据信息的有限性,本文主要研究了学评教数据与参评学生人数之间的相关性,以及与课程类型之间的相关性。接下来我们具体介绍相关的研究内容及对应的分析结果。

2.1 数据整体的统计信息

学评教系统中包含了教学能力、教学态度、师生交流和教学效果四个子项目。学生对这四个子项目进行打分,然后加权得到学评教总得分。对于同一门课程,所有参评学生的打分会进行平均,得到每一门课程对应的学评教分数。对于同一个教师,如果其承担多门课程,则按照各门课程参评人数进行加权(参评人数越多,权重越大)计算得到其学评教最终得分。

首先,我们统计了全部课程的总得分和参评人数的平均值、中值、最大值、最小值和标准差,如表 1 所示。可以看出,学评教总得分之间的最大差异为 9.18 分,而标准差为 1.70 分。这表明,所有课程学评教总得分之间的差异很小。这也在一定程度上反映了,现有的学评教分数具有较低的区分度,难以真实反映教学水平和教学效果之间的差异。相比之下,所有课程的参评人数,最少为 5 人,最大为 393 人,且标准差为 58.94 人。不同课程的参评人数之间具有很大差异。因此,我们在后面深入研究了参评人数对学评教总得分的影响。

表 1　全部课程的学评教分数与参评人数统计数据

统计量	总得分/分	参评人数/人
平均值	90.75	69.21
中值	91.11	52.50
最大值	93.50	393.0
最小值	84.32	5.00
标准差	1.70	58.94

此外,所有课程可以划分为 A、B、C、S、W 5 类,其中 A 类为专业必修课,B 类为专业限选课,C 类为公共选修课,S 类为实践类课程,W 类为思政类课程。我们统计了各类课程的数目以及各自所占的比例,如表 2 和图 1 所示。可以看出,整体而言,A 类课程最多,其次为 S 类课程。这一状况与计算机学科的需求相符,即需要较多样的专业基础知识和实践练习。对此,本文深入研究了课程类型与学评教分数之间的相关性,以及不同类型课程之间的学评教差异性。

表 2　全部课程及各类课程的数目

课程类型	课程数目/门
全部课程	288
A 类课程	112
B 类课程	34
C 类课程	35
S 类课程	98
W 类课程	9

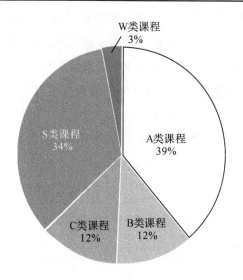

图 1　A、B、C、S、W 各类课程所占的比例

最后,我们统计了承担不同数目课程的教师人数。统计结果如图 2 所示。所有教师中,最多承担课程数目为 5 门。绝大部分老师承担了 1～3 门课程(有 30％的教师承担了 1 门课程,38％的教师承担了 2 门课程,19％的教师承担了 3 门课程),还有 13％的教师承担了 4～5 门课程。

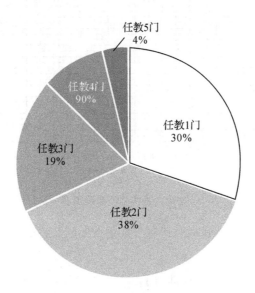

图 2　承担不同数目课程的教师人数分布

2.2　学评教总得分符合高斯分布

接下来,我们统计了所有课程学评教总得分的边缘分布(如图 3 中柱状图所示)和累积概率分布(如图 4 所示)。可以看出,约为 20% 的课程学评教分数低于 89.2 分,有 20% 的课程学评教分数高于 92 分,约有 50% 的课程学评教分数为 90～92 分。我们基于给定的学评教数据估计得到期望和标准差:$\mu = 90.75$,$\sigma = 1.70$。超过 98.2% 的样本在 $[\mu - 3\sigma, \mu + 3\sigma]$ 区间内($\mu = 90.75$,$\sigma = 1.70$)。其余 1.74% 的样本低于 $(\mu - 3\sigma)$,可以被认定为"小概率事件"或"异常点"。

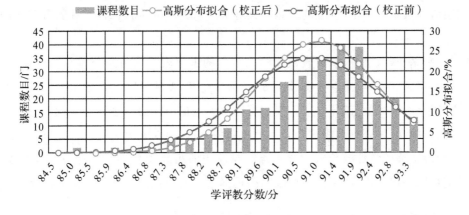

图 3　所有课程的学评教总得分的分布(柱状图)与其对应的高斯分布拟合曲线

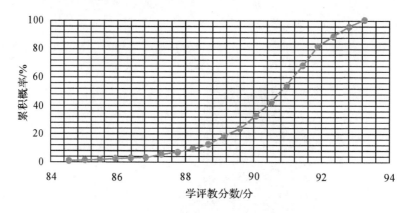

图 4　学评教总得分的累积概率分布

基于正态分布的"3σ"原则,我们对所有分数进行筛检,去除所有"异常点"。其对应的步骤如下:

(1)计算数据集 X 的期望 μ 和标准差 σ;

(2)统计$[\mu-3\sigma,\mu+3\sigma]$区间外的样本点子集 X_0;

(3)如果 $X_0\neq\sigma, X=X-X_0$,并返回步骤(1);否则,结束。

最终,我们发现有 8 个课程的学评教数据属于"异常点",其对应的学评教数据低于 86.62 分。更新后的 280 个课程的学评教数据期望和标准差为 $\mu=90.90, \sigma=1.44$。通过对比可以发现,期望值略微提升,标准差有所下降。

由于学评教总得分的边缘分布呈"钟形",且高斯分布可以拟合绝大部分分布的极限情况,因此我们采用高斯分布对所有课程的学评教总得分的分布进行拟合。若随机变量 X 服从一个数学期望为 μ、标准差为 σ 的高斯分布,记为 $X\sim N(\mu,\sigma^2)$,则其概率密度函数为

$$f(x)=\frac{1}{\sigma\sqrt{2\pi}}\exp\left[-\frac{(x-\mu)^2}{2\sigma^2}\right] \tag{1}$$

其中,期望值 μ 决定了其位置(平均分数),其标准差 σ 决定了所有课程学评教分数之间的差异性。

我们分别基于校正前的学评教数据和校正后的学评教数据估计期望和标准差,并利用公式(1)进行拟合,结果如图 3 中曲线所示。可以看出,通过利用正态分布的"3σ"原则对所有分数进行筛检,去除所有"异常点",我们可以得到更加精确的拟合结果。而利用校正前的数据进行高斯拟合,尽管分布曲线与真实分布趋势一致,但在数值上存在较大的偏差。这主要是由于少量课程的学评教分数("异常点")与期望值相差较大,导致均值减少,方差较大。同时,我们可以得出结论:高斯分布可以精确地描述所有课程的学评教总得分的分布。

2.3　参评人数符合伽马(Gamma)分布

我们统计了所有课程参评人数的边缘分布。边缘分布如图 5 中柱状图所示,其中横轴

为参评人数组的分界值,纵轴为各组包含的课程数目。此外,我们统计了所有课程学评教参评人数的累积概率分布。对应的累积分布曲线如图6所示。整体来看,约有一半的课程参评人数少于50人。最多的参评人数为393人。此外,10%的班级参评人数不多于13人。参评人数一般为课程班级人数。因此可以看出,在计算机学院近半课程符合小班教学标准,但仍有少量课程采用了超大班级授课。

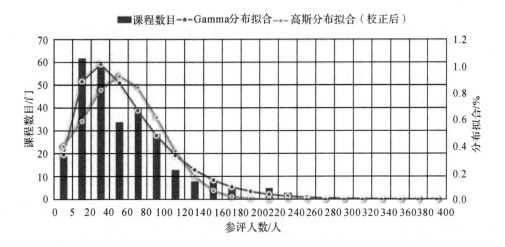

图5 参评人数分布(柱状图)及其对应的
Gamma分布和高斯分布拟合结果

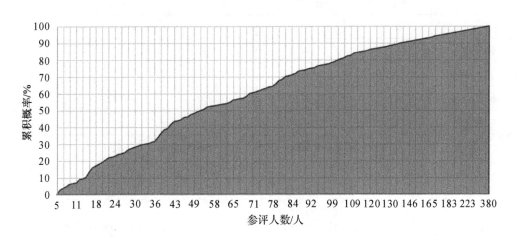

图6 学评教参评人数的累积分布

由于参评人数的边缘分布与Gamma分布的形状相近,因此本文采用Gamma分布对其进行拟合。Gamma分布的概率密度为

$$f(x,\alpha,\beta)=\begin{cases}\dfrac{\beta^{\alpha}x^{\alpha-1}}{\Gamma(\alpha)}\exp(-\beta x),x\geqslant 0,\\0,x<0.\end{cases}\tag{2}$$

其中，$\alpha>0$ 为形状参数，$\beta>0$ 为尺度参数。若随机变量 X 服从 Gamma 分布，则记为 $X\sim\Gamma(\alpha,\beta)$。本文采用 MATLAB 中的 gamfit 函数估计得到：$\alpha=2,\beta=36$。其对应的分布拟合结果如图 5 所示。

作为对比，我们采用高斯分布对其进行拟合。其元数据对应的参数估计为 $\mu=69.21$，$\sigma=58.94$。通过正态分布的"3σ"原则对其进行校正后的高斯分布参数估计为 $\mu=61.07$，$\sigma=43.11$。校正后高斯分布的拟合结果如图 5 所示。可以看出，相比于高斯分布，Gamma 分布可以更为精确地拟合参评人数的分布。

2.4 教学态度得分高，师生交流差异大

接下来，我们分析了学评教系统中的教学能力、教学态度、师生交流和教学效果四个子项目得分之间的差异。我们首先统计了所有课程各项得分的中值、最大值、最小值、平均值和标准差，如表 3 所示。为了直观，图 7 和图 8 中分别显示了对应的统计数据。

表 3　全部课程的总得分与各项得分的中值、最大值、最小值、平均值和标准差

统计量	中值/分	最大值/分	最小值/分	平均/分	标准差/分
总得分	91.1	93.5	84.3	90.7	1.7
教学能力	90.8	94.4	83.8	90.6	1.8
教学态度	91.8	95.0	85.5	91.5	1.7
师生交流	91.3	95.0	83.8	90.9	2.0
教学效果	90.7	94.1	81.9	90.3	1.9

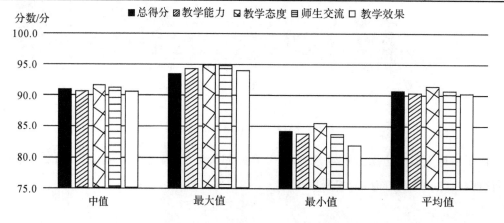

图 7　全部课程的总得分与各项得分的中值、最大值、最小值和平均值

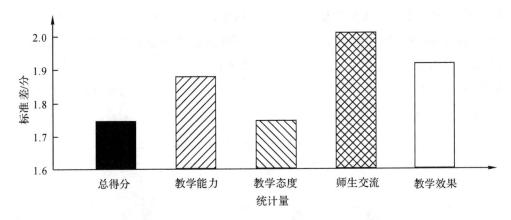

图 8 所有课程的总得分与各项得分的标准差

整体而言,各项得分的中值、最大值和平均值差异不大,在 1.5 分以内;但最小值差异略大,教学效果的最小值比教学态度低了 3.6 分。此外,整体来看,教学态度得分最高,且标准差最小。这表明教学态度整体得分最高,且差异较小。而师生交流对应的标准差较大,这表明对应的评分之间差异性较大。

2.5 教学能力与教学效果是根本,思政课教学态度最重要

学生对这四个子项目进行打分,然后加权得到学评教总得分。本文因此分析了各个子项目得分与总得分之间的相关性。具体而言,我们计算了总得分与各项得分之间的皮尔逊线性相关系数(Pearson's linear correlation coefficient,PLCC)作为其相关性度量。PLCC 数值范围在[−1,1]区间内;负数表示负相关,正数表示正相关,绝对值越大表明相关性越强。针对全部课程及各类课程,我们分别计算了总得分与各项得分之间的 PLCC 值,如表 4 和图 9 所示。

表 4 全部课程与各类课程的总得分与各项得分之间的相关系数(PLCC)

课程类型	教学能力	教学态度	师生交流	教学效果
A 类课程	0.9339	0.9176	0.9074	0.9465
B 类课程	0.9484	0.8898	0.8541	0.9036
C 类课程	0.9456	0.9214	0.9214	0.9485
S 类课程	0.9128	0.8312	0.9107	0.9194
W 类课程	0.9650	0.9896	0.9777	0.9588
全部课程	0.9339	0.8850	0.9129	0.9330

从表 4 和图 9 中我们可以看出,各子项目得分与总得分之间具有很高的一致性(PLCC 值接近 1)。整体来看,教学能力与教学效果评分与总得分之间的相关性最高。这表明教学

能力和教学效果对于学评教至关重要,也符合实施学评教的初衷。此外,在 W 类课程中,教学态度与总得分之间相关性最高。这表明,在思政课里面,教学态度极为重要。这也与当下思政课的状况相关。尽管思政课在教学体系中极为重要,但正面临着吸引力不够、难以实现预期教学效果的困难。而教师较好的教学态度,有利于吸引学生参与到思政课的话题讨论和思想讲授中,从而提升教学效果。

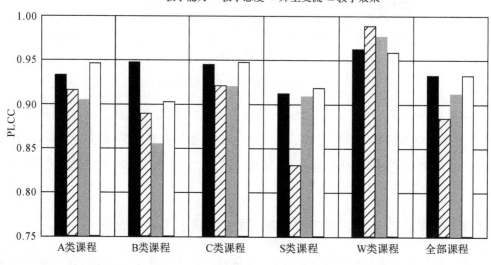

图9 全部课程与各类课程的各项得分与总得分之间的相关性

2.6 学评教得分与参评学生人数负相关

为了评估学评教总得分与参评学生人数之间的相关性,我们计算了所有课程平均分与参评人数之间的 PLCC。此外,我们计算了所有课程的学评教各项得分与参评学生人数之间的 PLCC。具体 PLCC 值如表5所示。可以看出,所有 PLCC 值都是负数,且绝对值超过0.2。这表明,课程学评教平均分与参评人数之间整体呈负相关趋势,即课程学生人数(一般为参评人数)越多,学评教分数越低;反之越高。

为了直观地显示这一结果,我们给出了全部课程的学评教总得分与参评学生人数之间的散点分布及趋势线,如图10所示。在图10中,每个圆圈代表一门课程。从散点图和趋势线可以看出,随着参评人数的增加,学评教分数呈下降趋势。

表5 所有课程的学评教各项得分与参评学生人数之间的皮尔逊线性相关系数(PLCC)

统计量	总得分	教学能力	教学态度	师生交流	教学效果
PLCC	−0.2613	−0.2585	−0.2052	−0.2394	−0.2447

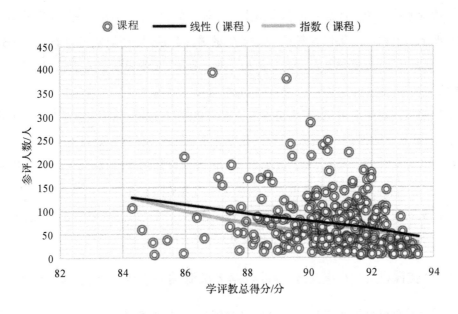

图 10　全部课程的学评教总得分与参评学生人数之间的散点分布及趋势线

　　图 11 中给出了全部课程及各类课程的平均总得分与平均参评人数之间的散点图。从图 11 中我们可以看出,随着平均参评人数的减少,平均总得分呈明显增大趋势。而 C 类课程尽管平均参评人数较少,但其平均总得分很低。此外,我们计算了平均总得分与平均参评人数之间的 PLCC,其数值为 -0.8998,接近于 -1。这表明不同类型的课程平均总得分与平均参评人数之间存在非常强的负相关性。

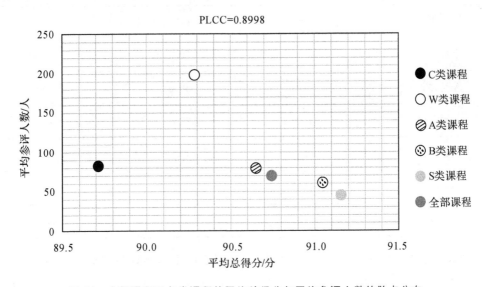

图 11　全部课程及各类课程的平均总得分与平均参评人数的散点分布

这背后的原因可能有两点：首先，在学生人数较多的课程中，采用的是"大班教学"，这会在很大程度上影响教学效果以及教师对于学生的关注程度，进而影响学评教分数。这与当下提倡"小班教学"以改善教学效果的趋势相一致。其次，在课程学生人数较多的情况下，出现"噪声数据"的可能性就越大，"噪声数据"的数量可能就越多。

在现有的学评教体系中，对于承担多门课程的教师，其最终学评教分数为按照人数的加权平均值，人数越多的课程，其对应的学评教分数所占的权重越大，这就导致对应教师的最终学评教分数大幅降低。然而，大班教学通常是由教学资源的限制所导致的。因此，从一定程度上来讲，这一加权方式对于承担大班教学课程的教师而言存在一定的不公平性，也会很大程度地打击教师承担大班教学课程的积极性。例如，计算机课程最近几年鲜有教师积极主动承担大班教学课程，特别是如"大学计算基础"等面向外专业的课程。

2.7 C 类课程和 W 类课程：学评教得分最低且与参评人数之间负相关性最强

针对学评教总得分与参评学生人数之间的相关性，为了考查和评估各类课程之间的差异性，针对每一类课程，我们计算了对应课程的学评教总得分与参评人数的平均值，以及学评教总得分与参评人数之间的 PLCC，其数值如表 6 所示。此外，在图 12 中以柱状图的形式显示了全部课程及各类课程对应的总得分和子项目得分的平均值；在图 13 中显示了各项学评教分数的标准差。

表 6　全部课程及各类课程中，学评教总得分与参评学生人数之间的 PLCC

课程类型	平均总得分/分	平均参评人数/人	PLCC
全部课程	90.75	79.15	−0.261
A 类课程	90.65	59.82	0.040
B 类课程	91.05	82.17	−0.109
C 类课程	89.72	44.60	−0.572
S 类课程	91.16	198.56	−0.231
W 类课程	90.28	69.21	−0.582

结合表 6、图 12 和图 13，我们可以看出：C 类课程的平均学评教得分最低，且课程之间的差异最大；W 类课程的平均学评教得分较低，且标准差最小，说明 W 类课程普遍学评教分数较低；而 A、B、S 类等与专业高度相关的课程，平均学评教分数相对较高，且以 S 类实践课程学评教分数最高。这些类课程也正是计算机学科的优势所在，其教学水平普遍较高，承担

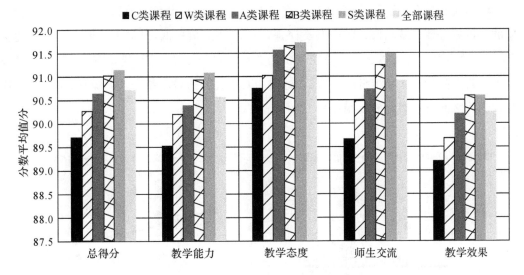

图 12　全部课程与各类课程的各项学评教平均分

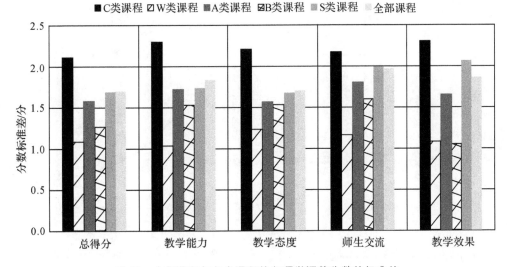

图 13　全部课程与各类课程的各项学评教分数的标准差

相应课程的教师整体具备较好的教学经验和能力。这也与当下学生们普遍以找工作为目标，且相对理论基础课程更喜欢编程或项目实践的趋势相一致。

　　为了直观显示学评教分数与参评人数之间的关系，图 14 显示了每一类课程对应的学评教总得分与参评人数之间的散点分布，其中每个圆圈代表一门课程。

　　结合表 6 和图 14，可以看出，所有 A 类课程学评教总得分与参评人数之间的 PLCC 接近 0，表明在 A 类课程的整体上学评教分数与参评人数不相关。不过，我们进一步考查了 A 类课程中"C 语言程序设计"的学评教总得分与参评学生人数之间的相关性。其散点分布及趋势线如图 14(b)所示，对应的 PLCC 相关系数数值为－0.2995。这表明对于"C 语言程序设计"课程,人数越多,学评教分数越低。直观上,可能是由于课程人数越多,教学效果越差,对应的学评教分数也就越低。对于 B 类课程,PLCC 绝对值较低,但仍为负值。对于 S 类课程,学评教分数与参评人数之间也呈现出负相关性。对于 C 类和 W 类课程,学评教总得分与参评人数之间的 PLCC 值低于−0.5。这表明对于公共选修课和思政类课程,学评教分数与参评人数之间具有很强的负相关性。

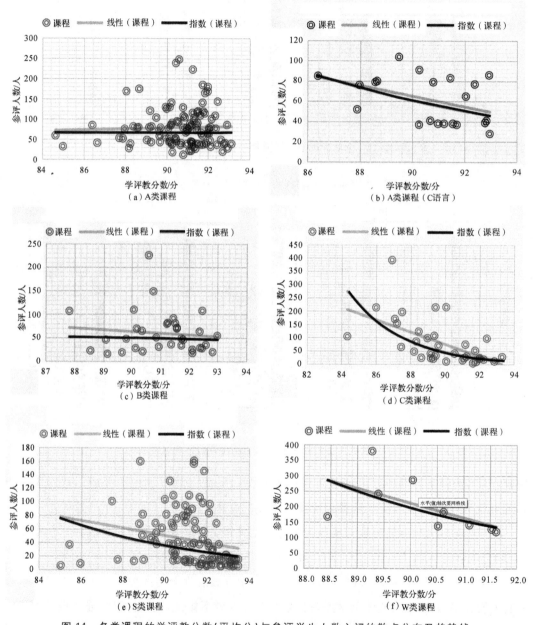

图 14　各类课程的学评教分数(平均分)与参评学生人数之间的散点分布及趋势线

整体而言,C 类和 W 类课程的学评教分数最低;课程学评教总得分与参评人数之间呈现负相关性,且在 C 类和 W 类课程中体现最为明显。

2.8　承担课程数量多的教师学评教分数相对较低

我们进一步研究了教师承担课程数量与其学评教分数之间的关系。图 15 显示了承担相同数量课程的所有老师课程学评教分数的平均值和标准差。可以看出,承担 1～3 门课程的教师平均学评教分数较高,而承担 4～5 门课程的教师平均学评教分数较低。而标准差随着承担课程数目的增加而呈上升趋势。这表明,在承担课程数目较多的教师之间,其学评教分数的差异也较大。而且,承担 2 门课程的教师学评教分数最高,且教师之间的学评教分数差异较小。承担 4 门课程的教师学评教分数最低。承担 5 门课程的教师学评教分数有所提升。这主要是由于部分承担 5 门课程的教师具有非常丰富的教学经验和较高的教学水平,这提升了学评教分数的平均水平。

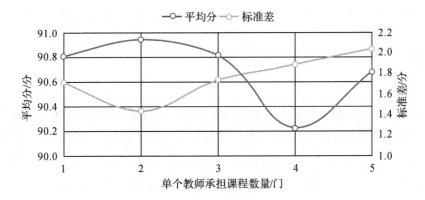

图 15　承担不同数目课程的教师学评教分数与标准差的平均值

2.9　承担多门教师学评教平均分越低,课程间差异越大

图 16 显示了承担多门课程的教师个人学评教平均分与标准差之间的散点分布及趋势线。所有教师个人学评教平均分数与标准差之间的 PLCC 值为 -0.3376。这表明承担多门教师学评教平均分越低,不同课程学评教分数间差异越大。这一现象如果解释为"同一教师在不同课程上的教学表现和教学效果等差异较大"是不合理的。而由前面的分析也看出,课程类型、课程学生人数等对学评教分数影响很大。因此,这也体现出了现有学评教分数计算方法存在一定的不合理性。

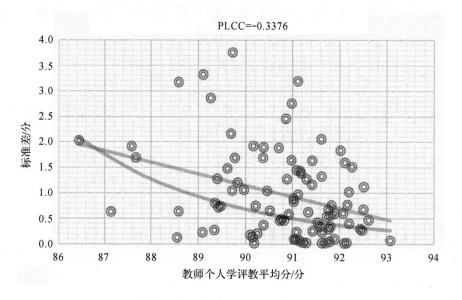

图 16 承担多门课程的教师个人学评教平均分与标准差之间的散点分布及趋势线

3 结 论

本文对学评教数据涉及的各项因素进行统计分析和数据可视化,挖掘了课程类型、参评人数等因素对于学评教的影响,发现了多项与现有教学状况相符的规律。基于相关研究,我们发现在学评教过程中,有必要对不同类型的课程学评教分数进行对齐和校正,使不同类型的课程学评教分数尺度相一致。此外,现有按照班级人数进行加权的策略加剧了学评教的不合理性,因此应予以调整。由于数据的有限性,本文未能深入探索学生个人打分之间的差异性以及其对于最终学评教成绩的影响,进而探索基于可信度分析的学评教评价方法。对此,我们将与相关部门进行沟通,在保证教师隐私的前提下,开展相关研究。

参考文献

[1] 毕家驹.高校内部质量保证工作:学生评教[J].高教发展与评估,2007,23(3):3-10.

[2] 刘洁,李蔚,段远源.美国大学学生评教工作及其启示——以伊利诺伊大学香槟分校为例[J].中国大学教学,2007(8):87-89.

[3] 马莉萍,熊煜,董礼.职称越高,教学质量越高?——高校教师职称与学生评教关系的实证研究[J].教师教育研究,2016,28(6):83-89.

[4] 杨丽萍,张彦通.是什么影响了高校学生评教的信度和效度[J].中国大学教学,2009(3):72-74.

[5] 董泽芳,申晓辉.高校"学生评教"的困境反思与价值重构[J].大学教育科学,2013,2(2): 47-51.

[6] 王永林.学生评教的特性及其影响因素初探[J].教育科学,2005,21(1):28-30.

[7] 孟祥林.高校教育管理"学评教"存在的问题与对策分析[J].宁波大学学报(教育科学版),2015(5):69-76.

[8] O'Leary M. Evaluating and improving undergraduate teaching in science, technology, engineering, and mathematics [J]. Biochemistry & Molecular Biology Education, 2003, 31(5):368-369.

[9] 徐丹,熊艳青.多元·科学·规范:美国高校学生评教制度管窥[J].大学教育科学,2016 (3):102-107.

[10] 康景,陈东立.提高高校学生评教有效性对策研究[J].时代教育,2015(5):252-253.

[11] 李建芬,饶国军.高校学生评教的有效性及改进措施[J].教育理论与实践,2004,24(20): 25-26.

面向复杂工程问题求解能力培养的"算法分析与设计"课堂教学改革探索与实践

李　曲　王春平　程振波　夏列钢　王　松

浙江工业大学计算机科学与技术学院、软件学院,浙江杭州,310023

摘　要:算法是计算机科学的核心主题之一,其重要性不言而喻。在软件工程专业的工程专业认证中,算法分析与设计对于解决复杂工程问题能力培养承担着重要的作用。在实际的教学过程中,学生在求解复杂工程问题方面的能力还十分欠缺。通过教学内容改革,学生更能顺利地将课本知识与实际问题连接起来,提升学生对复杂工程问题的辨识能力。通过采用参与式、启发式、探索式教学的方法,提升学生对复杂工程问题的求解能力。通过全过程采用形成性评价,提升学生预测和比较各种方案的可行性和有效性的能力。实践证明,上述改革方法在教学过程中取得了很好的效果。

关键词:算法分析与设计;复杂工程问题;形成性评价

1　"算法分析与设计"课程改革的必要性

算法是计算机科学的核心主题之一,其重要性不言而喻。"算法分析与设计"是程序设计和数据结构的后续课程,是软件工程、计算机科学与技术以及其他计算机专业的专业限选课。"算法分析与设计"是面向设计的、处于核心地位的专业基础课程。从就业来看,算法基础是许多名企面试必考的内容;从科学研究来看,算法分析与设计是计算机科学诸多领域研究中必需的技能。有好的算法分析与设计功底是从事计算机相关工作的坚实基础[1]。

在软件工程专业的工程专业认证中,算法分析与设计对于解决复杂工程问题能力培养承担着重要的作用[2]。传统的"算法分析与设计"课程将解决书本上的实例作为主要目标,脱离了解决复杂工程问题的实际,不能满足今天工程教育改革的要求,亟须改革。

2 "算法分析与设计"课程的现状分析

"算法分析与设计"的课程性质是介绍适合于计算机使用的,求解各种常用问题的算法。通过本课程的学习,学生要正确理解算法分析与设计中的基本概念,掌握算法设计的基本策略和方法,能对建立的算法进行理论分析,并达到一定非数值问题的算法分析与设计能力。本课程的教学目标是:总体上使学生掌握算法复杂度的基本分析步骤,并能将专业知识用于求解软件领域复杂工程问题;能够将工程基础和专业知识用于求解软件领域复杂工程问题,能够对问题的各种解决途径的可行性和有效性进行对比,以得出有效结论。但是在实际的教学过程中,学生在求解复杂工程问题方面的能力还是十分欠缺。主要表现为:

(1)对于实际问题,其复杂工程问题的辨识能力有限。不能将具体的实际问题抽象成需要计算机求解的模型,无法用计算机的语言和模型来表达实际问题,不能将计算机和现实世界之间的联系描述出来。

(2)在求解实际问题的过程中,不能用复杂工程问题的思维来对模型或结果进行必要的分析和评价,即缺乏对解决途径的可行性和有效性对比和分析的能力。

这两项能力的缺乏,说明学生尚未完全具备求解复杂工程问题的能力,提升学生对复杂工程问题的求解能力是迫切而必要的[3]。

3 "算法分析与设计"课程教学改革的目标

课程的改革目标主要是基于对"算法分析与设计"课程现状的分析提出的,包括:

通过教学内容的改革,让学生更能顺利地将课本知识与实际问题连接起来,提升学生对复杂工程问题的辨识能力。训练学生将具体的实际问题抽象成需要计算机求解的模型,具备用计算机的语言和模型来表达实际问题的能力。

通过教学方式的改革,采用参与式、启发式、探索式教学的方法,实现知识迁移和能力转移,提高学生利用课本知识理解复杂工程问题,求解复杂工程问题的能力。

通过考核方式的改革,改变学生满足于死记硬背,满足于纸面知识和概念理解的现状。在教学的全过程中感受到进步的成就感,感受到形成性评价对于自身的压力。最终达到提升学生预测和比较各种方案的可行性和有效性的能力这一目的。

改革内容和改革目标的对应关系如表1所示。

表 1 改革内容与改革目标的对应关系

改革内容	具体措施	改革目标
教学内容的改革	理论与实际相结合	复杂工程问题的辨识能力、抽象能力及描述能力
教学方式的改革	参与式、启发式、探索式教学方法	探索复杂工程问题和解决复杂工程问题的能力
考核方式的改革	教学的全过程采用形成性评价	提升学生预测和比较各种方案的可行性和有效性的能力

在教学改革的过程中,我们主要着力解决以下几个关键问题:

(1)如何通过在课堂教学中引入现实问题来切实提高学生的复杂工程问题的辨识能力、抽象能力及描述能力。

(2)如何通过参与式、启发式教学、探索性学习来切实提高学生解决复杂工程问题的能力。

(3)如何通过考核方式的改革,促使学生在思考和解决复杂工程问题的基础上,对不同方法求解问题的性能和特点进行预测和比较。

4 "算法分析与设计"课程改革的内容

在教学改革目标的引导之下,我们进行了教学内容、教学方式和考核方式等三个方面的改革。

4.1 教学内容的改革

许多国内知名的"算法分析与设计"课程教材要么内容庞杂,如 Sedgewick 的《算法:C语言实现》或者《算法》(第四版),要么过于偏重证明,缺乏实现细节,如《算法导论》,不适合我校的本科教学。经过课程组集体讨论反复比较,我们现在选择的教材是国家精品课程负责人王晓东教授的《算法分析与设计》(第四版)。但是该教材中的实例仍然比较有限,缺乏对于行业发展新动向的研究,同时缺乏实际问题的应用。

为了真正提升学生的复杂工程问题求解能力,需要结合实际问题进行教学。我们尝试将千万级电话号码搜索、超大数乘法、太阳黑子数据、股票收益数据、英语四六级考试答案、个人学号和电话号码编码等问题,结合到课程作业和教学内容中。我们在教学过程中,将这些问题与课程基本概念和基本方法相对应,引起学生的兴趣和思考。学生通过研究和尝试解决这些问题,知道了现实问题与抽象问题之间的边界和联系,了解了小规模问题与大规模甚至超大规模问题的区别,理解了复杂工程问题背景的基本概念,对复杂工程问题有了概念性的基本认识。

接下来,我们在教学的过程当中,希望做到复杂工程问题背景和实例在所有章节的全覆盖,力图让学生时时考虑到所学知识与解决复杂工程问题之间的联系。这就需要我们了解学科和行业发展的新动向,收集更多的教学素材和实际案例,以学生能接受的形式融合到教学过程中。

4.2　教学方式的改革

以前的教学方式中,学生被动地接受知识,教师采用全程讲授的方式,交互性很差,学生的参与度不好,学习积极性和学习效果都不理想。下一步我们计划在课程中采用参与式、启发式教学,组织学生开展探究性学习。例如,对于实验课,要求学生采用团队合作的方式完成作业,在上交作业之后,各组互相点评作业,取长补短。教师更多地在教学过程中,特别是实践教学过程中起到引导和协调的作用。对于像太阳黑子数据、股票收益数据这样的问题,我们在教学的过程中并没有唯一的正确答案,也不提供唯一的正确答案,而是让学生在充分讨论和尝试之后,根据自己的理解给出自己认为合理的答案,并采用代码加以实现,用实验报告的形式描述和解释,得到他认为合理的答案。这种启发式和探究式的教学,取得了较好的效果,学生在课后的评价中对于本课程的这种改革尝试进行了很好的反馈。

另外,由于算法在很多具体的行业中都有广泛的应用,所以我们计划将本专业或行业科技发展前沿的新动向等及时补充到教学内容中。例如,课程中学到了最大上升子序列的问题,国际知名的数据挖掘顶级期刊 *IEEE Transactions on Knowledge and Data Engineering* 在 2017 年 9 月发表了一篇名为"Longest Increasing Subsequence Computation over Streaming Sequence"的文章,该文章即与我们的课程内容紧密相连。我们将其引入课程中,让学生通过阅读论文,并请部分同学对文章的内容进行分享,取得了很好的效果。除此之外,在讲到随机化算法的时候,我们将"人工智能导论"中的遗传算法、模拟退火算法等与本课程中的知识相结合,让学生通过撰写文献综述、阅读和调试相关算法的代码来加深其对算法的理解,同时也对其他相关课程增进了认识。学生在学习的初期,普遍对这种方式存在一定的畏难情绪,但是真正在完成相关的作业之后,纷纷表示收获很大。

4.3　考核方式的改革

传统的课程考核主要以学生的期末考试成绩加上考勤等方式来进行考核,由此出现部分学生上课就是为了签到的荒唐局面。

我们进一步贯彻已经实行的形成性评价方式来对学生进行考核。其主要的方式是对学生的课堂表现,即课堂回答问题的情况、课堂中提出问题以及参与讨论的情况进行评价。另外,对于学生课程中的实验报告从规范性、及时性、完整性、创新性等多方面的角度进行评价。我们在教学过程中对学生的实验报告的完成情况给予及时反馈,对于其中的不足给予讲解和指导。学生对于该方式非常认可,积极参与讨论,并及时改正了相关错误,后续还主动自行查阅资料,对实验报告中未解决的问题进行改进。

在课程的实验要求中,几乎每一个章节的题目都是实际应用类型的题目,并且具有一定的开放性,所以学生在完成作业的时候,不仅仅是对于一个确定的问题得到一个确定的答案,还必须对问题的结果好坏以及实验的得失客观地分析和评价,甚至对于某些难以解决的问题需要反复优化。这样的问题在实验报告的撰写中可以很清楚地反映学生努力的结果和效果。对于认真完成作业的学生而言,这样的评价方式是一种很好的鼓励。而对于最初不认真完成作业的学生是一种很好的鞭策。后期的作业完成情况,明显好于往年的情况。部分同学在完成课内作业之后,还能对自己的作业进行一些评价和改进,从而形成一个不断提升改进的闭环,对真正提升学生的复杂工程问题求解能力,起到很好的促进作用。

表 2 给出了课程内容、新增内容与复杂工程能力点的对应关系。

表 2 课程内容、新增内容与复杂工程能力点的对应关系

课程内容	新增内容	复杂工程能力点
生活和学习中常见的实例,对应课程中分治法、动态规划、贪心算法等知识点的应用问题。了解现实问题与抽象问题之间的边界和联系,了解小规模问题与大规模甚至超大规模问题的区别	千万级电话号码搜索、超大数乘法、英语四六级考试答案、个人学号和电话号码编码	能够将工程基础和专业知识用于求解软件领域复杂工程问题
启发式和探究式的教学,让学生反复地思考和实现,并进行深入优化。培养学生对遇到的问题进行描述、分析、求解、模拟、比较和预测	太阳黑子数据、股票收益数据	能够将数学、自然科学、工程基础和专业知识用于对求解结果进行分析和评价
将本专业或行业科技发展前沿的新动向等及时补充到教学内容中。让学生通过撰写文献综述,阅读和调试相关算法的代码来加深其对算法的理解,同时也对其他相关课程增进了认识	国际知名的顶级期刊论文或经典的学术论文,如流序列上的最长增长子序列问题	能够运用数学、自然科学和工程科学的基本原理辨识和判定软件领域复杂的工程问题
通过对比课堂讲授的贪心算法、随机化算法等,理解算法的局限性和可行性	CHN144 的货郎担问题、八皇后问题的随机化算法等	能够对问题的各种解决途径的可行性和有效性进行对比,以得出有效结论

5 教学改革的具体实施方案

为了真正提升学生的复杂工程问题求解能力,需要考虑到结合实际问题进行教学。我们尝试在现有的课程案例中的实际问题的基础上,进一步增加与课程相关的复杂工程问题的案例,结合到教学内容和课程作业中。收集更多的教学素材和实际案例,以学生能接受的形式融合到教学过程中。我们在教学过程中,将这些问题与课程基本概念和基本方法相对应,引起学生的兴趣和思考,学生通过研究和尝试解决这些问题,真正切实提高学生的复杂工程问题的辨识能力、抽象能力及描述能力。

我们在课程中采用参与式、启发式教学,组织学生开展探究性学习。例如,对于实验课,在现有的要求上落实学生采用团队合作的方式完成作业的考核情况。在上交作业之后,各组互相点评作业,取长补短。教师更多地在教学过程中,特别是实践教学过程中起到引导和协调的作用。我们将本专业或行业科技发展前沿的新动向等及时补充到教学内容中。对于与课程相关的论文,给予一个推荐论文列表,将其引入课程中,让学生阅读论文,并请部分同学对文章的内容进行分享。还可以请学生自行查找相关论文,阅读后将其进行分析甚至实现,到课堂上进行讲解。让学生在求解问题的时候,对自己的问题进行描述、分析、求解、模拟、比较和预测。

6 教学改革的实施效果

经过一年多的教改实践,学生的复杂工程问题辨识能力、复杂工程问题求解能力、预测能力及比较各种方案的可行性和有效性的能力,确实均得到了一定程度的提高。

首先是复杂工程问题辨识能力的提高。在之前的教学过程中,学生面对太阳黑子问题等实际问题的时候,往往束手无策。经过教改后,通过学生的课堂讨论和老师的引导,学生对于问题的理解能力和转化能力明显提高。学生能对这些问题的表示和转化提出自己的意见,同时,在求解问题的时候还能进行多种方法的探讨和比较。

其次是复杂工程问题求解能力的提高。在之前的教学过程当中,我们也尝试过让学生阅读学术前沿论文。然而,学生面对学术前沿论文,往往望而却步,连读论文的勇气都没有,更遑论实现论文中的算法,对论文的算法进行评价。经过教改后,学生通过小组合作,大部分小组读完了前面提到的论文,并有大约30%的小组顺利地实现了论文的算法,并有部分同学对论文提出了自己的看法。

最后是学生预测能力及比较各种方案的可行性和有效性的能力的提高。在之前的教学过程中,学生按照老师要求完成或者勉强完成作业后就万事大吉。经过教改后,学生通过不断优化结果,对于一个问题的实现效率的好坏以及求解方法在大规模问题可行性和有效性的判断有了更深刻的认识。例如,学生在面对CHN144的货郎担问题时,最初对于问题的复杂性并没有客观的认识,但是通过查找资料和亲自尝试实现算法,并比较遗传算法和模拟退火算法的效率,对于算法性能的理解更加深刻和具体。

7　后续的工作和下一步的目标

根据工程教育认证的精神和要求,我们需要进一步完善和修改课程的教学内容、教学方式和考核方式,完善和修改教学大纲、教学计划。我们下一步的目标包括:①搜集、整理和挑选并逐步增加合适的课程案例,按照章节顺序,在课程教学的过程中联系实践,根据教学情况的实际效果决定哪些案例需要进一步修改和补充。②搜集、整理和挑选与课程相关的学科前沿和学术论文资料,逐步融合到课程中,让学生进行分析和研究,在章节课程结束后,请学生进行分析和讨论。③根据复杂工程问题求解能力的培养的要求,进一步详细设计实验授课计划书、实验指导书以及实验报告评价标准,将课程考核的标准落实到课程考核中。

参考文献

[1] 王晓东.计算机算法设计与分析[M].4版.北京:电子工业出版社,2014.

[2] 余寿文.对工程教育质量保证中几个问题的思考[J].高等工程教育研究,2016(3):5-8.

[3] 陈国良,董荣胜.计算思维与大学计算机基础教育[J].中国大学教学,2011(1):7-11,32.

多维任务驱动下财经类院校计算机基础课程改革与实践研究

林　剑

浙江财经大学信息管理与工程学院,浙江杭州,310018

摘　要: 为满足财经类院校新形势下学校人才培养任务要求,本文从课程、学生、专业等不同层次任务出发,研究多维任务驱动下的计算机基础课程教学改革与实践方法。本文结合浙江省"新高考"招生改革和我校大类专业培养方案改革的大背景,从课程知识教学任务、学生素质培养任务、专业特色发展任务等视角出发,介绍多维任务驱动下的计算机基础课程改革与实践方法,探讨分析我校计算机基础课程体系设置与课程内容改革现状。

关键词: 多维任务驱动;计算机基础课程;财经类院校

1　引　言

计算机基础课程教学为非计算机专业学生提供了计算机知识、能力与素质方面的教育,旨在使学生掌握计算机及相关信息技术的基本知识,培养学生利用计算机分析问题、解决问题的意识与能力,提高学生的计算机素质,为将来利用计算机知识与技术解决专业实际问题奠定重要基础[1]。计算机基础教学涉及财经类院校几乎所有专业,是学校人才培养的重要环节,具有重要的地位。主要体现在以下几个方面:

(1)实现专业融合的重要内容之一

专业融合是目前高等教育改革和各学科发展的大趋势、突破点和创新点。特别是随着财经类院校大类培养模式的推行,各专业学科的融合发展势在必行。大类培养改革的目的在于大幅提高学生的通识教育素养,实现通识教育和专业教育的互相融合与促进,其中计算机基础课程是实现专业融合的重要内容。

（2）培养应用型、复合型专业人才的有效途径之一

应用型、复合型人才主要通过对学生的共性能力和专性能力的培养来实现,其一般形式为"专业＋信息技术＋其他"。显然,信息技术处于极其重要的位置,加强计算机基础课程教学是培养应用型、复合型人才有效的途径之一。

（3）支持学生就业的基础和关键之一

随着信息技术的不断发展和普及,经济社会的发展也对高校人才培养提出了更多、更高的要求,任何专业学生就业都必须掌握足够的信息技术方面的知识和技能。这要求学校必须加强计算机基础课程的教育,使学生在校期间,培养计算思维的能力,掌握足够的信息技术方面的知识和技能,这也是支持学生就业的重要基础和关键。

2 研究背景

现代科学发展呈现出文理渗透和学科交叉的基本趋势,了解和熟悉信息技术的概念、方法和典型应用,符合学校"强基础、宽口径"的人才培养目标,有助于学生创新精神和创新意识的培养,对于学生综合素质和应用能力的提高具有重要作用。目前国内部分高校计算机基础课程设置情况如表1所示。

表1 目前国内部分高校计算机基础课程设置情况

学校	课程名称	面向专业类型
上海财经大学	经济管理中的计算机应用	经济类、管理类、文法类
	计算机编程	经济类
江西财经大学	计算机应用基础	通识课
	数据库应用	通识课
西南财经政法大学	大学计算机基础	通识课
	程序设计与数据库应用	通识课
中央财经大学	计算机应用基础	通识课
	数据库原理与应用	通识课
南京财经大学	数据库管理系统应用	通识课
北京师范大学	计算机应用基础	文科类
	信息技术应用	文科类
南京理工大学	计算思维	理工类
	大学计算机	人文艺术类

学校	课程名称	面向专业类型
复旦大学	C 语言程序设计、VB 程序设计、Python 程序设(三选一)	通识课
南京审计大学	工程制图、SQL Server 数据库基础与应用、Access 数据库基础与应用 VB 编程、VFP 数据库基础与应用(至少一门)	经济类、管理类

可以看出,大部分高校的计算机基础课程体系主要分为计算机基础和计算机应用两部分知识模块,并作为通识教育课程的重要组成部分。随着浙江省"新高考"招生改革和我校2018级大类培养方案改革的不断推进和实施,现有的计算机基础课程体系也面临着一些问题,主要体现在课程、学生、专业等不同主体的任务层面。首先,课程内容无法完全满足计算机通识教育任务。计算机科学一直是发展极为迅速的学科领域之一,这实际上导致计算机基础知识的范围和深度也在不断扩大和提高,课程内容需要不断改进、更新才能满足新形势下计算机通识教育的任务要求。其次,实践内容与学生实践能力培养任务之间也存在一定差距。目前的计算机基础课程主要基于分散知识点学习,实践内容不构成体系,导致学生能较好地完成课程实践任务,但是在解决实际问题时却面临较大困难。最后,教学内容与专业特色培养任务耦合性薄弱。随着信息和计算机基础不断渗透到各个学科领域,我校几乎所有非计算机专业都在培养方案中开设计算机基础课程,不同专业对学生计算机知识和技能的要求存在一定差异,而目前的教学内容重点强调计算机基础理论与实践,与学生的专业领域相关知识结合相对较少。

因此,目前计算机基础课程在课程设置、内容设计和教学模式等方面已无法完全满足新形势下学校人才培养的任务,需要从课程、学生、专业等不同层次任务出发,研究多维任务驱动下的计算机基础课程教学改革与实践方法。本文结合我校2018级全校专业培养方案改革背景,从课程知识教学任务、学生素质培养任务、专业特色发展任务等视角出发,介绍多维任务驱动下计算机基础课程改革与实践方法。

3 大类培养模式下计算机基础课程体系建设

计算机基础课程教学改革离不开课程体系的建设,特别是在我校大类培养方案改革不断推进和实施的背景下,如何结合我校专业培养方案修订情况,构建合理有效的计算机基础课程体系,更好地服务我校人才培养目标,以实现计算机文化与信息素养、计算思维能力和专业特色等培养任务,是计算机基础课程改革与实践研究的主要内容。计算机基础课程主要分为计算机基础知识模块和计算机应用模块。结合我校2018级专业培养方案改革情况,在现有课程体系基础上,在计算机基础知识模块开设"信息技术应用基础""高级办公软件应用"等课程,而在计算机应用模块开设"Python 程序设计""数据库应用基础"等课程,实现新形势下人才培养的目的,具体如图 1 所示。

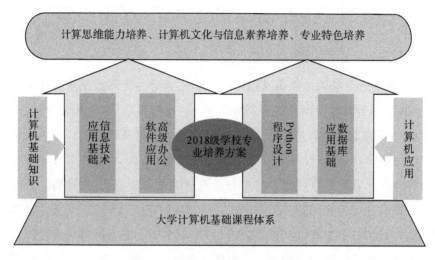

图 1　大学计算机基础课程体系建设内容

4　基于多维任务驱动的课程教学内容与方法

在计算机文化与信息素养培养、计算思维能力培养和专业特色培养等多维任务的驱动下[2],结合启发式案例、基于计算环境和问题求解的教学设计、问题导向学习(problem-based learning,PBL)等教学方法和手段[3],实施计算机基础课程的教学内容建设、配套教材建设、教学设计实施方案、教学信息资源建设、实验实践平台建设和实践考核平台建设。在此基础上,对课程改革实施情况进行评价总结,进而提出改进意见和措施。基于多维任务驱动的课程教学内容与方法研究框架如图 2 所示。

5　面向"信息技术应用基础"的课程改革实践

"信息技术应用基础"主要为非计算机专业学生提供计算机知识、能力与素质方面的通识教育,是计算机基础课程体系中的核心课程。在前面研究的基础上,进一步实施多维任务驱动下的"信息技术应用基础"课程教学改革实践。从课程内容和实践平台两个方面,在知识模块、实践案例和知识点分析等层次上对课程教学理念、内容设置等进行设计,在"知识模块化,训练项目化"的教学方法指导下[4],采用基于知识构建的模块化教学,通过以问题为导

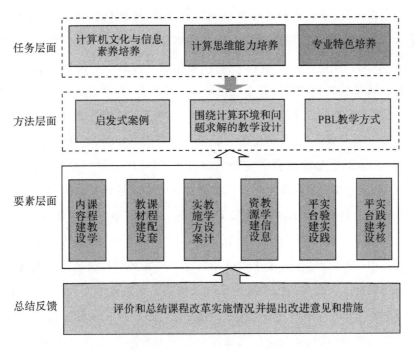

图 2　基于多维任务驱动的课程教学内容与方法研究框架

向的实践案例设计,实现由点到面的创新思维培养。面向"信息技术应用基础"的课程改革
实践内容框架如图 3 所示。

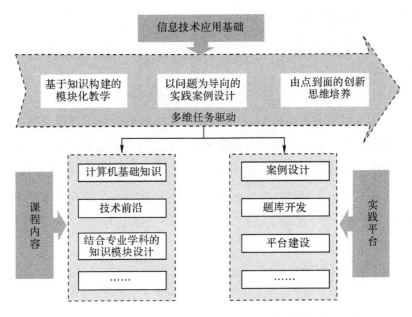

图 3　面向"信息技术应用基础"的课程改革实践内容框架

"信息技术应用基础"将计算机基础知识与实际应用技能相结合,从信息技术的最新发

展和实际应用需求出发,系统地介绍计算机的基础知识、计算机操作系统、计算机网络与信息安全技术、数据库系统概论、虚拟现实与增强现实技术、大数据、多媒体技术、移动应用概论、Word 的短/长文档编辑、Excel 的基本操作、数据管理与分析的高级应用、PowerPoint 的编辑与制作等。该课程共 45 学时,其中理论和实践分别为 30 学时和 15 学时。从课程内容设置上来看,该课程通过介绍虚拟现实、增强现实、大数据等前沿技术知识,使学生掌握虚拟现实与大数据技术基本概念,培养学生的计算机文化与信息素养;而通过介绍计算机中的程序设计基础、数据库系统、数值运算等基础内容,达到引导和培养学生的计算思维能力的目标。此外,在课程理论和实践内容上尽可能多地融入专业领域相关知识,以实现专业特色培养。如在理论课程中介绍数据库系统相关知识点时,针对金融学专业学生,会结合股票、银行软件系统中的数据库系统进行介绍,而针对会计学专业学生,则会结合用友、金蝶等财务管理软件进行介绍,甚至让学生思考学校财务软件中的数据库系统是如何实现的,通过这种方式可以在一定程度上实现学生专业特色培养。而在实践课程中则会针对不同专业设置不同实践题目。如在 Excel 实践练习中,表格中的数据可以存放一些和专业相关的数据,而针对我校财会类专业时,设置的 Excel 实践题目会更多地考虑与该专业实际应用密切相关的一些操作,如多重 IF( )函数嵌套的使用,利用 HLOOKUP( )函数进行数据的填写,SUMIF( )函数根据不同条件进行求和,DCOUNT( )函数进行多条件的统计等。以上是我校"信息技术应用基础"课程建设思路与目标,且目前已基本完成课程建设工作,但是要实现多维任务驱动下的人才培养目标仍任重道远。

6 结 语

在大类招生培养改革的大背景下,如何设置计算机基础课程体系以及改革课程教学内容以适应新形势下人才培养目标是当前财经类院校亟待解决的问题。本文介绍了我校计算机基础课程改革与实践方面的进展与现状,并从课程知识教学任务、学生素质培养任务、专业特色发展任务等视角出发,提出多维任务驱动下的计算机基础课程改革与实践方法。值得注意的是,人才培养需要与时俱进,计算机基础课程改革也将是一个常态化过程,需要我们不断深入地探讨和研究。

参考文献

[1] 黄雄华,周巍,蒋伟贞,等.计算机公共基础课程体系建设的思考[J].教育与教学研究,2011,25(1):99-101.

［2］王移芝,鲁凌云,周围.以计算思维为航标拓展计算机基础课程改革的新思路［J］.中国大学教学,2012(6):39-41.

［3］杜翔.PBL:大学课程的改革与创新［J］.高等工程教育研究,2009(3):11.

［4］王晓勇,方跃峰,肖四友,等.以专业应用为导向的计算机基础课程教学改革与实践［J］.中国大学教学,2011(7):39-42.

移动互联环境下大学生创新能力培养研究[①]

毛方明

浙江农业商贸职业学院基础教学部（社会科学部），浙江绍兴，312000

摘　要：创新能力是由知识矩阵、基础能力和创新品格共同构成的一种复合能力。现阶段大学生创新教育存在诸多问题，高校要利用好移动互联网络环境的优势，以科技竞赛为抓手，培养学生的创新思维，锻炼学生的动手能力，提升学生的创新能力，从而提升创新人才的培养水平。

关键词：移动互联；创新能力；科技竞赛

1　引　言

习近平总书记曾经在出席中国两院院士大会时强调，"我国科技发展的方向就是创新、创新、再创新"，"创新"在国家科技发展战略中的重要性由此可见一斑。科技创新不是凭空出现的，需要大批具有创新能力的人才经过持续的知识积累才有可能得到。随着通信技术的不断发展，知识从以前的口口相传发展到通过纸张来记录传承，现在则进入了所谓的"信息爆炸"时代，海量的信息通过电脑、手机等新媒体进行传播。大学生则通过手机等移动互联网络工具随时随地接收各种信息。

高校作为培养创新人才的主阵地，研究新时期移动互联环境下大学生创新能力培养的方法和模式，对学生个体发展、高校教学科研水平的提升以及建设创新型强国，都具有迫切而重要的理论和现实意义。

① 资助项目：2015年度浙江省教育技术研究规划重点课题"基于移动端的大学生微课协作学习平台开发与研究"（JA071）；2017年度浙江农业商贸职业学院高层次人才科研专项资助课题"技能竞赛教学法驱动下的高职大学生创新能力培养研究"（GCCKY201704）。

2 创新能力

创新能力是指在前人研究的基础上,通过自身的努力创造性地提出新的发现、发明或改进的能力,是研究者综合运用各种知识和理论,在各种实践活动领域中,不断提供有价值的新思想、新理论、新方法和新发明的能力。我们可以将创新能力视为由知识矩阵、基础能力和创新品格共同构成的一种复合能力。

2.1 知识矩阵

知识矩阵是指知识的数量、质量和结构。知识矩阵是创新的基础,是创新活动的原料,决定着创新的领域并制约着创新能力的高低。一个人创造素质的高低并不完全取决于他具有的知识的多少,但与其知识量又存在一定的关系,知识量的多少往往决定创新的层次和水平。知识的质量受限于个人的教育经历、阅历和获得知识的途径。知识结构是指以全面的基础知识和精深的专业知识纵横交错、系统动态的关系网。在个体知识总量确定的情况下,知识的内部结构对于创新素质的高低也是至关重要的,合理的知识结构是充分发挥创造力的重要因素。

2.2 基础能力

基础能力包括一系列相关能力,大致可以分成基本能力、学习能力、管理能力和实践能力四大块,每一块能力又可以再细分,如图 1 所示[1]。

2.3 创新品格

创新品格是指一个人的整体精神面貌,即具有一定倾向性的心理特征的总和。创新品格是人们在创新活动中所表现出来的性格特征,是创新能力的重要组成部分。也就是说,创新品格是人们在创新活动中所表现出来的较强的意志、情感、自信心、目标兴趣等性格特征,主要包括创新意识、自信心、质疑精神、勤奋、好奇心、探索勇气、坚持、乐观以及团队精神等诸多要素。

3 现阶段高校创新人才培养存在的问题

2018 年 3 月,李克强总理在政府工作报告中指出,要"提供全方位创新创业服务,推进'双创'示范基地建设,鼓励大企业、高校和科研院所开放创新资源,发展平台经济、共享经济,形成线上线下结合、产学研用协同、大中小企业融合的创新创业格局,打造'双创'升级版"。

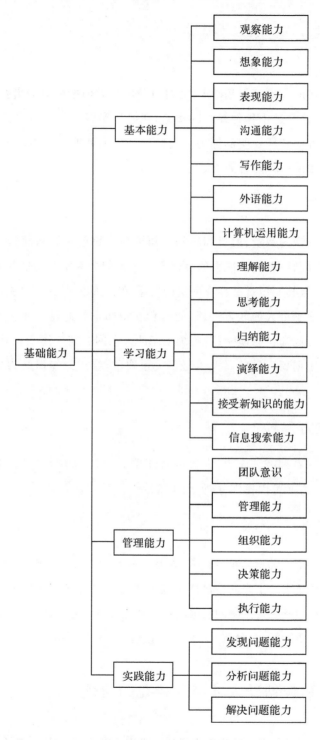

图 1　基础能力的组成

要打造"大众创业、万众创新"的社会新机制,高等学校也应当积极投入这一宏伟目标中。然而,长期以来各高校的办学惯性多少限制了创新教育的发展。简单来说,现阶段我国高校创新人才培养机制存在下述几方面的问题:

3.1 创新教育理念定位不准确

这个问题的主要表现如下:一是强调专业知识的深度而忽视广度,对通识教育不重视。科技发展日益深入,学科分化纷繁复杂,边缘交叉学科日益增多,知识结构单一的专业人才在社会上逐渐边缘化。二是教育以知识传授为主,轻视创新能力的培养。教师提升学生智力,发挥和培养学生的创新思维的意识不强。在实践性教学方面,大多的实训,试验、综合设计等基本上是已知领域内的知识验证,缺乏培养学生独立从实践中发明、创造新事物和新观点的篇章。三是教学过程中师生关系不平衡。教师习惯于充当主导者,忽视学生这个主体的感受,很多教师还是不自觉地采用"填鸭式"教学,经常把教学过程转化为枯燥简单的训练模式。在整个教学环节中,教师变为支配者,学生成为服从者。长年累月下来,学生被训练成为学习的机器,根本谈不上什么创新思维了。

3.2 培养模式单一

部分高校在人才培养模式上千篇一律,刚进校的时候学生是千形百态,毕业时同专业学生都是同一模式出品,在教育教学及能力要求等方面没有考虑到本地区、本校的特色和需求,与社会脱节,漠视时代及科技发展,更不用说进行个性化的教学指导以提升学生的创新能力了。

3.3 课程设置不合理

一些高校为迎合商品社会的需要,在课程设置上过于重视专业深度,学时分配比例不当,过多增加专业课程及实训实验课时,挤压基础学科及基础知识类课程,以致部分学生出现"有知识没文化"的状况。高校学生有无创新能力,能否进行创新活动,主要取决于大学生知识口径的"宽"度和"新"度,以及是否有创新精神及相关基础能力,仅有专业知识是远远不够的。

另外,我国高校还普遍存在课程体系陈旧,理工科教材内容与科技发展严重滞后等弊端。

4 移动互联环境下大学生创新能力培养对策

现代大学生更多的是通过手机上网这种方式来获取信息资源,主要原因是移动时手机携带方便。大学生几乎是人手一机，经常通过手机登录互联网进行信息的收集、交流，从中汲取有益营养。当然，除手机外，还有 iPad、移动视听设备（如 MP4）等都属于新媒体工具。

所谓新媒体，通常是指在新技术支撑体系下出现的一种媒体形态，以手机这种介质为视听终端，以互联网为平台的个性化即时信息传播载体，就是典型的移动互联工具，具有普及性、快捷性和一定的强制性等特点。在这种媒体环境下，大学生获取知识和信息的机会和渠道更多、更方便，更有利于创新能力的培养。

基于互联网的移动终端媒介（如智能手机、iPad 等）在大学生的创新活动中有着不可低估的作用。在国内，通过参加科技竞赛检验、衡量大学生创新能力是当今一种较为通用可行的方式。科技竞赛是大学生创新的重要方式和途径，通过科技竞赛可以培育学生的创新能力，提升学生的动手能力，培养学生的团队合作能力。高校要充分利用新媒体的优势，以科技竞赛为抓手，在教育理念、教育模式以及多元化的教学方式等多方面努力，从而提升创新人才的培养水平。下面提出几点针对性的培养建议。

4.1　确立以学生为中心、以实用为重点、以成才为目标的创新教育理念

确立以学生为中心的理念。创新的实质是激发人的主观能动性，通过重新排列组合人的知识矩阵，从而得出新的知识、技术或事物。它重在培养学生的创新思维、创新能力。一个人，如果没有主观上强烈的创新意愿，即使有一定的知识和技能积累，也难以完成一个创新活动。所以说，在创新教育中，要以学生为中心，培养学生创新所需要的基本能力，让学生自己愿意创新、勇于创新。要突出学生的主体地位。

强调以实用为重点的理念。现代社会是以商品经济为重的社会，要以实用为重点，创新得到的产品、技能、知识等要尽可能地转化为生产力，与社会需求同步，这样才能产生效益，从而形成产学研良性循环的良好态势。

形成以成才为目标的理念。以成才为目标是新时期创新教育的出发点和注重点。在科技竞赛中，成才的标准之一就是看参赛队伍是否取得一定的名次，是否真正从中学会、掌握了相关综合知识。明确以成才为目标的教育理念，从而将整个教育教学过程积极有效地统一起来，围绕"成才"这个目标，有的放矢，稳步推进。

4.2　破除单一培养模式，探究个性化的教学指导方式

大学生进校时棱角分明，各有特色，经过几年的培养，毕业时却千人一面。显而易见，这种单一培养模式越来越不适应当今的创新型社会。

高效的培养模式有许多，这里我们建议在高校教学活动中应该多方位探索，尝试进行个性化的教学指导，导师制就是一种不错的方法。

高校教学中实行导师制，从而延伸项目教学与实践的时间及空间，让导师从单纯的知识

传授角色转变为学生学习和创新的积极引导者。导师要具体负责对团队的创新思维及技能教育,提高学生的创新能力及知识技能。导师制模式的重点在于:引领学生在本学科方向上追赶时代先进水平,培养学生正确的科研方法及理念,在学生研究陷入停顿时给予适当的指导及帮助。导师制模式在培养方式上注重个别指导,不仅要传授给学生相关前沿理论知识,还要传授一些具体的实践操作知识。当然,导师制模式也对专业教师提出了更高的要求,不仅要求教师有深厚的专业功底,还要求教师利用恰当的表达方法把知识和技能传授给学生。

4.3　以能力为导向构建新型课程体系

根据科技竞赛的整体导向,可以调整创新能力培养侧重点,从而形成更切合社会需求实际的创新人才培养模式。

在通识教育的基础上培养专业人才。通识教育是基础,专业知识是特色。新时期的创新已不再是简单的表面突破,而是一种集成式的创新。通识教育可以使学生有全面的基础素质、合理的基础知识和能力结构,为发展创造性思维奠定坚实的基础。所以,不能简单地为了多开设专业课程而消减基础人文科学课程课时。

课程设置要创新。高校的课程体系应是一个开放的、与时俱进的动态体系,在保持相对稳定的同时,要不断地与社会、企业、家长保持沟通、更新。要开设创新理论的相关课程或培训。要改革实验实训课程,除了对旧有知识的验证外,还应该有学生自主型的研究项目,从而培育学生独立创新的精神及能力。要适当开设综合实践课程,让学生把所学知识在综合实践课程中进行消化、融合并升华。

学校应积极主动与行业、企业及社会联系,将最新的技术、应用及科技趋势成果纳入教学进程中,可以以校本教材或参考资料的方式展现给学生,从而完善课程体系结构,使课程体系日趋科学、完善,才能不断满足社会经济发展的要求以及人才成长的需要[2]。唯有如此,学生才真正学有所得。

5　结　语

大学生要充分利用移动互联工具,积极参加科技竞赛,从而提升大学生的创新能力。高校要利用好移动互联环境的优势,以科技竞赛为抓手,多方面积极主动培育学生的创新能力,提升创新人才的培养水平。

参考文献

[1] 何军.通过竞赛活动提高电子商务专业学生创新能力的探索[J].高教论坛,2012(3)：74-77.

[2] 蒋菲.创新人才培养的产学研合作教育模式研究[J].教书育人,2006(5):54-55.

面向信息安全课程的多元教学实践探索

彭　浩　赵丹丹　韩建民　郑忠龙　鲁剑锋

浙江师范大学数理与信息工程学院,浙江金华,321004

摘　要:本文分析了目前新工科教育形势下信息安全课程教学方法的困境和现状,介绍新工科形势下的课程教学方法的探索实践方案,提出以多元教学实践为导向的课堂教学方法改革,从课堂互动式案例教学、基于课程设计的实践教学、面向网络平台的多元教学等方面,详细阐述了面向新工科背景下信息安全课程的教改实践方案。

关键词:新工科;工程创新;教学方法;多元教学

1　引　言

当前,国家推动创新驱动发展,以"中国制造2025"和"互联网＋"等为代表的新技术、新业态、新模式、新产业蓬勃发展,对工程科技人才的培养提出了更高要求,迫切需要加快工科教育改革创新[1]。

2017年2月18日,教育部在复旦大学召开了高等工程教育发展战略研讨会,与会高校代表共同探讨了新工科的内涵特征、新工科建设与发展的路径选择,并达成了新工科建设的共识。2017年4月8日,教育部在天津大学召开新工科建设研讨会。与会代表一致认为,培养造就一大批多样化、创新型卓越工程科技人才,为我国产业发展和国际竞争提供智力和人才支撑,既是当务之急,也是长远之策。2017年6月9日,教育部在北京召开新工科研究与实践专家组成立暨第一次工作会议,全面启动、系统部署新工科建设。30余位来自高校、企业和研究机构的专家深入研讨新工业革命带来的时代新机遇、聚焦国家新需求、谋划工程教育新发展,审议通过《新工科研究与实践项目指南》,提出新工科建设指导意见。复旦共识、天大行动和北京指南,构成了新工科建设的"三部曲"[2],奏响了人才培养主旋律,开拓了工程教育改革新路径。

新工科提出工科类课程的教育培养要打破传统人才培养模式的边界,探索大学、企业、社会深度融合的教学生态系统。新经济、新技术驱动的经济转型中,信息安全人才需求巨大。我国信息安全行业面临的主要问题,就有符合产业需求的信息安全人才供应不足,技术结构更新不及时等。以国家新工科教育精神的引领,信息安全类人才培养应在产教融合、教学方法改革等中寻求更大的新工科特色发展。

信息安全课程是我校计算机类工科专业的一门非常重要的专业基础课,也是计算机类其他相关专业,如通信工程、计算机科学与技术(非师范)、计算机科学与技术(专升本)等专业一门重要的选修课。然而,信息安全学科本身就是一个知识面很广的综合性学科,内容涉及计算机科学、网络技术、通信技术、密码技术、信息论、应用数学、信息安全技术等。在实际教学过程中,学生普遍反映这门课程知识面太广、不容易掌握[3-5],而且学完课程之后也不会熟练应用。与此同时,老师也普遍认为课堂时间少,学生自学能力较差,教学效果不好。所以,研究如何解决信息安全课程教学过程中存在的问题,并对信息安全课程的教学方法进行一定的改革尝试,从而提高教学质量,是一个亟待解决的课题。

2　以多元教学实践为导向的课堂教学方法改革

2.1　引入课堂互动式案例教学

传统的"教师本位"教学不利于培养学生的学习兴趣。在教学过程中,基本上还是依据教材上的内容来展开,过分注重基本概念、思想等细节的教学,而这些内容通常较为枯燥和易于遗忘,难以调动学生学习的主动性和积极性。为此,需要改革教学方法,以案例为主线,贯穿课堂教学过程,并将难以记忆和理解的知识点融入案例讲解中,只有这样才能激发学生的学习热情,提高教学质量。

互动式案例教学的根本出发点是:不拘泥于课堂教学内容的知识体系结构,有针对性地对知识点进行启发式案例整合,突出教学重点,重新配置教学内容,以案例应用为目标,以互动式教学为动力,以知识运用为核心。互动式案例课堂教学努力做到每个案例的引入主题明确,学生课前预习、自学等的目标任务清晰,教师教学发挥空间大,教学内容容易引入相关的教学案例,设置相关的研讨话题,使课程教学更具感染力、吸引力、凝聚力,教学的过程不再"满堂灌",学习的过程不再"满堂看",学生积极参与、主动思考等明显增强,对知识点的掌握和内外的延伸,都能形成较深刻的认知。

2.2　基于课程设计的实践教学

信息安全课程是一门实践性很强的课程。当前的实践教学基本沿用传统做法,加上实验课时较少等客观原因,无法很好地培养学生解决实际问题的能力。为此,需要改革传统的实践教学方法,加强课程设计、典型实验分析与设计等实践环节,激发学生的学习兴趣,培养学生求解问题的能力,培养学生的探索和创新能力。通过有针对性的实验环节的实践教学,学生对课堂上的知识才能做到融会贯通,学以致用。

信息安全课程不同于其他基础类课程,如"高等数学""概率统计"等课程,可以通过布置定量的课后作业来达到加强学习效果的作用。课堂结束后,学生与老师之间的交流十分缺乏。计算机类实践性课程区别于其他非多媒体技术类课程显著的特点之一,就是具有人机的交互性,能够实现信息的反馈交流。为此,应该将实践教学融于信息安全课程的教学环节中,这有利于实现学生与学生之间、学生与教师之间实践技能的升华交流。

就我校的信息安全课程而言,所有的课程都是理论和实践同时设置。换言之,学生每周理论学习后,在实验室环境中,设计符合课程要求的同步实验进行实践教学,以保证每周有实践、每门课程有实践的完整实践环节的配套。在具体实现过程中,将班级同学分为四人一小组(小组长负责制),以课程的教学内容为实现目标,进行实践课程的课程设计。经过多年多届学生的多次实践和环节改进,学生普遍反映,动手能力得到明显提高。上述过程表明,基于课程设计的实践教学,对强调动手能力的信息安全类课程而言,非常有成效。

2.3 面向网络平台的多元教学

当前,以多媒体计算机技术和"互联网+"等为主要标志的信息技术,对当代社会生活等领域产生着重大的影响和改变,并深入影响我们的工作、学习和生活等方方面面的模式。信息安全课程是一门以实践为主的课程,更是一门计算机类课程,如何结合网络平台如微信、MOOC 和学科的网络教学平台等进行多元教学,在信息化时代显得十分必要。

网络教学呈现的基本特点是:学习资源的开放获取性,学习过程的随机交互性,学习内容的自主选择性,内容形式的多媒体化。这恰恰迎合了人本主义和素质教育等倡导的先进教育理念,使学生既可随时参阅以前所学习的课程内容,也可以提前自学后续的课程内容,并在网络上自由探索获取相关的辅助资料和信息,或者在网络平台的讨论区寻求帮助或帮助他人,在网上完成作业或提交作业等,更有利于学生能力全过程的自我管理和培养。

在我校计算机类专业学生中开设的信息安全课程,采用的网络教学平台由多届学生共同开发完成。平台内容主要包括课程简介、教学大纲、教学课件、教学录像,全部供学生上网自学使用,教师可以在平台上发布作业,学生可以在网上提交作业,学生和教师可以在答疑讨论板块互动交流等。换言之,这个自主开发的网络教学平台可以是网络论坛,主要有两种方式:一是自由交流方式,设置版主,学生之间自由交流;二是有问有答方式,划分论坛板块,由学生提问,老师或者版主以老师的名义解答问题。

此外,更重要的是将研讨版块中学生的各方面表现做成学习过程 PPT,用照片、视频等多样化的形式呈现出来，增强了学生对课程的兴趣和成就感。网络平台的课程结束后，将学生的优秀代表性作品申报大学生挑战杯等科技作品竞赛、浙江省新苗创新项目等，拿到奖项的优秀学生有机会享受保研、各类奖学金等奖励；还将基于网络平台的信息安全课程申请为校级精品课程等。使用网络教学平台的教师，可充分展现信息安全课程在线研讨式教学的效果，让学生感受到学习成功的喜悦和在研讨过程中的成就感，将信息安全课程建设成为令计算机类专业网络安全方向学生终身受益的优秀网络课程。

2.4 信息安全课程教学过程需注意的几个问题

(1)案例教学应来源于现实并回归于理论知识

互动式案例的导入教学要与现实生活紧密切合，尽可能使学生能在网络上进行来源验证和检索，避免成为脱离教材的简单串讲。教师应首先讲解如何从现实生活中挖掘身边的信息安全类问题，并进行一定的关联，最后适时导入互动式案例，讲解如何将课程的理论应用到案例中。

(2)实践教学的深度需适中

在信息安全课程的实践教学中，课程知识体系具有前后的延续性和区分度。如果一味强调实践教学的难度和深度，会对基础一般的学生造成一定的难度，从而降低这类学生的学习兴趣；但如果内容过于面面俱到，会导致学生学习浅尝辄止。因此，实践教学课程任务的设置应具有适中性，避免学生做而不懂。

(3)网络教学环节的及时跟踪

在信息安全课程网络教学环节中，应特别注意两点：第一是学习内容和问题的设计，需要浅进再深出。对知识点的组织而言，教学内容、时间点、方式应该认真设计，第一个案例应具体和形象；深入讨论后，回归知识应用时应简单而直观；要注意学生的知识接收能力，避免降低学生的自信心与兴趣。第二是发挥教师在整个网络教学活动中的跟踪和主导作用。在学生参与度不高时，激发其互动交流的兴趣，在学生讨论区交流时，多多形成鼓励评价；在学生存在个体进度差异时，既注意及时跟踪和学习任务的动态分配，同时鼓励差异化学习的必要性。

(4)多样化的课程考核形式

考核形式多样化是教学改革不可或缺的组成部分。具体来说，信息安全课程教学的考核，不仅仅局限于课程教学和简单的实践教学，应加大过程性评价的比例，保持理论课堂与过程性实践考核并重。学习报告、课程设计、作品演示等都可以作为学生展示学习效果的表现形式。目前，我们在实践过程中面临的挑战是，如何建立客观统一的评价准则。通过不断的实践探索，在后续的教学实践中，需要对这种评价标准不断量化和细化。

5 总 结

信息安全课程,作为计算机类专业网络安全方向学生的专业核心课程,在整个信息安全类人才培养中占据着重要作用。以人为本的新工科教育教学理念,重在培养学生的工程动手能力,并提高学生的学习能力。在该课程的教学实践中,虽然参照新工科下工程类课程的推荐标准,并参考工程认证的标准设计教学环节,重视教学输出,但仍要持续以新工科下课程教学的目标为实践标准,不断在教学中尝试新的方法,思考新的教学思路,增加信息安全课程的持续改革能力,力求培养出优秀的信息安全类人才,推动我国信息安全领域人才的可持续发展。

参考文献

[1] 钟登华.新工科建设的内涵与行动[J].高等工程教育研究,2017(3):1-6.

[2] 林健.面向未来的中国新工科建设[J].清华大学教育研究,2017,38(2):26-35.

[3] 叶继华,王明文,王仕民,等.新工科背景下物联网专业学生创新实践能力培养[J].计算机教育,2018(3):52-54.

[4] 王婷,刘任任.新工科建设形势下的计算机类专业人才培养方案[J].计算机教育,2018(2):10-13.

[5] 张玉萍,马燕,杨燕勤,等."新工科"下计算机辅助设计课程的改革与探索[J].教育教学论坛,2018(7):115-116.

从浙江省高校计算机等级考试角度分析浙江省高校计算机基础教育状况[①]

谢红标[②]

浙江音乐学院公共基础教学部，浙江杭州，310024

摘　要：计算机基础教育是高校信息化教育第一阶段，具有极其重要的地位。本文从分析浙江省高校计算机等级考试数据出发，分析了浙江省计算机基础教育的现状，并针对问题提出了相应改进方案。

关键词：计算机基础教育；等级考试；数据分析

1　引　言

计算机基础教育在高等教育中具有重要的地位，不仅为学生提供了计算机知识和技能，同时还为在高年级阶段应用计算机知识与技术解决自己的专业问题打下基础。20世纪80年代末90年代初，计算机尚未普及，大部分高校在计算机基础课程中普及了计算机基础知识。随着计算机的普及化，特别是计算机基础教育在中小学的推广，各地区资源的差异性使得大学新生的计算机基础参差不齐，给计算机基础教育带来了挑战。本文通过近年来浙江省计算机等级考试成绩数据，来分析浙江省高校计算机基础教育的一些状况并提出改革建议。

2　浙江省高校计算机等级考试介绍

1993年浙江省教育厅开设了浙江省高校计算机等级考试，并于1995年推出了自动化测

---

① 资助项目：浙江省课堂改革项目（ZXX150102006）。

② 作者简介：谢红标（1979—），男，浙江绍兴人，高级工程师，主要研究方向为大数据挖掘、信息安全。

评系统,极大地推动了省内高校计算机基础教育的发展。浙江省高校计算机等级考虑自开考以来一直走在全国前列,目前有一、二、三共 3 个等级 13 个考种,涉及系统基础、办公应用、语言开发、专业综合应用,全面覆盖了计算机基础教育的各个方面。目前全省有 110 个考点,每年参考人数约达 33 万人次。各级各考种结构如图 1 所示。

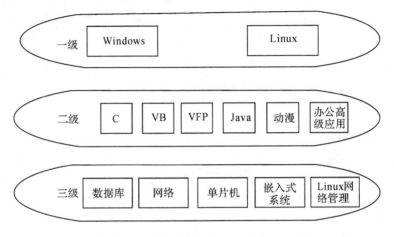

图 1　各级各考种结构

其中,一级主要考核微机的基础理论知识和操作系统的基本操作技能;二级有程序设计类的考种(如 C、VB、VFP、Java),考核考生的基本程序设计能力,针对艺术类的动漫设计考核考生基本的动漫设计基础知识和基本技能,另外还开设了办公高级应用考核学生对办公软件的高级应用能力;三级主要按方向考核计算机各领域的专业技能。

3　近年来计算机等级考试数据分析

各考种实际参加考试的人数如图 2 所示。从图 2 可以看出,一级 Windows 和二级办公高级应用是参考人数较多的考种,这两个考种具有一定的通用性,也是学习和工作中用到较多的知识和工具,其他考种如二级程序设计类由于非计算机类学生掌握程序设计技能的学生不多所以参考人数较少,同理三级由于需要掌握该领域一定广度的知识,所以参考人数也较少。

各考种的平均分和合格率如图 3 所示。从图 3 可以看出,大部分考种的平均分均在 60 分左右,同样合格率也基本在 60%,人数特别少的语种如一级 Linux 参加考试的都合格,二级动漫因为是艺术考生参加基础类考试合格率也在 70% 以上,三级 Linux 网络管理参考人数少,通过率也很低。

下面以参加考试人数较多的一级 Windows 和二级办公高级应用考试的数据为例,分析考生对各块知识的掌握情况。

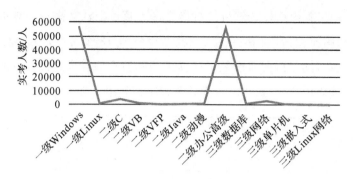

图 2 各考种实际参加考试的人数

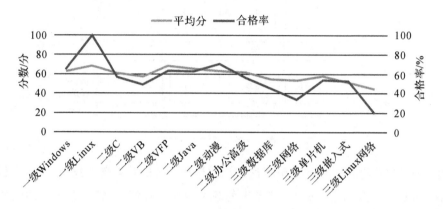

图 3 各考种的平均分和合格率

一级 Windows 考试内容分理论部分和操作部分,理论部分主要考核微型计算机的基础知识,操作部分分为文字录入、Windows 使用、Office 使用和网络综合应用。考试采用上机方式,计算机自动阅卷评分。各模块的平均分和合格率如图 4 所示。

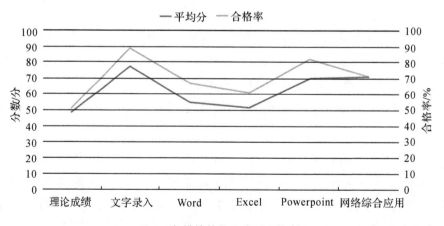

图 4 各模块的平均分和合格率

从图4中分析发现理论模块、Word和Excel平均分以及合格率都偏低。根据对模块题目的分析,理论部分因为有多选题所以被拉低了,Word和Excel虽然实际使用较多但是只用到了其中20%的功能,而考试覆盖的知识点范围较广也相对拉低了平均分和合格率。从文字录入的高得分率可以看出,目前学生利用电子设备输入文字内容的频度大大提高了。

二级办公高级应用考试内容也分为理论和操作部分,理论部分考核Office的基本知识,分为单选和判断题,操作部分考核Word、Excel和Powerpoint的综合应用能力。各模块的平均分和合格率如图5所示。

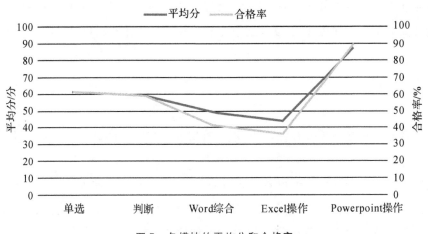

图5　各模块的平均分和合格率

从图5中可以发现Word和Excel平均分以及合格率都偏低,特别是Excel,说明在学习过程中学生缺乏对综合Excel和Word实际案例技能的锻炼和提升。

4　计算机基础教育状况分析

下面结合浙江省计算机考试的数据分析和作者多年从事计算机基础教学测评的经验,对浙江省计算机基础教育状况进行分析。

(1)由于区域发展的差异性,学生之间计算机基础的水平参差不齐,给计算机基础教学带来了很大的挑战。各高校针对此类情况做了很多尝试和研究,如分层教学,入学后先进行计算机基础测评,然后根据测试情况分班分层上课等。建议可以以浙江省统一标准进行教学,利用浙江省计算机等级考试替代计算机基础课程考核,提高学生整体的计算机基础水平。

(2)综合应用能力缺乏。从一级Windows和二级办公高级应用的Office模块的得分率上可以看出,学生对Office综合应用能力的缺乏比较严重,建议学校应进行针对性的重点教学。

(3)计算思维能力薄弱。长期以来人们存在把计算机作为工具,计算机基础课程就是讲解工具使用的片面观点。但是计算机基础课程重点还在于培养学生的计算思维,培养学生利用计算科学的概念去求解问题、设计系统和理解人类的行为。从图 2 二级程序设计类参考人数和图 3 二级程序设计类平均分和合格率分析发现当前计算机基础教育对计算思维的培训非常欠缺,反而现在中小学开始重视对计算思维的培养。这方面要引起足够重视。

(4)缺乏统一的教学标准和考核标准。从历年考试情况来看,各层次高校和各地区高校学生的计算机基础水平差异性还是很大,影响学生高年级学习和后续研究生的深造。建议充分利用目前在线平台的慕课课程为学生开辟翻转类的第二课程,同时以统一标准(如浙江省计算机考试成绩作为课程成绩)切实提高全省高校学生的计算机知识与应用水平。

5 总 结

计算机基础教育是高等教育重要的一环,对培养高校学生的计算思维能力具有重要的作用。

本文以浙江省高校计算机等级考试数据为出发点,分析了目前浙江省高校计算机基础教学存在的一些问题,同时也提出了一些具有针对性的解决方案,希望以此来促进浙江省高校学生整体信息技术水平的提升,助力浙江省经济转型的腾飞。

参考文献

[1] 何钦铭,陆汉权,冯博琴.计算机基础教学的核心任务是计算思维能力的培养——《九校联盟(C9)计算机基础教学发展战略联合声明》解读[J].中国大学教学,2010(9):5-9.

[2] 谢琛.高校计算机基础教育重要性研究[J].软件导刊,2017(6):14-15.

[3] 武世豪,吴春霞.关于大学英语四级考试成绩的模型建立与分析[J].高教学刊,2018(4):63-65.

隐性思想政治教育在专业课程中的实践与探索

——以"计算理论"为例①

张林达　　陈小雕②

杭州电子科技大学计算机学院,浙江杭州,310018

摘　要:隐性思想政治教育具有间接性、平等性、开放性等特点,相比显性教育,更易被独立性、物质性和多变性等特点明显的"95后"新生代大学生所接受。专业教育是高等教育的重要内容之一,也是高校隐性思想政治教育的重要载体之一。本文拟以"计算理论"课程教学为例,尝试探索隐性思想政治教育在专业课程教育过程中的实践与应用。

关键词:高校;隐性思想政治教育;方法

1　引　言

在中国高等教育的后大众化时代,高等教育系统内外环境发生了深刻的变化[1],"95后"新生代大学生已然成为现今高校学生的主体,他们生活的时代物质更加丰富优越,信息技术手段更加便捷,智能化设备运用更加广泛,社会知识化程度更高。他们充满激情和冒险精神但团队合作意识相对较弱,思维活跃但自我中心突出,思维开放但心理承受能力较弱,目标高远但功利性更强。[2]面对这样一个群体,以直观化的知识输出、单向化的指导学习和程序化的实践操作等为特点的显性教育方式已然不能满足大学生全面成长成才的教育目的。在新的历史条件下,我们应该"遵循学生成长规律","因事而化、因时而进、因势而新"地

①　资助项目:浙江省 2017 年党建与思想政治教育研究立项课题(ZX150502305005)。
②　作者简介:张林达,男,汉族,中共党员,1978 年生,硕士,讲师,主要研究方向为大学生思想政治教育;陈小雕,男,汉族,中共党员,1976 年生,博士,教授,硕士生导师,主要研究方向为计算机图形学和辅助设计。

采用生动活泼、喜闻乐见的形式,将科学的世界观、人生观和价值观,以及党的理论、路线、方针、政策等内容贯穿于大学生的日常教学、工作和生活中,把思想政治工作贯穿于教育教学全过程,促使大学生在不知不觉中受到熏陶和提升,从而实现立德树人的高等教育核心价值,开创高等教育发展新局面。

专业教育是高等教育的重要内容之一,也是高校隐性思想政治教育的重要载体之一。在专业教育过程中探索隐性思想政治教育的切入,形式上是创新管理、完善机制,改进大学生思想政治教育工作,实际上是"四个相统一"的现实体现,必将对整个大学生思想政治教育产生良好的促进作用。

2 隐性思想政治教育的内涵与现实意义

隐性教育最早源自 1968 年美国教育家和社会学家杰克逊(P. W. Jackson)在其专著《班级生活》(*Life in Classrooms*)一书中关于学校"隐性课程"(hidden curriculum)的阐述。其概念就如我国古代教育学提倡的"潜移默化"式的教育,即将教育内容隐藏于教育对象所处的物质环境、交流环境和制度环境中,引导教育对象变被动为主动式地去领悟教育主题,从而实现教育目的的一种教育方法。隐性教育形式上与显性教育相对立,其核心就是在学生思想政治教育工作中的具体运用,是指思想政治教育工作者将科学的世界观、人生观和价值观的引导,以及党的理论、路线、方针、政策等内容,以生动活泼、喜闻乐见的形式渗透在教育对象日常的学习和生活中,使他们在不知不觉中受到熏陶和提升的一种教育形式。由于隐性教育采取的是让教育对象在不知不觉的交互过程中"潜移默化"地接受教育信息的过程,因此,它具有教育目的的隐蔽性、教育方式的间接性、教育过程的平等性、教育途径的开放性等特点,故在大学生思想政治教育实践过程中,具有优于显性教育的现实意义。

第一,隐性思想政治教育目的的隐蔽性,有利于提升学生学习的积极性。显性教育是依照既定的教学目标和教学计划,通过如课堂或实践等确定的教学方式进行,具有集中性、组织性和强制性。而隐性思想政治教育则将教育目的隐藏到设计的主题活动、社会实践或文化活动中,即使采取的仍然是课堂教学模式,但往往采取一些"95 后"大学生更喜闻乐见的沙盘形式开展,使学生在不知不觉中,潜移默化地接受教育内容,实现教育目的。

第二,隐性思想政治教育方式的间接性,有利于提升学生学习的愉悦性。如前所述,隐性教育采取的不是直接、单向的灌输式教学方式,而是借助一些学生喜闻乐见的教学载体,激发学生的学习兴趣,愉悦地、非被动性地接受教育内容,并转化为学生自己的思想品质和道德行为,间接对大学生进行"渗透式"教育,以达到教育的真正目的。

第三,隐性思想政治教育过程的平等性,有利于提升学生学习的互动性和持久性。不同于带有强制性和单向性的显性教育方式,隐性教育在实现过程中采取的是宽松、愉悦和互动式的教学方式,营造的是一种平等民主的教学氛围,增加了教与学的互动性。在教育过程中,虽然教育者是教育活动的设计者和主导者,但教育者时时关注教育对象的反馈,实现动态的教学互动,从而加深教育效果。

第四,隐性思想政治教育途径的开放性,有利于提升学生学习的自主性。隐性教育的载体可以是校园环境、实验室文化,还可以是一项主题活动或者管理制度的建设等,所以,实现的途径是开放的、灵活的,不拘泥于某一种具体的形式,可以使学生自愿、自发和毫无制约性地选择获取自己所需要的知识。这样一种非封闭式的、无课堂的,甚至跨时空的自我学习环境,提升了学生学习的自主性。[3-6]

3 隐性思想政治教育在专业课程中的实践探索

本文拟以"计算理论"课程为例,在课堂教学过程中,探索隐性思想政治教育切入具体课堂教学的可行性。

首先,在讲解课程教学目标时,笔者通过营造宽松的教学环境,以平等交流形式与同学们探索了相关目标管理教学,切入了目标管理及规划人生的内涵。课堂上,我们共同分析到,教学目标有:①最基本目标是大家都顺利通过考试。②改进学习方法,即计算思维的基本现代化。在当今时代,"码农"将逐渐被机器所取代,因此,突出算法设计所需的计算思维将变得更为重要。③把计算思维活用在日常生活中。生活中需要不断选择,努力的方向变得尤其重要。马云选择了中国互联网,从而造就了世人瞩目的阿里巴巴。同学们选择了读研究生,就应该努力去得到与本科生不一样的收获,不仅仅是多一张文凭。与此同时,同学们就学习目标纷纷发言,都对自己读研究生的学习目标进行了阐述。

其次,在讲授自动机的发展历程的教学环节,笔者设计了如图1所示的教学思路,隐性嵌入了继承与创新思维的教育理念。同学们首先可以直观地看出,最初的有限自动机是一个包括起始状态、状态集、可接受状态集、字母表、转移函数的五元组,没保存输入 a 的措施,缺乏积累,使得有限自动机只能表示正则语言,它不能表示语言 $A = \{a^n b^n \mid n \geqslant 0\}$。之后,下推自动机引入了堆栈,并因此多了第六元"栈字母表",用以保存部分输入,实现了重要的积累功能,也可以表示语言 A,但不能表示语言 $B = \{a^n b^n c^n \mid n \geqslant 0\}$。再后,图灵机成了七元组合,引入带子来替代堆栈,因此第六元"栈字母表"变成了"带字母表";它还引入第七元"拒绝状态",用以明确哪些是"明令禁止"的。为此,图灵机的带子具有更为强大的功能,比如带子可读可写,长度无限,移动方向自由。图灵机可以表示语言 B。现有绝大多数的 PC 机就是基于图灵机理论制造的。但是,我们和同学一起探索时也发现,图灵机不是终点,仍存在无法表示的语言,故而共同得出了自动机理论永远在路上的结论。

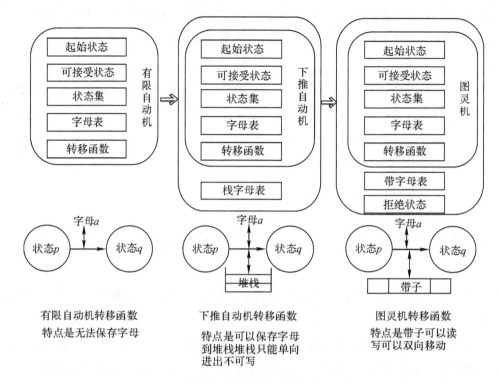

图1 自动机发展历程:隐性教育继承与创新

再次,在讲解计算思维环节时嵌入了5W1H原则,即谁(Who),为什么(Why),什么时间(When),什么地点(Where),做什么事(What),再加上怎么做(How)。我们知道,计算理论是计算机科学的理论基础,内容主要分成三块:①自动机理论,回答了人与机器(Who)怎样沟通的问题(How);②可计算性理论,回答了机器能做什么(What),为什么(Why);③复杂性理论,回答了需要多少资源,即空间(Where)和时间(When)。经过课后小结,同学们发现,我们分析问题的5W1H原则也同样适用于该课程的教学。

最后,在讲解语言$\{0^k1^k|k\geqslant0\}$属于P类时需要提出多项式时间的算法时,笔者更是激发了同学自我学习和自我探索的积极性。一开场,同学们就提出了$O(n^2)$的算法。笔者再问,还有没有更低计算复杂度的算法?伴随着$O(n\log n)$算法的提出,"完美"地解开了同学们心头的困惑,并探索出了一个又一个更加优秀的算法,这也是算法设计者应有的素质。在证明语言SPATH=$\{<G,a,b,k>|G$包含从a到b,长度至多为k的简单路径$\}\in P$的过程中,我们对算法复杂度的分析过程有意地进行了放大,使得证明过程变得更为简单,让同学们觉得"不斤斤计较的人生更简单"。

4　成效分析与小结

通过在"计算理论"课程隐性嵌入思想政治教育内容,经过实践,我们认为取得了较好的成效。首先,我们通过与学生轻松探讨学习目标,使学生领会了学习的意义和学习所要解决的短期和长远目标,以此促进学生探索并建立职业规划,为进一步成长成才起到了推动作用。其次,通过讲授课程内容中逐渐更替的知识结构,让学生领会了"学海无涯"的真谛,以此激发了学生探索真理的永恒动力。再次,通过讲授课程内容切入做事的5W1H准则,让学生明白了通用技能的含义,明白了积少成多的学习思路。最后,通过讲授具体知识中需要提炼的分析思路,让学生明白了做人要豁达开朗,要有一定的层次性的道理。总结起来,也让学生明白了,知识或许是模块化的,也可能是碎片化的,但独具匠心必然能成就"传世金缕玉衣"。

通过上述实践,我们认为,隐性思想政治教育在具体的专业教育中是可以实践并推广的。不过,我们认为需要注意以下几点。首先,用于切入隐性教育的专业知识是需要选择和加工的,正如同不是所有的美玉都适合做金缕玉衣一样。其次,切入隐性教育的教学过程应该是欢愉的,若同学们反感了,则说明思想政治教育过于明显,编织手法过于粗糙,应立即停止并修正。最后,隐性教育的效果是正面积极的,若学生的注意力分散了,参与度也降低了,则说明没有实现预期效果,需要修正。成功的隐性思想政治教育,是模块化的专业知识、碎片化的思想政治教育素材以及教师的匠心三者的有机统一。

总之,大学的专业教育可以很好地切入隐性思想政治教育。在专业教育的过程中把正确的世界观、价值观、人生观以及党的教育方针传授给大学生,把教师"教书与育人"很好地统一起来,从而"不断提高学生的思想水平、政治觉悟、道德品质、文化素养,让学生成为德才兼备、全面发展的人才"。

参考文献

[1] 韩婷,阎梦娇.后大众化时代的中国高等教育——第十六届全国大学生教育思想研讨会综述[J].高等教育研究,2017(2):103-105.

[2] 黄岩,完颜华."90后"大学生思想行为特点及其德育路径探析[J].创新,2012,6(5):94-98.

[3] 李锦红,宋刚,王青亚,等.试论高校隐性思想政治教育的三种形态[J].四川理工学院学报(社会科学版),2006,21(2):121-123.

［4］王浩.高校德育工作中的隐性教育探析［J］.思想教育研究,2006(1):55-57.

［5］张丽萍.高校隐性思想政治教育方法探讨［J］.学校党建与思想教育,2011(18):67-68.

［6］许宁.隐性教育在思政工作中的运用［J］.教育评论,2015(10):94-96.

"程序设计基础"课程教学中的"学、练、考"改革方案探讨

郑秋华　张　祯　胡伟通

杭州电子科技大学网络空间安全学院,浙江杭州,310018

摘　要: "程序设计基础"是计算机类的核心专业基础课,其教学质量与计算机类学生的培养质量直接相关。本文在分析"程序设计基础"的教学过程中存在的一些问题基础上,提出了"程序设计基础"课程教学中"学、练、考"各环节的改进思路,详细阐述了具体改进方案,并对改进方案的教学效果进行了分析和比较,同时对后续教学改进提出了展望。

关键词: 程序设计基础;学、练、考;计算思维

1　存在问题分析

"程序设计基础"是杭州电子科技大学计算机类的重要专业基础课程,其目的是培养学生程序设计能力和计算思维,为后续的专业学习奠定坚实的基础。通过该课程的学习,学生除了应该掌握一门程序设计语言的语法规则外,还应重点掌握程序的设计方法、编写规范和调试技巧等[1-3]。但不少学生在学完程序设计基础课后,依然缺少上述能力,不少学生仍然只具备阅读和编写几十行程序的能力。为了提高"程序设计基础"的教学效果,笔者在近10年的实际教学过程中,对我校计算机类学生的编程能力进行了调研。调研结果发现完成该课程后能熟练进行程序设计的学生所占比例并不高,仅有25%左右,绝大多数学生只能达到基本掌握的程度。

在教学过程中,学生普遍反映课程比较枯燥难学;而任课教师们也认为该课程实践课时过少,对学生动手能力锻炼过少。那么,在"程序设计基础"教学过程中主要存在什么问题呢?究其原因,主要有以下几点:

(1)缺少编程兴趣和计算思维的启发

课程教学过分注重语句、语法等细节,基本上根据教材自身内容展开,实践过程中缺少解题思路讲解和计算思维的培养,把重点放在讲述学生不感兴趣的语法规则方面,使学生丧失学习兴趣,而导致教学质量不高[4]。

(2)未充分发挥实践对课程的促进作用

课程教学过程主要考虑程序功能的实现,缺少对编程规范的引导,在编程实践中对学生分析问题和解决问题的能力训练不够,尤其是程序调试能力方面。这导致很多学生在设计程序时遇到问题无法自己独立解决,一旦老师不能及时指导,就会卡滞在某一处。久而久之,这严重影响学生的学习兴趣,并造成学生对"程序设计基础"课程的畏难情绪[5]。

为了有效改进"程序设计基础"课程的教学效果,使学生能更好地掌握该课程,我们提出了"程序设计基础"课程教学过程中的"学、练、考"改进方案,并从 2015—2016 学年开始实施,目前已进行三年。本文以下部分对该教学改进方案进行详细阐述,同时详细说明该方案在实施后教学过程中的应用效果,并思考了该方案实际执行过程中的不足之处及后续改进。

2 "程序设计基础"课程教学的"学、练、考"改革

本文中"学、练、考"的学是指理论教学,练是指课内上机练习,考是指课外上机考核。所提的改革方案具体如下:

(1)学

理论教学过程中加强解题思路的讲解,突出计算思维和学习兴趣的培养。理论教学主要训练学生程序设计过程中的整体把握能力和思考能力,以及培养学生的编程兴趣。在讲解 printf 语句过程中引入了玫瑰花图案的输出。在学习该示例程序后,不少同学通过自学用文字输出方法实现了小猫、小狗等图形的输出。在讲解汉诺塔程序时,先让学生手工完成游戏,并将游戏过程写成文字,最后将文字方案对应改造为汉诺塔递归实现程序。

(2)练

课内上机除了要求学生能实现要求的程序功能外,还要重点加强编程规范和调试能力的培养。练的目的是使学生在课后能独立设计系统,规范完成程序编码,正确完成程序要求的功能,对程序开发过程中出现的问题能通过思考独立解决。教师在课内上机验收时不仅需要检查系统功能是否已完成,同时还需检查编程是否规范及设计思路是否清晰。当学生在编程过程中出现语法或语义问题时,应通过逐步给予提示方式让学生自己去调试解决。通过上述教学方式,让学生在有教师指导的情况下提高上述能力。笔者认为课内上机应通过教师人工检查讲解,尽量避免采用在线系统考核方式。具体有两个原因:一是在线系统考

核方式只能检测功能是否实现,无法检测学生的编程规范和设计思路;二是对于大一学生来说,调试程序是一个极具挑战性的任务,此时教师应该多给予指导。

(3)考

通过课外指定时间进行上机考核,锻炼学生在规定时间内完成程序设计的能力。课外上机主要训练学生编程的熟练程度,可通过在线测试和大题量方式进行。笔者所采用的在线测试系统是杭电刘春英老师开发的 http://code.hdu.edu.cn/(如图 1 所示),该系统目前已被国内 20 多所高校采用。在线课外上机考核我们安排在学生学习程序控制语句这一章后进行,一般为每周末晚上安排一次 2 小时在线上机测评,上机测评题量一般为较大难度编程题 8 题左右。

图 1　杭电在线测试系统

3　方案的教学效果分析和比较

为了比较方案实施前后的教学效果,笔者选取了所教"程序设计基础"课程近 10 年的期末总评成绩进行分析,具体如表 1 所示。

表 1　近 10 年的"程序设计基础"课程情况

学年	平均分/分	优秀	良好	中等	及格	不及格
2008—2009	64.46	6.33%	12.66%	29.11%	24.05%	27.85%
2009—2010	63.96	4.17%	9.72%	20.83%	43.06%	22.22%

续表

学年	平均分/分	优秀	良好	中等	及格	不及格
2010—2011	63.16	3.95％	10.53％	21.05％	42.11％	22.36％
2011—2012	62.26	3.03％	9.09％	18.18％	43.94％	25.76％
2012—2013	65.13	0.00％	17.95％	30.77％	20.51％	30.77％
2013—2014	64.56	2.44％	9.76％	21.95％	39.02％	26.83％
2014—2015	65.51	5.15％	20.62％	15.46％	28.87％	29.90％
2015—2016	79.27	19.23％	26.92％	46.15％	3.85％	3.85％
2016—2017	72.23	10.00％	16.67％	36.67％	33.33％	3.33％
2017—2018	80.24	21.62％	40.54％	24.32％	10.81％	2.71％

在表1中,2008—2009学年到2014—2015学年为改进方案实施前的"程序设计基础"课程成绩情况,2015—2016学年到2017—2018学年为改进方案实施后的成绩情况。从表1中可看出,实施改进方案前的课程平均分为65分左右,优秀率在6.5％以下,不及格率为22.22％~30.77％。实施改进方案后的课程平均分为72.23~80.24分,优秀率为10.00％~21.62％,不及格率降低到4％以下。

从表1中可明显看出改进方案具有显著有效的效果。这说明本文所提出的改进方案在很大程度上解决了原有教学过程中存在的问题。

但在实践过程中,我们也发现了一些需要改进的地方,如:教学实验中主要依靠教师自身的经验把握,缺失"学、练、考"三环节的系统实施设计;学环节未对提高学生编程兴趣的案例进行总结提升;练环节没有将学生出现的问题进行汇编解决;考环节主要通过大题量锻炼,缺少系统考核。在后续教学过程中,我们将针对这些问题进行进一步完善。

4 结束语

本文针对"程序设计基础"课程教学中存在的关键问题,结合杭州电子科技大学计算机类教学过程中的实际情况,从"学、练、考"三个环节着手,提出了相应解决方案,强调加强解题思路的讲解,突出计算思维及学习兴趣的培养和通过课外大题量上机考核提高学生编程的熟练程度,通过多环节的结合,提高学生的程序设计知识掌握和运用能力,培养学生的分析解决问题能力和工程实践能力。

参考文献

[1] 杨理云.C语言程序设计教学方法探索[J].中国成人教育,2007(9):162-163.

[2] 杨立影,高爱华,李晖.C语言程序设计教学方法的探索与实践[J].中国科技信息, 2010(15):261-262.

[3] 于延,周国辉,李红宇,等.CDIO模式下C语言程序设计实践教学改革[J].计算机教育, 2016(2):122-126.

[4] 王军英,马红梅.C语言程序设计教学存在的问题与对策[J].教育理论与实践,2015,25 (3):63-64.

[5] 张帆,周法国,王振武,等.C语言程序设计学习中的问题与对策[J].计算机教育, 2010(20):83-86.

课程建设

计算机类"课程思政"教学探索和实践

——以"网页设计与制作"为例

关晓惠　周志敏　张海波

浙江水利水电学院信息工程与艺术设计学院,浙江杭州,310018

摘　要:"课程思政"是在课程的教学设计、教学过程中体现思政德育元素,肩负起立德树人的功能。计算机类"课程思政"的教学应该利用先天的网络和计算机技术优势进行"课程思政"内容的挖掘,教学过程思政的融入,课程考核思政的体现。本文以"网页设计与制作"为例,探索计算机类"课程思政"的方法和途径。

关键词:课程思政;网页设计

高校思想政治教育承担着培养中国特色社会主义合格建设者和可靠接班人的重大使命。党的十八大以来,高校思想政治工作不断加强,取得显著成效。但是无论在思想认识层面还是在实际操作层面,高校思政工作还面临诸多挑战。比如,一些大学生的理想信念淡化,道德选择偏差,道德行为欠缺等。在这样的背景下,发挥课堂教学的主阵地,让所有课堂都肩负起育人功能,切实将"思政课程"向"课程思政"转变。

"课程思政"是指所有课程的知识体系都体现思政德育元素,所有教学活动都肩负起立德树人的功能,全体教师都承担起立德树人的职责。从以往单纯的思政课教育转变为覆盖各专业、各学科、各课程体系的大思政和大德育,将"课程育人"提升为"全课程育人"。

计算机类课程虽然是强调实践动手能力的工科类课程,但也拥有网络思政育人的先天优势。计算机类课程要以计算机技术作为"课程思政"的切入点,将互联网信息化作为"课程思政"的重要途径。本文以"网页设计与制作"为例,从教学内容、教学过程、考核方式三个方面探讨"课程思政"的方法和途径。

1 挖掘课程内容的思政元素

仔细梳理课程的"思政元素",将其列入教学计划的重要条目和课堂讲授的重要内容,将专业知识教育同价值观教育结合起来,发挥专业课程的育人功能。"网页设计与制作"是我校计算机应用专业开设的一门专业必修课,主要培养学生规划、设计和制作页面的实际技能。其教学内容主要以教学项目或教学案例的形式体现出来。因此,教学项目的选择上融入爱国、爱校、爱专业等思政元素。

(1)设计和制作"美丽水院"网页。从网页的角度宣传学院美景,展示学院文化,体现学院多元的文化内涵,向外界展示学院特色和学院文化。让学生形成"知校、爱校、兴校、荣校"的思想意识。

(2)结合"世界水日""中国水周"设计和实现"水文化宣传"页面。水是人类文明的摇篮,水品质指引着人类的成长与发展,让学生通过页面制作探索水文化、水精神,让学生形成"节俭养德,节水为荣"的思想意识。

(3)设计和制作个人博客页面。通过博客记录自己的生活,彰显个人风采,树立勇于展示自我、展示个性的自我意识,提高学生的心理素质,增强自信心。

(4)分小组合作完成一个自定义主题的课程项目。在项目合作过程中养成尊重宽容、团结协作和勇于竞争的意识。

(5)开展"思政小课堂网页设计"竞赛,把思政课程重点内容与图片、视频等有机结合,动态呈现到学生面前,在立体化的互动教学中充分调动他们的兴趣,不断增添思政课对他们的吸引力,进而促进实现思政课内容的有效传达。

2 教学过程融入思政元素

教师作为课程的决策者和引导者,在教学过程中不但要传授专业知识和技能,更重要的是对学生进行情感态度教育和价值观教育[1]。在教学过程的设计和实施中融入态度、责任、道德、理智等思政元素,实现思政教育和专业知识体系教育的有机统一。

"网页设计与制作"是培养网站开发工程师的一门基础课程,也是其他专业课程的基础。除了专业技能外,在教学过程中让学生形成自我定位、自我约束、自我认可、自我完善的认知,以及良好的编码习惯、文档规范等。具体体现在以下几个方面:

(1)根据课堂要求进行考勤,提交平时作业、期末大作业等。引导学生凡事讲诚信,不弄虚作假,对待日常作业要态度认真、脚踏实地。

（2）展示相关岗位的职业需求，让学生了解当前社会对自身的要求，鼓励学生为提升自身实力而进行自我教育和自我塑造，并根据课程要求制定明确的目标。

（3）在不同的教学阶段使用不同的教学模式，关注不同的情感教育要点。在教学项目学习过程中，注重学生操作规范性的要求和培养，比如代码注释、文档规范。明确学生的责任和担当，让学生学会设身处地地为他人着想，学会换位思考。在合作性项目教学过程中，互助合作学习是实现团队合作、沟通交流、自我价值体现的一种有效方式。

（4）为了培养适合社会发展的专业人员，专业技能在培养学生的过程中是关注点，伴随互联网的迅速发展而产生的网络安全问题也应该作为"课程思政"的重点，告诫学生在任何时候都要遵循职业道德，坚守职业操守。同时还要具有较强的保密意识，也要尊重别人的劳动成果。

3　课程考核体现思政元素

结合学校"三位一体"考核，除了知识、技能外，态度也作为重要的考核指标。在设置考核指标时，以启发学生的学习兴趣，激励学生的学习热情，促进学生的可持续发展为目标。将学习态度、技术水平、理论水平、团队合作、创新能力、语言组织和表达能力都纳入考核指标中。注重对学生学习过程的评价，包括参与讨论的积极态度、自信心、实际操作技能、合作交流意识，以及独立思考的能力、创新思维能力等方面。

另外，考核的主体不再仅由教师个人承担，学生需要自评和互评，体现了学生学习和评价的主体地位。学生担任考核主体有利于培养学生的独立思考能力、创新思维能力、沟通交流能力和责任意识。具体考核评价体系如表1所示。

表1　"网页设计与制作"三位一体考核方案

评价内容		评价标准	比例	分值	学生评价	教师评价
平时表现	上课考勤	不迟到，不早退，不旷课	15%	2	0	100%
	上课纪律	上课不玩手机，听课认真，作业及时完成		3	40%	60%
	学习态度	学习积极认真，努力肯干，讨论提问积极，有较强的责任心		5	50%	50%
	团队合作	团结协作，配合默契，帮助他人		5	70%	30%
课程小测验	"美丽水院"页面	学生对HTML标签的掌握和应用情况	30%	10	0	100%
	"水文化宣传"页面	学生对CSS样式表的掌握和应用情况		10	0	100%
	个人博客页面	学生对页面布局和样式表的综合应用能力		10	0	100%

续表

评价内容		评价标准	比例	分值	学生评价	教师评价
期末考试	笔试＋上机	笔试部分着重考核对知识的掌握	35%	35	0	100%
		和效果图的一致性,代码的可读性,代码结构的合理性				
项目成果	完成情况	根据任务的完成情况进行评分,页面结构是否合理,内容是否丰富,色彩搭配是否协调美观	20%	5	60%	40%
	创新能力	根据页面的效果进行评分,是否提出新思路、新方案,页面构思是否巧妙,是否勇于创新		5	60%	40%
	文档撰写	根据项目报告的结构是否清晰,内容是否详细,格式是否规范进行评定		5	0	100%
	项目汇报	根据汇报者的表述是否合理,思路是否清晰,能否正确回答提问者的问题进行评定		5	50%	50%

4 结　论

高校的思政教育不仅仅是思政教师和辅导员的责任,也是每一位专业教师的职责,"课程思政"教学改革任重而道远。本文结合"网页设计与制作"课程探索计算机类课程如何在专业课程中融渗思政教育,发挥专业课程的育人功能。要把握不同性质课程的特点,把思想政治工作贯穿于教学的全过程,实现全程育人,全方位育人。只有这样,才能做到将思政教育从"思政课程"到"课程思政"的创造性转化。

参考文献

[1] 倪佩菊.思想政治课情感态度与价值观教育的研究[D].苏州:苏州大学,2013.

基于新工科理念的数据结构课程教学改革探索

刘端阳　　刘　志

浙江工业大学计算机科学与技术学院、软件学院，浙江杭州，310023

摘　要：新工科是适应新经济和新产业而产生的高等工程教育理念，是现有高等教育的发展方向和建设目标。本文分析了浙江工业大学计算机科学与技术学院、软件学院数据结构课程在采用传统教学方式中存在的一些问题，然后根据新工科的人才培养理念，提出了新的基于新工科理念的数据结构课程教学改革方案。新方案引入了混合教学模式，融合了多学科知识，强化了计算思维的培养，并细化了过程化教学评价。初步实施的结果，验证了新方案的可行性和有效性，而实施过程中存在的问题，也指明了需要改进和完善的方向。

关键词：数据结构；新工科；混合教学；计算思维

1　引　言

当前，我国经济发展面临动能转换、方式转变、结构调整的繁重任务，新技术、新产品、新业态和新模式蓬勃兴起。为了面对未来新技术和新产业国际竞争的挑战，"新工科"概念应时而生[1]。2017 年 2 月，国内几十所重点综合性大学和工科优势高校围绕"新工科"达成了十点共识，称为"复旦共识"；随后教育部高教司也发布了《关于开展新工科研究与实践的通知》；4 月提出了"天大行动"，公布《"新工科"建设行动路线》，明确新工科建设目标和内容；6 月发布了"北京指南"，为新工科建设指明了方向[2]。

新工科的"新"主要包括五个方面：工程教育的新理念，学科专业的新结构，人才培养的新模式，教育教学的新质量和分类发展的新体系[3]。新的变化不仅遵循国家提出的创新、协调、绿色、开放、共享发展理念和支持实施"中国制造 2025"、"互联网＋"、"一带一路"倡议和"人工智能"等国策，同时也是培养主动适应新技术、新产业和新经济发展的卓越工程科技人才。新工科是我国产业升级转型发展的产物，是当前工科人才培养与劳动力市场需求矛盾的现实反思，更是对国际工程教育发展做出的中国本土化的回应与对接。

新工科是适应新产业和新经济而产生的，其建设和发展都与信息技术紧密相关。移动互联网、云计算、大数据、物联网、智能制造、电子商务等诸多新兴产业，都是以计算机技术为基础的，同时"中国制造2025""互联网＋""人工智能"等国家重点支持的新产业也都是以计算机智能化为核心。因此，计算机、软件工程等计算机类专业是新工科建设和发展的重点内容。

数据结构课程是计算机大类专业的专业基础课程，也是许多理工科专业的主要选修课程，而且许多新学科，如大数据、人工智能、数据挖掘和机器学习等都离不开数据结构。这门课程是在前期编程语言课程的基础上，阐述了如何存储、组织和操作具有一定逻辑关系的数据，以及相关的算法，如搜索、排序等。数据结构直接决定着学生的编程能力，也决定着学生解决实际科学和工程问题的能力，是教师授课和学生学习的重点与难点。"新工科"概念自提出到现在，已经有不少学者研究和阐述了它的内涵、发展路径、人才培养、专业建设[4]，以及计算机通识性课程建设[5]等，但针对具体的计算机专业课程则少有涉及。因此，本文将根据新工科的理念和内涵，结合自身的教学经验，为数据结构课程的教学改革提供一种思路和方法，使得课程的教学更符合新工科的发展和要求，为培养与新产业、新经济和新模式相适应的创新人才奠定基础。

2　传统课程教学存在的问题

本学院的数据结构课程是以教育部CCC2006学科规范和张铭方案[6]为基础，主要培养科学型和工程型人才。课程采用C＋＋语言描述，引入了抽象数据类型（abstract data type，ADT）的思想。整个课程包括数据的存储结构、逻辑结构和相关算法，主要有列表、栈、队列、模板和标准容器、二叉树、散列表、树、图和有向图，以及递归、查找和排序等算法。另外，复杂链表、线索二叉树、2-3-4树、红黑树、B-树等也将部分或全部讲授。在实际教学过程中，由于课程理论性、抽象性和实践性较强，而且内容比较多，知识点零散，传统的教学方式越来越不适应新工科人才的培养。其存在的主要不足如下：

2.1　教学模式单一，学生实践能力和创新能力不足

传统的教学模式比较单一，主角是教师，通过课堂讲授知识，而学生则被动地接受知识，并完成作业和实验。在这种"填鸭式"教学过程中，学生只是机械式地理解课程理论和算法，而不愿意主动地去编程实践。同时，由于期末的卷面考试侧重于理论考核，学生更愿意花时间学习理论和算法，而轻视了实践能力和创新能力的培养。

2.2　授课对象发生较大变化,学生自主性不强

张大良的讲话[1]提及现有高等教育的五个变化,其中就涉及高等教育对象的变化,大学早就是"90后"的世界,很快"00后"也开始进入大学了。"00后"以及大部分"90后"都是互联网时代的新新人类,他们的价值观念、思维方式、学习方式、交往方式与上一代学生相比有了很大变化。以往传统的教育理念、管理方式、人才培养机制、培养模式、教学内容和方法,都迫切需要做出相应的改革和调整,以适应新工科理念下人才培养的需要。

2.3　重点、难点问题理解不透彻,学生解决复杂工程的能力不足

数据结构课程的知识点抽象程度比较高,理论性和实践性也比较强。对于一些重点和难点问题,学生往往止于理解,而不会灵活使用。比如,单向链表是频繁使用的存储数据结构,它可以实现多种复杂的逻辑数据结构,但由于涉及指针的插入、删除和复制等操作,不少学生虽然能够理解,但是当应用链表来解决复杂工程问题时,就手足无措,常常错误频出,不知道如何开始,也不知道如何设计和实现,更别提发挥创新创造能力了。再如,递归也是学生难以理解的重点和难点问题。传统的教学都是用各种经典例子的代码实现来阐述和讲解这个问题,如汉诺(Hanoi)塔和斐波那契(Fibonacci)数列。但由于递归的代码非常简单,往往只有3~5行代码。针对具体的代码,学生往往都可以理解,但面对复杂工程问题时,多数学生都不知道如何采用递归的方式来设计和实现。其他重点和难点问题还有AVL平衡树、快速排序等。

2.4　课程知识点零散无序,学生学习具有盲目性

课程涉及诸多零散的数据结构和算法,基本内容包括线性表、栈、队列、串、树、图以及查找和排序算法等,另外,还包括多维数组、广义表、字符树、高级二叉搜索树、红黑树等。虽然这些理论和算法是后续诸多课程的基础,同时也广泛应用于许多新学科,如大数据、人工智能、数据挖掘和机器学习等。但传统教学只侧重于讲述教材涉及的案例,不注重交叉学科知识的融合,造成学生不知道数据结构的作用,学习具有较大盲目性,也缺少学习的兴趣和积极性。

3　基于新工科理念的教改方案

传统的高等工程教育往往是由教师主导,教师传授思想和知识,为学生授业解惑,而学生则学习知识与方法,应用于实际工程,从而创造社会生产力。而在新经济环境下,社会需

要具备创新能力的人才去创造新产业、新技术、新模式,传统的教育模式已经不合时宜。不同于传统的工程教育,基于新工科理念的人才培养观需要创新,其本质在于塑造自我,也就是以学生为中心的教育论。学生主导学习,从众多教师那里寻找知识,进行自建构的主动学习,博采众师之长,并综合运用各种方法论去创新模式和知识,贡献于新产业。

新工科是我国高等工程教育的发展方向和课程教学改革的目标,但基于新工科理念的工程教育体系也不可能一蹴而就,需要循序渐进、脚踏实地,同时教师和学生也都需要一个适应的过程。因此,我们根据新工科理念,综合自己的实际教学经验,提出了适合本学院数据结构课程的教学改革方案。具体要点如下:

3.1　调整教学方式,引入混合教学模式

传统的教师为主的单向性教学模式过于单一,学生的学习非常被动,不利于学生创新创业能力的培养。而新工科人才培养的理念就是要求实现以学生为主的新的人才培养方式[3],这是新工科的核心内涵。在《新工科研究与实践项目指南》(即北京指南)中提到"探索工程教育信息化教学改革,推进信息技术与工程教育深度融合,创新'互联网+'环境下工程教育教学方法,提升工程教育效率,提高教学效果"[5]。北京指南明确指出了新工科理念的教学模式应该充分利用信息技术和互联网环境,翻转课堂、对分课堂、MOOC 和 SPOC、混合教学等以学生为主的新教学模式都可以适当引入,从而提高学生的自主学习能力和创新创业能力。

本学院的数据结构课程共 64 学时,其中课堂教学 48 学时,实验教学 16 学时。在实际的教学过程中,由于课程理论知识点众多且内容零散,再加上理论抽象程度高,教学学时相对比较紧张。因此,在引入新的教学模式时,对于数据结构课程的基础理论知识,仍然以传统教学方式为主;而对于学生难以理解和掌握的重点、难点问题,则采用线上和线下结合的混合教学模式。主体内容采用传统教学,不仅可以保证课程知识的完整性和系统性,而且也节约教学时间和资源,由于知识不是很难,学生相对容易接受和理解。混合教学分为三个阶段:课前、课中和课后。课前布置学习任务,引导学生主动学习相关的视频、课件、教材等教学资源;课中采用对分方式授课,一半辅导和讨论,一半讲解,注重与学生之间的交互,根据学生的疑问和学习情况,在辅导和讨论的基础上,再进行重点讲解和分析;课后则根据教学目标,布置编程实践作业,以加强学生对理论知识的消化和吸收。由于数据结构课程的特殊性,其理论知识都必须通过编程实践才能真正掌握,所以在实际的混合教学过程中,需要设置相应的教学评价指标,包括课前、课中和课后的考评,并纳入课程过程性考核体系中,从而对学生的学习进行综合和全面的考核,提高学生学习的主动性和积极性。

3.2　注重大工程观,实现多学科知识的融合

区别于传统的工程教育理念,新工科是一种新型的工程教育理念,即大工程观,是新工

科的重要内涵。一方面,大工程观强调培养具有创新创业能力、应用实践能力的综合性、复合型工程科技人才;另一方面,大工程观改变了以往传统工程教育实践缺乏的缺陷,强调"回归工程设计",注重工程教育的应用实践性,同时强调多学科交叉和融合。

数据结构课程作为计算机类和软件类专业的专业核心课程,其地位比较特殊。它不仅是后续多门课程的基础,如操作系统、数据库和计算机网络,同时也广泛应用于其他多种学科领域,如大数据、云计算、人工智能、数据挖掘和机器学习等。新工科理念强调大工程观和多学科知识的融合,这种理念不仅体现在专业课程体系的设计中,如参考文献[4]谈及的软件类专业的课程规划,也应当体现在专业课程的教学中。由于数据结构课程的理论和算法广泛应用于其他学科知识中,因此在数据结构课程的教学和实践过程中,完全可以设计融合多学科知识的应用案例,让学生去学习、理解和编程实践。比如大数据领域涉及分布式文件系统,在数据结构课程教学中,可以设计一个基于大数据的分布式文件系统的应用案例,要求学生采用链表来设计和实现文件与数据的存储、组织和管理。这样不仅可以激发学生主动去查询和学习有关大数据文件系统的知识,同时也可以使学生更好地理解和掌握链表的设计与使用,从而培养学生解决复杂工程问题的能力。

这种融合多学科知识的教学方法,一方面可以拓展学生的知识面,开阔学生的视野,为培养学生大工程观和创新创业能力打下基础;另一方面,可以激发学生的学习热情,减少学习的盲目性,提高学生学习的自主性,同时也有利于混合教学模式的开展和实施。

3.3　注重计算思维,培养面向对象的程序设计能力和软件工程思想

计算思维包括面向问题求解的数学思维,面向复杂系统设计与评估的工程思维,以及面向复杂性、智能、心理、行为理解的科学思维。对计算思维而言,抽象和自动化是其核心,问题求解、系统设计、人类行为理解是其特征,约简、嵌入、转化和仿真是其手段,从而可以处理巨大复杂问题并进行系统设计。计算思维是计算机类和软件类专业必备的专业能力,也是新工科理念下大系统、大软件、大模式和大应用对人才的基本要求。

在新工科的教学理念下,数据结构课程虽然只是专业基础课程,但也应注重培养学生的计算思维能力,特别是数学思维和工程思维能力。面对复杂的工程问题时,学生应该具备把复杂问题进行简化、抽象、问题求解和系统设计的能力。落实到数据结构课程中,这种计算思维能力也对应于面向对象的程序设计能力和软件工程思想。本学院数据结构课程教与学都采用了面向对象的程序语言C++和抽象数据类型(即类)描述,学生的作业、实验和相应的课程设计也都要求采用面向对象的程序设计方法(即类的设计方法)设计和实现。同时,为了提高学生的创新创业能力,教学团队在学生的实践环节,包括课内实验和课程设计,引入了软件工程思想,要求学生根据设置的复杂问题,从需求分析、概要设计、详细设计、代码实现、系统测试,直至报告撰写,整个过程都遵循软件工程思想。课内实验属于较小的工程

问题,而课程设计则是较大的复杂工程问题,所有问题都是从实际的复杂工程问题中抽象而来的,这样可以提高学生应对复杂工程问题的能力。

3.4 教学评价和持续改进

课程教学改革的效果需要通过教学评价来衡量。传统的教学评价是终结性的,只注重评价的评定和选拔功能,而忽视了评价的诊断和改进功能。而基于新工科理念的教学评价则是一个动态的评价过程,是贯穿于整个教与学过程中的系统评价活动,而且持续改进是教学评价的核心理念。持续改进不仅体现在不同学期课程教学的改进上,也体现在每一次教与学的改进上。

原有的数据结构课程教学评价包括平时成绩和期末考试,而平时成绩又分为平时作业、课内实验和课堂测试。为了适应重点、难点问题的混合教学需要,课程将加强重点、难点问题的教学评价,针对混合教学的课前、课中和课后环节,设计合理的考核指标。在课前阶段,进行 10min 左右的随堂小测,检查学生课前在线教学材料的学习情况;在课中阶段,根据学生的提问情况、回答情况和学生之间的讨论情况进行评分;在课后阶段,则根据学生的作业或实验情况进行评分;课前、课中和课后三阶段的评分结果,最终都以一定的比例纳入平时成绩。同时,在评价学生的课内实验时,严格按照软件工程的规范来进行综合评分,根据需求分析、系统设计、代码实现、系统测试和报告排版等完成情况分别打分,并按照一定的比例来综合评分。每一次混合教学的评价和每一次课内实验的评价结果不仅可以激发学生下一次表现得更好,同时也可以让教师根据学生的反馈情况,在下一次的教学中适当调整和改进自己的教学,在课程教学过程中,做到更为细化的持续改进。这种细化的考核方式可以更为客观地反映学生的学习情况,同时也有利于混合教学的实施和计算思维能力的培养,为学生的创新创业能力打下基础。

本学院的计算机专业和软件工程专业都通过了教育部提倡的工程认证,达到了国际认可的《华盛顿协议》的基本要求。《华盛顿协议》的内涵特征主要表现在"以生为本""成果导向"和"持续改进"三个方面,这三方面的要求与新工科的人才培养理念和内涵是完全实质等效的[7]。如本节所述,课程教改方案的第一条教学模式的调整就是适当改变教学方式,实现"以生为本"的教学,方案的第二条和第三条都是"成果导向"的具体落实和体现,而方案的第四条则正是实现"持续改进"的教学评价体系。

4 总结与展望

数据结构课程的新教学改革方案,在个别班级进行了初步尝试。新方案在教学模式上进行了调整,针对重点、难点问题引入了混合教学方法。课程针对链表和递归进行混合教学,设计了课前、课中和课后阶段的教学任务,并辅助以相应的教学评价方式。从学生反馈的效果和最终的考核结果来看,对于中等以上的学生,效果是正面的,特别是对于良好以上的学生,效果最好;而对于少数成绩差的学生而言,混合教学方法对他们的学习基本无作用,甚至有反作用。分析其中原因,中等以上的学生学习主动性相对较强,课前能积极主动完成学习任务;课中会参与讨论并提出各种问题;课后也能主动按时完成作业。针对这样的学生,混合教学方式可以提高他们的自主学习能力、独立思维能力和创新能力。而对于少数成绩差的学生而言,由于基础较差,学习能力本来就弱,混合教学方式不太适合这类学生,反而有一定的负面作用。因此,如何合理规划和设计混合教学方法,使得成绩差的学生群体也能获得较大提升,是下一步需要持续改进的地方。

另外,新方案更注重大工程观,引入和融合了多学科的应用案例,同时注重计算思维的培养,强化了学生面向对象的程序设计能力和软件工程思想。新知识应用案例的引用,大大激发了学生的学习、设计和开发兴趣,多数学生都能通过互联网主动地查询和搜索多种学科的知识,在设计和实现中融入自己的创意与思想。不少学生在实践环节的表现以及其创新的设计思路,超出了原有预期,效果比原来的教学有较大提高。在软件工程思想的理解和实践方面,由于新方案强化了整个软件开发过程的细节考核,学生的设计能力、软件工程能力都有大幅提升,这些都为学生创新创业能力的培养奠定了坚实的基础。唯一需要改进的就是,只有设计更多更新颖的应用案例才能满足学生对知识的需求,这对任课教师的要求也更高。任课教师也需要保持持续改进的动力,不断提升自己。

总之,新工科理念是课程教学改革的发展趋势和目标,如何优化和改革课程教学方法、教学手段以及教学评价体系,是落实新工科培养理念最为关键的环节,需要一步一步脚踏实地。教学团队将根据前期的实施效果,进一步优化整个教学方案,让新工科理念最终融入教师和学生,发挥其最大的效能。

参考文献

[1] 张大良.因时而动 返本开新 建设发展新工科——在工科优势高校新工科建设研讨会上的讲话[J].中国大学教学,2017(4):4-9.

[2] 许涛,严骊,殷俊峰,等.创新创业教育视角下的"人工智能+新工科"发展模式和路径研究[J].远程教育杂志,2018(1):80-88.

[3] 姜晓坤,朱泓,李志义.新工科人才培养新模式[J].高教发展与评估,2018,32(2):17-24.

[4] 骆斌,刘嘉,刘钦.刍议新工科软件类专业的教学建设[J].中国大学教学,2018(3):20-24.

[5] 伍李春,李廉.新工科背景下的计算机通识性课程建设[J].中国大学教学,2017(12): 62-69.

[6] 张铭,耿国华,陈卫卫,等.数据结构与算法课程教学实施方案[J].中国大学教学, 2011(3):56-60.

[7] 陈涛,邵云飞.《华盛顿协议》:内涵阐释与中国实践——兼谈与"新工科"建设的实质等 效性[J].重庆高教研究,2018(1):56-64.

翻转课堂模式下数据结构课程的教学方法改革与实践

刘　志　刘端阳　黄　伟

浙江工业大学计算机科学与技术学院、软件学院,浙江杭州,310023

摘　要:数据结构课程是计算机专业重要的核心基础课,如何在有限的课时内完成繁重的教学内容,同时通过对各种数据结构的编程实现,使学生全面深入掌握该课程一直是专业教师面临的挑战。本文采用翻转课堂教学模式,将数据结构中的核心知识点制作成微视频,结合课上、课下学习互动,将课内的难点知识转化分布在课前预习、课内讨论、课后巩固各个环节上,从而激发学生的学习热情,缓解课堂教学的过度讲授,增强学生的自我学习能力,建立"以教师为主导,以学生为主体"的新型教学关系。从目前的实践来看,这种教学方式得到学生的广泛认可,教学效果良好。

关键词:数据结构;翻转课堂;混合教学模式;微视频

1　引　言

数据结构课程是计算机专业的一门重要的核心基础课程,不仅是进行高效程序设计、软件系统开发的重要基石,也是计算机专业后续课程如操作系统、数据库系统等课程的重要前导课程,学好数据结构课程无疑对计算机专业的学生具有非常重要的意义[1]。

但由于学生前期的C＋＋编程能力普遍薄弱,对面向对象的编程技术没有很好理解,而数据结构又主要以抽象数据类型、基于C＋＋语言进行描述和实现,故而学生难以深入理解各种数据结构类的设计和实现方法;同时,学生又普遍缺乏实际编程能力,使得数据结构课程学习极为困难。数据结构课程已经被学生称为最难的一门课程。

为了解决这个问题,广大教师也在不断探索和实践,为了能够让学生更深入地理解数据结构,很多教师在教授数据结构课程时,都要花费大量的精力来弥补学生在C＋＋编程方面的不足,这也直接导致了数据结构课程在规定课时内很难完成教学任务,课时永远都是非常紧张的。

由于数据结构课程教学内容本身就偏多,为了在有限的课时内教授这些内容,教师在课堂上往往就不得不以讲解为主,学生则主要以听讲为主,从而导致教学过程总体沉闷,学生一旦跟不上老师的思路,就容易分神,进而跟不上进度;加上学生实践动手能力不强,学习不够主动,越来越听不懂,最后就放弃了这门课程。作者在这些年的教学生涯中,碰到的这样的学生实在不少。

如何才能兼顾教学内容,提高课堂效率,又能让学生对这门课程充满热情,主动学习,提高动手编程能力,已经成为一个迫在眉睫的问题了。翻转课堂教学方法就成为解决这个问题的有效手段[2-3]。

2 翻转课堂教学模式

2.1 混合教学模式概念

翻转课堂教学模式是一种主流的混合教学模式。所谓混合教学模式,是指将传统课堂教学与网络学习模式相结合,既要发挥传统课堂教学中教师的引导、启发和监督作用,又要调动学生的积极性、主动性和创造性,尽量实现教学效果最大化。混合教学模式在表面上是传统学习方式和网络化学习的简单结合,但其蕴含更深层次的结合:教学活动中教师占主导地位与学生占主体地位的结合;传统课堂教学与网络学习模式的结合;不同教学媒体形式的结合等。因此,混合教学模式更是教育理念与教学策略层面的变革,具有融合所有教学资源的优势。

2.2 翻转课堂概念

目前,最有效的网络学习模式是通过教学视频或视频公开课进行学习,而融合传统课堂教学和教学视频的混合教学模式中最有效方法是翻转课堂。翻转课堂,顾名思义就是将传统课堂翻转过来,由学生在课外借助网络进行视频学习,而将课堂转变为讨论、练习和答疑解惑的场所[4-6]。翻转课堂的主要特征有以下几方面:

(1)教师由知识的传授者变成学习的促进者和指导者。学生自主完成部分知识的学习,在需要的时候由教师提供帮助和指导,即课堂学习的中心由教师转换为学生。

(2)课堂的主角由单一的教师转换为师生。在传统课堂上,基本是由教师一个人"唱独角戏",与学生的互动只是一个辅助环节;但在翻转课堂上,更多的时间和机会将留给学生,由学生主持、讨论、交流、提问等,而教师则主要扮演推进的作用。

(3)学生由被动接受转换为主动学习。利用教学视频,学生能根据自身情况安排和控制自己的学习。由于视频可以反复多次观看,学生在学习中可以不必因担心遗漏或跟不上节奏而精神紧张,完全由自己掌握学习节奏,对不懂的问题可以通过课堂讨论、网上答疑甚至聊天软件等多种方式寻求解决。

这种学习模式既可以避免学生由于被动学习而产生的厌学情绪,进而增进学生的学习主动性和学习热情;也有效地缓解了教师的教学内容,因为部分教学内容能以教学视频的方式供学生学习,通过课堂讨论而加深理解;同时,一直困扰数据结构课程的 C++编程基础也可以通过教学视频详细展示,避免了课堂上基础内容的过多讲解,减轻课堂教学压力。从这些方面来看,翻转课堂模式不失为一种有效的课堂教学改革方法。

3 翻转课堂教学实践

翻转课堂教学模式应用于"数据结构"课堂,核心的问题是教学视频应该如何制作,哪些教学内容适合制作教学视频,教学视频又如何支撑课堂讨论,教学视频如何解决学生 C++编程基础薄弱的问题,在这些方面我们进行了有益的尝试。

(1)将传统课堂教学内容根据知识点进行拆分,制作 5~10min 的知识点教学微视频,保持知识点独立,通过知识点将整个课程串接起来。目的是让学生对整个数据结构体系有完整、清晰的概念。

(2)针对知识点,制作相应的以 C++语言编程实现的应用案例,演示编程的思路和问题求解方法。目的是让学生学习、掌握面向对象语言实现数据结构、应用数据结构的方法。

(3)构建翻转课堂,尤其是二次翻转课堂,即与现有的翻转课堂模式相比,二次翻转课堂模式首先在课上由任课教师引出学习的内容及目标,提出具体要解决的问题,引导学生对问题进行分析与思考,让学生带着问题进入课下的视频学习环节;知识点独立的教学视频有助于不同的学生进行个性化的学习,然后,学生回到课堂对提出的问题与解决的方法进行分析与讨论,并探索新的解决办法。

目前,我们制作的教学视频主要解决的教学任务是:第一,掌握基本数据结构的存储实现和访问操作,包括向量、链表、列表、栈和队列、二叉树、堆、图等,以及查找、排序、递归等相关算法;第二,培养学生灵活使用这些数据结构和算法解决实际问题的能力,同时了解算法的时间复杂度分析技术;第三,培养学生进行复杂程序设计的能力,课程将增强学生 C++编程能力训练,使之全面掌握面向对象的程序设计方法,养成良好的编程习惯。

因而,针对上述教学目标,我们的实施方案如下:

对知识点进行划分,按照独立知识点制作教学视频,教学视频长度为 5~10min,以简明扼要为宗旨,辅助以 Flash 动画进行演示,达到直观、明了的目的。

第一节

1. 数组的存储与访问方式

2. 动态数组的空间申请和空间管理

3. 动态数组的声明和实现

4. 动态数组的模板实现方法

5. Vector 的应用

学生要掌握动态数组的基本构建方法，理解动态数组的空间申请与管理方法；掌握 Vector 的应用方法，理解模板的概念和使用方法。针对深拷贝、浅拷贝这一专题展开讨论。

第二节

1. 链表的基本结构和创建方式

2. 链表的遍历

3. 链表的插入和删除

4. 链表的归并和拆分

5. 链表应用

学生要掌握链表的基本构建、遍历、插入和删除方法，掌握链表的合并与拆分方法，能够应用链表解决简单工程问题。针对如何反转链表这一专题展开讨论。

第三节

1. 栈的基本结构和创建方式（数组、向量、链表）

2. 栈的基本属性和基本操作

3. 栈的应用

4. 中缀转后缀算法/后缀表达式计算

学生要掌握栈的基本创建、进栈、退栈方法，掌握栈的不同存储结构实现方法，理解栈的基本属性，并掌握利用栈特性实现中缀转后缀算法。针对如何实现浮点数的中缀转后缀算法这一专题展开讨论。

第四节

1. 队列的基本结构和创建方式（数组、向量、链表）

2. 队列的基本属性和基本操作

3. 队列的应用

4. 优先队列

学生要掌握队列的基本创建、入队、出队方法，掌握队列的不同存储结构实现方法，理解队列的基本属性，掌握优先队列实现方法。针对如何实现离散事件动态模拟这一专题展开讨论。

第五节

1. 双向链表的基本结构和创建方式

2. 双向链表的遍历、插入和删除方法

3. 双向链表的应用

4. list 容器

5. list 迭代器的使用方法和构造原理

学生要掌握双向链表的基本创建、遍历、插入和删除方法，理解循环链表的结构和访问方法，理解迭代器的原理和使用方法。针对如何设计、实现迭代器这一专题进行讨论。

第六节

1. 递归算法的基本概念和实现方法

2. 数制转换

3. 汉诺塔

学生要掌握递归算法的基本实现方法，理解递归算法的调用方式和终止方式，理解递归算法的解题思路。针对递归深度这一专题展开讨论，通过汉诺塔动态演示系统展示递归问题的求解过程。

第七节

1. 二叉树的基本概念和表示方法

2. 二叉树的创建、递归遍历方法

3. 二叉树的非递归遍历方法

4. 二叉搜索树的创建、插入、删除方法

学生要掌握二叉树的基本创建、递归遍历、非递归遍历方法，掌握二叉搜索树的插入和删除方法。针对二叉树旋转 90°递归打印、正向递归打印这一专题展开讨论。

第八节

1. 二叉平衡树

2. 2-3-4 树创建方法

3. B 树创建、插入和删除方法

4. 红黑树的创建和更新方法

学生要掌握二叉平衡树的基本调整方法，2-3-4 树、B 树、红黑树的基本创建和更新方法。针对 B 树、B＋树的创建和平衡调整这一专题展开讨论。

第九节

1. 图的基本结构(无向图和有向图)

2. 图的基本表示方法

3. 图的基本遍历算法(深度、广大遍历)、插入和删除算法

4. 最短路径算法

5. 最小生成树算法

学生要掌握图的基本表示方法和图的两种遍历方法,掌握图的应用算法——最短路径算法、最小生成树算法等。针对图最短路径算法这一专题展开讨论。

在具体实践过程中,教师还要根据学生的实际学习情况,调整教学内容和学习深度,对所制作的视频也需不断深化改进。为制作这些学习视频,数据结构教学团队反复讨论、修改,再根据知识点的划分,分工合作,先制作一个知识点的教学视频,讨论修改后,确定视频格式、形式、时间长度,以此为基准,分头制作教学微视频。教师将制作好的教学微视频及时发布到教学网站,供学生学习讨论,并根据学生的意见和建议及时修改;在课堂上,教师逐步引导学生展开讨论,在讨论过程中逐步提炼讨论主题、讨论形式。

在各知识点教学微视频制作完成后,还要进一步完善相关基于面向对象语言的数据结构应用案例实现视频,提升学生的编程能力。在相关视频制作完成后,全面展开翻转课堂、二次翻转课堂,进一步总结翻转课堂教学的融合程度,逐步完善各个教学环节。

通过这样一个循序渐进的制作过程,我们逐步形成了比较完备的基础知识点教学微视频,结合翻转课堂的教学实践,进一步优化翻转教学内容,从而全面提高学生能力。从目前学生的反馈情况来看,学生对数据结构基础知识的掌握程度明显提升,编程能力也大为提高。

4 总 结

翻转课堂教学模式是当前信息化教学改革探索的创新应用,是一种"以教师为主导,以学生为主体"的新型教学关系,它颠覆了传统的"教师讲授+学生作业"模式,取而代之的是"课下获取知识,课上内化知识"的教学模式,将教师从反复讲解中解脱出来,将有限的课堂时间分配给最重要的课程内容,提高了课堂教学质量。正是通过对课程内容设计、组织相关教学活动,课堂上协作讨论等方式,充分调动学生的学习积极性,活跃了课堂气氛,进而达到更好的教学效果。

参考文献

[1] 张铭.计算机教育的科学研究和展望[J].计算机教育,2017(12):5-10.

[2] 张向东.混合模式教学实践探索[J].计算机教育,2017(5):61-65.

[3] 曹晓静.基于微课的实践类课程翻转课堂教学模式研究[J].计算机教育,2017(10):123-126.

[4] 唐艳琴,陈卫卫,鲍爱华,等.数据结构 MOOC 课程的设计与建设[J].计算机教育,
2018(2):95-99.

[5] 楼吉林,胡建华.算法分析课程开放式课堂教学模式探索[J].计算机教育,2017(3):
103-105.

[6] 林克正,刘彦君,金恩海,等.基于翻转课堂理念的计算机组成原理教学研究[J].计算机
教育,2016(4):117-120.

后 MOOC 时代背景下数据库课程群教学改革研究①

陆慧娟②　高波涌　关　伟　何灵敏　尤存轩

中国计量大学信息工程学院、现代科技学院，浙江杭州，310018

摘　要：大型开放式网络课程（MOOC）的飞速发展给数据库课程群建设带来了巨大的影响。只有对传统教学理念、教学方法和教学手段进行改革，才能适应当前时代的新需求。数据库课程群是计算机专业的重要课程之一。本文分析了 MOOC 的缺点和"后 MOOC 时代"的特点，提出了后 MOOC 环境下基于项目的混合式教学模式构建和教学体系，着重介绍了"数据库系统原理"课程线上和线下教学活动的详细设计，并提出了基于过程考核的考评机制。实践表明，后 MOOC 环境下的新教学模式有效提升了教学质量，受学生欢迎。本文最后也分析了数据库课程群建设有待改进和提高的内容。

关键词：数据库课程群；后 MOOC 时代；混合式教学；翻转课堂

1　引　言

大型开放式网络课程（massive open online course，MOOC）在 2008 年起源于加拿大，2012 年以变异形态和隐性商业利益在美国硅谷兴起了 xMOOC，并迅速成为高等教育改革和在线教育实践的热点[1]。经过一段时间的研究和实践，人们发现 MOOC 在实际应用中存在一些问题：

（1）教学组织形式是传统课堂教学的翻版，以结构化的知识传授为主，因此继承了传统课堂教学的优点和不足，这种学习方式并不适合分布式认知和高阶思维能力培养。

①　资助项目：浙江省高等教育教学改革项目（jg20160071）；教育部产学合作协同育人项目；中国计量大学校立教改项目（HEX2016006）；浙江省示范性中外合作办学项目。

②　作者简介：陆慧娟（1962—），女，教授，浙江省高校教学名师，主要研究方向为机器学习、大数据分析、数据库应用等。

（2）MOOC 程式化的教学模式单一，教学设计简单，既没有分类、分层的教学目标分析，也没有针对多种学员对象的需求分析，难以适应高等教育众多学科和不同类别课程的具体要求。

（3）现有的 MOOC 技术平台与以往网络教学平台相比，自身尚处于初级阶段，还有很多地方需要发展完善，因此不能因单门课程的注册学员多而过度夸大其平台的教育性和技术性功能。

（4）与以往的开放远程教育系统相比，MOOC 平台仅涉及课程教学层面，缺乏数字化教学资源库和与其他教学及其管理平台的数据交换共享等。为解决上述问题，各国研究人员进行了各种探索，现已进入"后 MOOC 时代"，教学层面逐渐融入网络教学，办学和管理层面逐渐回归到开放远程教育，教学改革方面重新关注混合教学，研究层面推进泛在式在线教育的理论、技术、组织、应用、评价、保障等体系的创新。

数据库技术是信息系统的核心技术，也是计算机科学领域中发展最快、应用最广的重要领域之一[2]。无论是网站制作还是软件开发，后台都必须使用数据库存储和处理数据。中国计量大学数据库课程群包括计算机专业的"数据库系统原理""数据库应用技术""数据库课程设计"，中外合作办学计算机专业的"数据库原理及应用""数据库课程设计"。数据库课程群是计算机专业的重要基础课程，该课程群理论性很强，发展迅速，且对学生的实践动手能力要求较高，是一门集理论、实用、操作和创新于一体的综合性课程。但是相对于其他计算机专业课程，很多高等院校在教授该课程群时还是更偏重理论教学，对数据库的具体技术要求较低，不注重培养学生的实际操作能力，使学生不能将该课程更好地应用到实际问题中。随着大数据时代的到来，许多新技术对数据库课程群的教学提出了新的挑战，需要将数据库技术与其他新的技术相结合。熟练掌握和运用数据库技术不仅是计算机专业学生的基本要求，也是许多非计算机专业学生的必备技能。

数据库课程群是集理论性、实用性、操作性、创新性于一体的综合课程。然而目前大多数高等院校在该课程的教学过程中主要强调数据库理论知识的完备性，对具体的数据库使用技术介绍相对较少，使学生不能将所学知识融会贯通并应用到实际的工程背景下面，无法有针对性地解决实际软件工程中数据库所遇到的问题[3]。"大数据""云计算"等新技术对数据库的教学提出了新的挑战，我们更需要在教学实践中融入新的思路和技术。高等院校数据库课程的教育目标是培养社会需求的数据库应用人才，是以学生为本的，这就要求培养的学生既具有扎实功底，又善于灵活运用、富于创新。如何解决 MOOC 存在的问题，发挥其优势以及克服数据库课程群教学中碰到的实际挑战，开展后 MOOC 时代背景下的数据库课程群教学改革，是十分迫切的。

2 后 MOOC 环境下基于项目的混合式教学模式构建

2.1 数据库课程群教学 MOOC 的选择

目前国内 MOOC 平台基本覆盖了计算机学科的所有基础及专业课程,而数据库方面都是围绕这门课程开设的不同难度梯度、不同软件环境的数据库类课程,如好大学在线等。笔者采用的是玩课网的在线平台,自 2014 年开始,与浙江财经大学、浙江农林大学、浙江传媒学院联合,跨学校组建数据库原理及其应用技术课程群(课程群包括数据库系统原理、数据库应用技术和数据库课程设计,现已完成前 2 门课程)建设团队,包括主讲教师团队、线上教学支持团队,以及技术支持、协同创新团队,开始数据库课程的 MOOC 课程建设。制订课程建设计划,包括对每个章节、每个环节的建设内容、建设负责人、建设期限进行合理安排和细化。基于玩课网平台,完成本课程群教学视频、在线测试、单元测试、课堂考试、讨论区等的第一期建设,并投入教学使用。

2.2 数据库课程群的后 MOOC 教学体系

图 1 为数据库课程群的后 MOOC 教学体系,主要包括三个阶段:学生线上分组学习、教师答疑;项目驱动、理论精讲;翻转课堂、应用实践。在实施过程中,采用大班理论教学、小班实验和分组实践的教学形式,转变教师角色(比如讨论辩论的主持人、点评人,项目设计过程中的客户经理,项目设计的引导者),突出学生主体地位。[4] 课堂项目驱动教学,来源于建构主义学习理论,即师生通过讨论共同研究并实施完成一个具体的"项目"工作而进行的教学活动,既是一种课程模式,又是一种教学方法。结合专业学情,课题组以案例的形式作为学生的综合实践项目。教师对学生进行多方面的指导,主要包括竞赛、创业、创新和科研指导;学生可以选择参与不同的项目,如竞赛项目、企业委托项目、教师科研项目和课程案例等。

学院成立数据库创新实验室,进行传帮带工作。重视实践教学,与企业产学合作,申请成功教育部高教司"基于玩课网的产学合作协同育人实践基地建设"项目,开设玩课网实训平台实践项目 3 个,项目分别是"星星书屋图书购买和管理软件""使用 SSH 实现 J2EE Web 项目""OFO 用户管理系统",其中实践项目将由指导教师分小组进行项目的实战开发,包括小组组建、任务分工和协调、项目管理等环节,以此巩固相关的技术和体验完整的项目开发过程。同时,鼓励学生参加软件外包服务创新竞赛等与实际企业项目接轨的相关比赛,提升学生的开发能力。

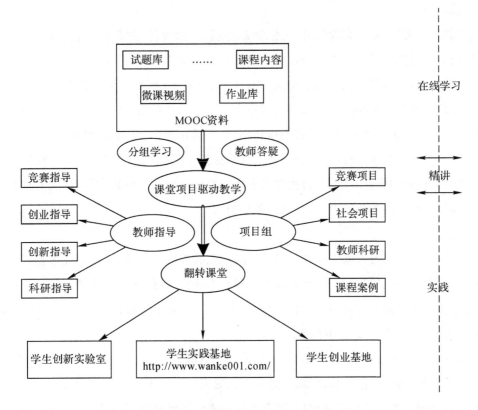

图 1 数据库课程群的后 MOOC 教学体系

2.3 "数据库系统原理"线上和线下教学活动设计

"数据库系统原理"从教学体系上分为四个模块:基础篇、设计篇、系统篇和新技术篇。每个模块按照内容特点和教学目标,采用不同的教学形式,提高教学效果[5]。

(1)基础篇

主要教学内容:包括数据库基本概念、基本原理的教学,涉及数据模型、数据库三级模式、数据库系统的组成等内容;关系模型的三个要素,即关系数据结构、关系的完整性约束和关系的操作(关系代数、关系数据库标准语言),以及关系数据库系统的查询优化等方面知识。

教学活动设计:线上主要是基本概念、基本原理的理论教学,并拍摄成语言简洁、概念叙述精确、条理清楚的教学视频,供学生学习和复习,并设计有针对性的在线测试题库,便于学生自测学习效果;线下主要在课堂教学环节,教师通过课堂测验,完成对学生学习效果的检测;组织讨论,促使学生对概念原理准确、深刻的理解;拓展实践练习,提高学生的数据库操作能力、编程能力和管理能力。

（2）设计篇

主要教学内容：包括数据库设计概述、需求分析、概念设计、逻辑设计、物理设计以及数据库的实施与维护等，重点掌握数据库的概念设计及数据库的实施与维护。

教学活动设计：该部分教学内容分为方法论、教学案例、项目实践三部分。线上主要将"方法论＋教学案例"部分拍成内容规范、重点突出的教学微视频，以供学生学习数据库设计防范和步骤。线下主要将学生分成若干项目小组，在课外进行项目调研分析，线下课堂教学中，教师主要是组织学生进行讨论，引导学生进行探究，鼓励学生进行团队协作，激励学生进行业务流程的优化和模式的创新，再由学生团队完成整个项目的分析和设计，并对成果进行答辩，培养学生的实践创新能力、系统全局思维能力。

（3）系统篇

主要教学内容：包括数据库恢复技术、并发控制、数据库安全性、完整性及数据库管理系统。重点掌握恢复的实现技术、并发控制的实现技术、统计数据库安全性及完整性控制等内容，使得学生具备数据库管理、维护、性能监控和优化、安全控制和管理等能力，并通过数据库管理系统（DBMS）平台的运用具备这些能力。

教学活动设计：线上主要将概念、技术理论教学内容以及基于DBMS平台的操作流程，拍摄成步骤清晰、操作规范的微视频，引导学生在数据库管理平台进行实际操作。线下主要以实验方式完成。教师设计实验题目，指导学生在实验课堂里进行演练，并在自己的项目里加以实际应用，教师只需在实验环节和项目实践中进行指导即可。

（4）新技术篇

数据库的发展时间不长，但发展速度相当快。该部分内容主要包括数据库领域理论和技术研究的新进展，以及数据库应用领域的现状和发展趋势，使学生对数据库发展的前沿有感性的认识。

教学活动设计：线上主要以学生自主拓展学习为主要形式。课程教学团队在网络平台放置拓展学习的资源以供学生自学；线下要求学生课外撰写"数据库技术研究、发展与应用"相关的课程论文，在课堂上，由教师选取适当数量的报告，由学生进行演讲。

3 建立过程性考评机制

建立一个在项目案例支撑下，注重学生知识结构、创新意识、团队精神等多种因素的重实践的多维度评价和考核体制，建立动态反馈机制，整合出一套以考核自主学习和主动创新能力为主，以过程跟踪取代单一的按考试成绩比较优劣的多维且具动态导向作用的科学可行的综合素质测评体系。

本课程主要考核学生的思辨能力、互助合作能力、实践操作能力以及系统设计能力,考核的目的在于提高学生的学习兴趣和竞争意识,提升课程的理论及实验成绩。具体的实施过程考核分知识考核和能力考核两大体系。知识考核中,MOOC 单元测验占 10%,理论考核占 50%。能力考核中,小班讨论的表现占 10%,MOOC 网上学习占 10%,实验综合项目验收和答辩占 10%,综合实验报告占 10%。

4　教学效果分析与反思

4.1　传统模式与混合模式的教学成效比较

笔者将该模式应用于 2014 级、2015 级和 2016 级计算机专业(包括中外合作办学)的"数据库系统原理"课程教学,与"大班上课,小班讨论"有机结合,教学效果良好。在整个教学过程中,根据学生程度以及本课程的教学特点和教学内容设计教学活动,引导学生充分利用 MOOC 资源进行线上和线下的混合模式学习,在学生学习兴趣、思维能力、个性化学习、表达能力、实践能力、合作能力等方面均产生了好的变化。通过与学生交谈和对 2014 级学生无记名问卷调查发现,91.6% 的学生对后 MOOC 环境下的教学模式予以肯定。期末做出的分小组数据库系统是循序渐进的,每个学生都分工参与其中进行设计和编程,86% 的学生认为自己的动手实践能力提升效果显著,期末各小组分别完成了教务管理系统、图书管理系统、网上商店管理系统等小型数据库管理系统,组内成员在分组汇报时,清晰地报告了整个学期从理论到实践的学习内容,合作互助能力显著提高。

笔者指导计算机专业学生参加各类竞赛并获得优异成绩,获得多项专利和软件著作权。如何卿、张润民等的"鹰眼"成功申报 2017 年国家级大学生创新创业训练计划项目。指导学生完成实验室项目多项,其中"中国计量大学校内社交 App"项目验收结果为优秀,学生发表相应的软件著作权近 10 项。

中国高校计算机教育 MOOC 联盟质量规范工作委员会主任、哈尔滨工业大学计算机学院教授、黑龙江省教学名师战德臣对课程进行了评价,认为我们的课程共享范围较广,应用模式较多,线上线下应用结合效果较好,是一门高质量的、受师生欢迎的在线开放课程。目前本课程在线注册人数近 7000 人,学生反映良好,已被安徽信息工程学院、北京工商大学、北京工业大学耿丹学院、广东技术师范学院天河学院、湖州师范学院、江苏师范大学、江苏信息职业技术学院、乐山师范学院、南京旅游职业学院、宁波大红鹰学院、衢州学院、新疆大学科学技术学院、浙江安防职业技术学院、浙江财经大学东方学院、浙江海洋学院东海科技学院、浙江科技学院、重庆文理学院、重庆交通大学等 28 所省内外高校引入使用,高校选课总人数达到 3710 人(截至 2018 年 6 月 30 日数据统计)。

4.2 "数据库应用技术"MOOC 课程建设覆盖的全面性有待加强

数据库课程群 MOOC 平台拟包含 SQL Server 与 Oracle 两种常用数据库平台的教学,教学内容包括系统安装配置、系统管理、PLSQL 开发等内容。目前已建成基于玩课网的 MOOC 平台,其数据库管理系统以 SQL Server 2012 为蓝本。Oracle 数据库管理系统的教学内容正在建设中,尚未完成视频录制。教学形式以机房上机为主,理论讲解为辅。每次上机,学生从 BB 网络教学平台下载 2 份资料,第一份是案例练习内容,有详细的步骤和介绍,学生跟着文档一步步边学边做,教师在上课的前 20 分钟会对第一份材料进行讲解。第二份是独立实验内容,案例核心知识点与第一份一致,但案例内容有所修改,没有详细的步骤,只有问题描述,旨在锻炼学生的知识迁移能力和独立思考能力,最后要求学生上交第二份独立实验的结果。利用校企合作育人平台提供数据库设计案例,学生先模仿练习,再达到独立编程。"数据库课程设计"采用每人一题,单独验收答辩的形式。

4.3 需要建设一个 MOOC+SPOC 混合式实验教学平台

实验教学是促进学生深化知识理解的重要手段,数据库课程群是一类实践性非常强的课程,它不仅让学生能够灵活运用数据库理论知识思考问题,而且注重培养学生分析和解决实际复杂工程问题的能力。需要建设一个 MOOC+SPOC 混合式实验教学平台,为师生提供一个互动学习的途径。这不仅仅是因为数据库实验平台的特殊性,也是对传统实验教学的一个补充,摆脱以往课堂实验课一直面临的痛点,同时为教师和学生减少额外的负担。增强实验环节与小班讨论的结合,以项目组讨论的形式巩固知识点,并促进数据库开发能力的培养。

5 结 语

本文对后 MOOC 环境下,数据库课程群的教学改革进行了分析设计,采取新的教学策略和方法,结合教学实践,将该模式应用到计算机专业的数据库课程群。利用丰富生动的网络教学资源,建立线上 MOOC 和线下课堂教学结合的项目式混合教学模式以及基于过程性的考评评价机制,以期最大限度地提升教师的教学质量和学生的学习效果,期望课程的影响力越来越大。

参考文献

[1] 刘小琦.基于 MOOC 平台的翻转式课堂在数据库课程中的教学改革与探索[J].信息记录材料,2018,19(3):150-151.

[2] 杨丽,何红霞.MOOC 环境下的混合式教学研究——以"数据库原理及应用"为例[J].电化教育研究,2017(11):115-120.

[3] 奎晓燕,杜华坤,刘卫国,等.基于 MOOC 理念的数据库课程实践教学改革[J].软件导刊,2016(10):183-184.

[4] 陈一明."互联网十"时代课程教学环境与教学模式研究[J].西南师范大学学报(自然科学版),2016(3):228-232.

[5] 李雁翎.计算机教育改革新形态:MOOC＋SPOC[J].中国大学教学,2016(12):56-58,71.

工程教育背景下面向对象程序设计课程的建设和探索[①]

彭　勇　秦飞巍

杭州电子科技大学计算机学院,浙江杭州,310018

摘　要:计算机科学与技术从诞生之初就将程序设计作为其研究的重中之重。随着信息技术的不断发展,计算机已经渗透到社会的各个领域,成为人们学习、生活、工作等各个方面的必需品。因此,社会对高校计算机专业人才培养提出了更高的要求。面向对象程序设计语言类课程作为计算机专业学生必须掌握的基本技术,其培养质量的优劣直接影响该专业学生的基本素质及能力。然而,受制于传统的教学方式,如今,面向程序设计语言类课程教学培养的学生越来越多地存在"高分低能"现象。如何针对面向程序设计语言类课程性质,设立科学、有效的培养方式,综合提高学生应用开发语言的能力,更加有效地调动学生的学习主动性与积极性,已成为一个非常重要的研究课题。本文综合面向对象程序设计课程体系各课程的重心,从培养学生综合分析能力和创新能力出发,以该类课程建设为主线,构建课程实践教学的体系框架,通过课程教学内容、实践环节、教材建设、教学方法与教学手段改革、考试方法改革等方面进行研究和实践,实现学生综合素质的提高和创新能力的培养。

关键词:工程教育;面向对象程序设计;实践教学;资源建设

1　引　言

随着十多年我国高等院校的大规模扩招,本科教学的质量问题受到社会各界和各级教学主管部门的高度重视。如何保障和提高本科教学质量成为教学研究的焦点和热点问题。教育部与财政部自 2007 年联合启动了"高等学校本科教学质量与教学改革工程",重点推进

① 资助项目:浙江省教育科学规划研究课题(2017SCG003);杭州电子科技大学计算机学院高等教育研究课题(XYGJ201704);杭州电子科技大学高等教育研究课题(YB201728)。

工程技术等领域的专业认证试点工作,逐步建立适应职业制度需要的专业认证体系,是"质量工程"的内容之一,也是推动我国工程教育与国际接轨,更好地适应经济社会发展需要的重要举措。

在国家在各个行业推进"互联网＋",鼓励大众创业、万众创新的时代背景下,面向对象程序设计作为训练学生程序设计思维与能力的基础课程在计算机类专业培养计划中占有非常重要的地位[1-2]。同时软件行业的蓬勃发展也将面向对象程序设计系列课程推向了非常重要的位置。我校工科专业学生主要以 Java、C＋＋、C♯平台为主线[3-4],培养学生的软件开发能力,最终支持培养目标的达成。这既是现实的需要,又符合工程认证的理念以及课程建设的宗旨[5]。

面向对象程序设计系列程序课程的建设标准,最终还是要基于学生的培养目标确定,从工程认证的理念和宗旨,从复杂工程问题解决能力目标培养这个角度,理清课程建设目标,建设标准,使得该类课程建设更好地支持学生培养目标的达成。

2 面向对象程序设计类课程现状及存在问题

2.1 面向对象程序设计系列课程体系结构及现状

工科专业开设的面向对象系列课程主要包括"面向对象程序设计""面向对象程序设计应用开发基础""Web 前端开发技术""移动平台程序设计"等。这些课程为培养学生熟悉面向对象程序设计开发平台,能熟练地进行网络编程奠定了基础。

当前工科专业培养计划中面向对象程序设计系列课程的相关学分和学时分配情况如表 1 所示。

表 1 面向对象程序设计系列课程的学分和学时分配

课程	学分	学时	选修/必修	学期
面向对象程序设计	3.0	54	必修	4
Web 前端开发技术	3.0	54	选修	5
移动平台程序设计	2.5	46	选修	6
面向对象程序设计应用开发基础	3.0	54	选修	7

2.2 面向对象程序设计系列课程体系建设中存在的问题

根据工程教育专业认证标准中关于课程体系的建设指标以及工科专业面向对象程序设计系列课程的建设现状,当前面向对象程序设计系列课程建设所呈现的主要问题有:

（1）课程设置和目标培养

工程教育专业认证标准中培养目标的确定主要有：具有分析、解决复杂工程问题的能力和较强的工程实践能力；具有团队精神、组织沟通能力、终身学习能力等。

由于这 4 门课程大多是选修课，所以在目标培养和能力达成方面会有影响，可以考虑把 Web 前端开发技术设成限选课。

（2）面向对象程序设计系列课程实践教学环节设置

如表 2 所示，现有面向对象程序设计系列课程实践教学环节学时偏少，可以加大实验环节设置和课程设计等大作业任务的比例。

表 2　实验课程情况

课程名称	实验学时	实验项目学时	必做实验学时	综合设计实验学时
面向对象程序设计	14	7	7	2
Web 前端开发技术	16	8	5	1
移动平台程序设计	12	6	5	1
面向对象程序设计应用开发基础	20	9	9	1

此外，面向对象程序设计课程实践环节中课程设计的设置不合理。现有课程体系设有面向对象程序设计课程设计，但从学生反馈的情况、工程教育的目标培养要求以及学生毕业的反馈信息来看，设置面向对象程序设计课程设计的时间改成 Web 前端开发技术学习完成之后，这样可以使得课程设计的实践性教学达到更好的效果[6]。

3　面向对象程序设计类课程建设方案探索

实践类课程体系在工程教育中，特别是对于解决复杂工程问题的能力培养举足轻重。为此，推动面向对象程序设计课程体系的教学内容改革的核心就是突出并加强实践教学环节，具体改革内容介绍如下：

3.1　教学模式改革

根据面向对象程序设计编程技术理论教学与实践教学的内容以及学生掌握基础知识的程度，以项目为驱动，在实际项目中设定需完成的规定内容及提炼出创新性教学内容，将实际项目中与面向对象程序设计编程技术相关的内容与面向对象程序设计编程技术教学相结合，真正实现面向对象程序设计编程技术教学的重心在于提高学生解决问题的基本技能、项目实践能力和项目意识的培养。

将传统的以知识点讲解为主的教学模式更改为以案例驱动的教学模式，其间不仅涉及授课内容的改革,还包括实验、作业及课程设计,所有内容都围绕着企业开发案例进行。

3.2 教学支撑系统的设计

(1)教学案例的收集

教学案例来自高校或企业,教师需深入企业进行调研与学习,随相应的项目开发小组一起从事项目的研发工作并收集相关的教学案例,并以此作为背景进行案例驱动式的教学。教学改革的关键问题在于实际项目的选择,选择项目需要注意实际项目要从企业中来,要有很强的实用价值;实际项目中要尽可能多地囊括面向对象程序设计编程技术涉及的关键知识点;需考虑面向对象程序设计编程技术知识点在实际项目中应用的先后顺序,以便学生对各知识点的掌握。

(2)教学案例分析与整理

企业案例不一定涉及教学上的所有关键知识点,所以需先列出教学中的关键知识点,然后对案例进行分析、整理、扩充等一系列工作,在修改扩充案例的时候,特别要注意知识点的前后及衔接,要充分考虑如何让学生更好地接受。比如在 Java 基础知识部分,可以选取 C++使用过的案例(企业人事管理程序)对照讲解;在 GUI 部分,可以选取计算器作为案例来讲解;在 Socket 编程部分,可以选取聊天程序作为案例;在 JDBC/ODBC 部分,可以选取学生成绩管理程序作为案例等。

(3)教学资源网站的建设

面向对象程序设计编程技术的学习过程很大一部分在于学生自己的学与练,建设教学资源网站,集成面向对象程序设计编程技术的案例开发过程,以及讲义、实验、新案例、习题、多媒体课件等教学资源,为以后开发教学资源辅助软件做准备。

教学案例与资源库的建设并不是将资源简单地堆积,而是以一种或多种组织形式有规律地去组织资源。建设一个好的资源库不但要考虑资源库的教育性和系统性,还应进行科学的分类,以达到检索资源方便、快捷、高效的效果。

综上所述,资源库建设的规划与设计要遵循以下三个原则:

• 资源的教育性原则。资源库建设的核心功能是为学习服务,其建设的最终目的就是要最大限度地发挥其供学生学习的功能,因此教学资源库的建设要遵循现代教育教学的客观规律,其规划与设计要考虑到教师教学和学生学习的特点和需要。在面向对象程序设计资源库的建设过程中,应该了解大多数面向对象程序设计学习者在学习过程中存在的问题,即理论不能与实践相结合,因此不仅要将理论知识与实践知识依次列出来,还要将两者有效地融合,达到学以致用的效果。

• 资源的系统性原则。资源库内的所有资源个体不是相互独立的,而是相辅相成、相互关联的。应结合文本、图片、视频等有效资源共同进行,使其成为针对知识点的整体教学资源,以便教师和学生使用。在面向对象程序设计资源库的建设中,将面向对象程序设计知识以文本、图片、视频的形式展现出来,可达到良好的学习效果。

● 分类的科学性原则。对资源库内的资源进行科学合理的分类和组织,提高资源的利用率。一般可按照资源类型如文本类、图像类、音频类、视频类等进行划分,也可按理论知识、应用知识等划分。在对资源进行分类和组织时要遵循资源的系统性原则,使所有资源以知识点、学习专题等形式联系成为一个整体。资源库分类的科学可帮助用户方便、快捷地检索到自己所需要的资源,在面向对象程序设计学习资源库中,学习资料是按文本、图像、视频进行划分的。

以学习资源为一个新闻发布系统为例,首先构造出静态网页原型,功能为后台管理模块(标题录入、文件上传)与新闻前台显示模块(各级标题下的新闻显示),依此内容可先将静态网页的设计与实现融入系统开发中,使学习者学会静态网页的制作与编程,使用集合类存储新闻标题,掌握集合框架的使用。然后将静态网页改写为动态网页,将 *.html 改为 *.jsp,即用 JSP、ASP 进行动态网页开发,随后将 Servelet、Bean、EJB 等内容逐步添加进去。经这一步学习可将动态网页的设计与实现融入系统开发中,使学习者掌握动态网页的特征及相应的开发技术,了解动态网页与静态网页的区别,同时进一步熟悉面向对象程序设计编程技术在案例中的实际应用,再由此扩展到利用 ODBC 连接数据库,实现新闻一级标题的增、删、改、查;可以使学习者深刻理解 JDBC 原理。最后将整合后的所有资源,即软件部分、课件部分、视频部分、学习文档、练习题等几个部分放入教学资源网站中供学习者学习。

4 面向对象程序设计类课程实践环节建设与改革

面向对象程序设计实践课程改革可先形成讲义、实验、案例、习题等教学资源资料,在此基础上经过不断地修改,后续形成案例驱动的面向对象程序设计编程技术讲义。通过模块组装教学法,在程序设计中,每个模块的研发和改进都独立于其他模块的研发和改进。这些模块之间的相互作用就形成了系统的所有功能。模块化不仅仅只是针对编程工作,也可以在开发流程、项目管理、团队组织等方面进行有效的实践。在教学实践中,引导学生把功能复杂的程序尽量划分为数量恰当、功能明确的子模块,学会将任务分解,逐个解决,提高工作效率。

4.1 验证性实验

首先由教师编写面向对象程序设计语言程序实验指导书,按照教材所对应的知识点和实验步骤进行实验,学生仅仅是通过编写简单的程序设计来验证实验结果。例如,JDK 环境的安装和开发环境 Eclipse 的熟练使用,基本语法的应用,类与对象的简单设计,Math 等常用类的应用,用户界面编程,多线程等。验证性实验可以让学生了解面向对象程序设计语言的基本语法、概念,以此来培养和提高学生的基本编程能力,强化各个知识点。一些验证性实验可以让学生利用课余时间来完成。

4.2　设计性实验

设计性实验是指由教师根据学生验证性实验完成的情况,来给出具体的项目需求,要求学生根据面向对象程序设计语言的基本语法来设计实验过程,编写面向对象程序设计程序,最后根据实验完成情况来填写实验报告的过程。学生首先要分析设计性实验项目的需求,创建需求模型,编写算法,最后编写面向对象程序设计程序完成设计性实验。该阶段实验可以充分地提高学生解决实际问题的能力,可以为下一阶段的实验打下良好的基础。在该实验阶段中,学生 3～4 人为一组进行开发,按照软件工程的开发流程来完成,可以培养学生相互合作的能力。

4.3　综合性实验

综合性实验是以设计性实验为基础的下一个阶段的实验,教师要给出多个可供学生选择的实际项目题目,用面向对象程序设计语言进行开发,运用与其相关的计算机课程,比如软件工程、UML 建模语言、数据库、数据结构、算法设计与分析等相关学科的知识,来完成该阶段的实验。综合性实验可以培养和提高学生独立进行需求分析、算法设计、代码实现、编写文档的能力。该阶段的实验结合我校的开放式实验室题目,可以让学生真正体会到 IT 企业中开发项目的流程,对于以后早日实现角色转换具有非常重要的意义。综合性实验主要是学生在教师的帮助和指导下利用课余时间来完成。

4.4　综合性课程设计

网络编程旨在让学生掌握面向对象程序设计中的 ODBC 编程、Socket 编程、ASP、JSP、EJB、SOA 等相关新知识,课程内容的设置在一定程度上借鉴国内有知名度的一些培训机构的知识体系。通过实战项目,学生可以具有利用面向对象程序设计开发电子商务网站和嵌入式系统的能力。

本课程的设计为教师根据综合性实验完成情况,在每个小组已完成的任务上增加多个功能模块,继续以分组的方式来合作完成。让学生在一个个典型的课程设计的驱动下运用学习的面向对象程序设计语言知识,自主学习和相互合作,完成该课程设计。课程设计的题目除以上题目之外,学生还可以在老师的指导下自拟题目。这些课程设计题目比前几个阶段中的实验项目内容多、难度大,学生可能一时难以理解和动手,所以要求教师能够很好地把握课程设计实验项目的难度,对项目进行概要性的讲解,逐步帮助学生完成课程设计实验项目,培养学生自主学习、相互合作的能力,充分调动学生的学习积极性。

通过完成这些课程设计,学生可以掌握面向对象程序设计语言的知识与技能,也能够锻炼学生的动手能力和解决实际问题的能力。在教师的指导下,学生以分组的方式完成整个课程设计的需求分析、系统设计、详细设计、编码、测试及编写文档的过程,即按软件工程的要求完成课程设计目的。最后,各组必须演示所完成的课程设计并参与答辩,教师可根据学生课程设计完成情况和答辩表现等评分。

5　结　语

工程教育强调培养解决复杂工程问题的能力,将教学方法、教学手段改革与面向对象程序设计课程体系改革有机结合起来,建立以培养学生应用能力和创新能力为中心的教学体系,真正转变以课堂、教材为中心的传统模式。

本文综合面向对象程序设计课程体系各课程的重心,从培养学生综合分析能力和创新能力出发,以面向对象程序设计基础课程建设为主线,考虑其他课程的内在联系和协同共建关系,构建面向对象程序设计课程实践教学的体系框架,并通过课程教学内容、实践环节、教材建设、教学方法与教学手段改革、考试方法改革等方面进行研究和实践,以实现学生综合素质提高和创新能力的培养。

参考文献

[1] 王小平,裴喜龙,卫志华.面向计算机专业的软件开发技术课程集成发现教学法探索[J].计算机应用与软件,2017,34(9):19-26.

[2] 杨瑞龙,朱征宇,朱庆生.引入软件设计模式的面向对象程序设计教学方法[J].计算机教育,2012(10):97-100.

[3] 张小国.C++面向对象技术教学方法与教学实践探讨[J].电气电子教学学报,2018,40(2):85-91,101.

[4] 孙月江,亓春霞.基于SE-CDIO的"软件工程"专业典型实践课程案例研究——以"面向对象程序设计课程设计"为例[J].工业和信息化教育,2017(12):35-40.

[5] 杨佳,谭毅,张敏.基于工程教育专业认证的面向对象程序设计语言课程改革[J].教育教学论坛,2017(50):95-96.

[6] 张少博,张绍阳,张淼艳,等.计算机专业面向对象程序设计课程教学实践与探索[J].软件导刊(教育技术),2017,16(11):51-53.

创新实践型"人工智能"课程建设与实践[①]

秦飞巍　彭　勇　张红娟

杭州电子科技大学计算机学院,浙江杭州,310018

摘　要:随着大数据时代的到来,计算机及人工智能技术迅猛发展,进入我们寻常生活的方方面面。本文尝试在计算机学科中进行创新实践型课程的研发和实践。以学生的学科核心能力发展需求为关键,根据学生的能力发展需求和软、硬件条件的保障为基础,把以科学探究为核心的观察能力、实验能力、思维能力这三种能力的培养作为课程开发的偏重目标,对"人工智能"原有课程进行特色补充,在创新实践型课程的建设和实践中提升学生科学素养。

关键词:个性化教学;创新实践;科学素养;学科核心能力

1　研发背景:多重需求孕育而生

随着高等教育课程改革的不断深入,创新实践型课程越来越受到教育者的重视[1-2]。结合文献搜索、理论学习、多家之长,作者发现目前对于计算机学科创新实践性课程的研究仍存在以下几个问题:首先,当前的计算机学科教材内容因为要照顾到所有地区的学生,教材的内容都是一些基础知识与基本操作技能,这样的编写已滞后于前沿计算机科学技术的发展,同时导致学生的知识水平与能力发展受到限制;其次,现有的计算机学科创新实践型课程的内容设置缺乏系统性、发展性、开放性和多样性;最后,现有的计算机学科创新实践型课程的学习资源和学习平台仍非常有限[3-5],已有的创新实践型课程存在盲目拓展、盲目激趣、指向单一等问题。

鉴于以上分析与考虑,本文以学生的学科素养和学科核心能力的培养为核心,研发计算

---

① 资助项目:浙江省教育科学规划研究课题(2017SCG003);杭州电子科技大学计算机学院高等教育研究课题(XYGJ201704);杭州电子科技大学高等教育研究课题(YB201728)。

机学科的创新实践型"人工智能"课程。这样既可以保证学科本身的系统性与完整性,对原有课程进行特色补充;又可以培养学生的兴趣,拓展学生的视野,提高学生的观察能力、思考能力与动手能力,从而提升学生的科学素养[6]。

2 体系构建:研究基于学科核心能力发展的创新实践型课程

计算机学科创新实践型课程,是以现有的计算机科学教材为载体,借助个性化课程"短小精悍、形式丰富、时空自由"等多种优势,系统研发思维能力型、分析能力型、实践能力型等具有较强创新性的个性化课程,旨在拓宽计算机科学教材的意义空间,挖掘计算机科学独有的文化内涵,以此发展学生的科学思维,提升学生的科学素养[7-8]。

在进行创新实践型课程研发时,要遵循大学生的身心发展特点和实际需求,对照计算机学科的核心能力目标,研发计算机学科的创新实践课程。在保证学科本身的系统性与完整性的同时,对原有课程进行补充和扩展,提高学生的观察能力、实验能力、思维能力、探究能力,从而提升学生的科学素养。其中,思维能力又涵盖了发散式思维能力、聚合式思维能力、创新思维能力等。而观察能力、实验能力、思维能力又涵盖于探究能力之中,如图 1 所示。因此,在研发创新实践型课程的过程中,要以科学探究为核心,培养学生的各种能力为目标,才能真正算是有效的创新实践型课程。

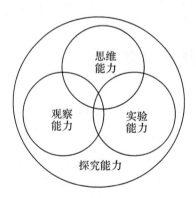

图 1   计算机学科的核心能力目标

2.1 研发原则

在研发创新实践型课程的过程中,要遵循以下几个原则:

•生本性原则:在研发过程中,要充分体现以生为本的理念,强调并尊重学生的主体地位。充分发挥学生的主观能动性,凸显其在课程实施过程中的主角作用。

•层次性原则:要充分尊重学生认知能力的渐进性和认识方法的层次性。在内容的设计上要有层次性,在课程实施过程中要体现给予学生的选择性。

●生成性原则:在创新实践型课程的研发过程中,并不是遵循纲要一成不变的。因为创新实践型课程的内容是对基础性内容的补充。

2.2 研发途径

基于学科核心能力发展的创新实践型课程研发要充分发挥学生的主体地位,在充分调查研究学生学情和能力发展现状的基础上,才能做到有的放矢。然后,制订切实可行的计划。教师团队合作探讨出课程研发的方式,组建团队,小组合作,建立评价机制,做好课程研发实施的组织建设。根据学生学科能力需求和现有条件确定好课程的设定并按照计划实施。利用评价机制进行评价反馈。反馈结果又反过来促进课程研发方向的修正,以保障课程研发和实施的有效性。创新实践型课程的研发途径如图 2 所示。

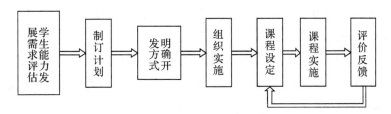

图 2　创新实践型课程的研发途径

2.3 研发内容

在基于学生能力发展的创新实践型课程的研发过程中,本文围绕以科学探究为核心的学科能力,包括发展以观察能力、实验能力、思维能力等为偏重目标的系列课程。当然,这些能力不能独立存在。观察中有实验、思维,实验中有观察、思维,思维又建立在观察和实验的基础之上。

(1)培养以思维能力为偏重目标的创新实践型课程

教育家斯托利亚尔认为:科学教学是思维活动的教学。因此,培养学生的思维力是科学教学的核心。思维拓展型计算机学科微课程,就是对教材进行一定的拓展和延伸,使学生能获得一些源于教材又高于教材的科学知识,锤炼科学思维,感悟科学思想和方法[9]。

比如,结合面向大三学生的"人工智能"一课,我们设计了"基于深度学习的白细胞自动识别"拓展型微课,引导学生探究人工智能和机器学习技术在医学影像分析与处理、疾病的辅助诊疗中起到的重要作用。借此引入话题,大数据时代的深度学习技术相比之前的传统机器学习模型有什么主要区别。以此真实的应用案例引入,探究人工智能和大数据时代的机器学习技术是怎么影响我们日常生活的方方面面的。深度学习的实质,是通过构建具有很多隐层的机器学习模型和海量的训练数据,来学习更有用的特征,从而最终提升分类或预测的准确性。因此,"深度模型"是手段,"特征学习"是目的。这个规律本身对于学生来说是有一定难度的,因此我们设计了"提出问题、探索规律、发现规律和回顾反思"四个环节,层层递进,组织学生在探索中发现规律,在发现后反思成因,逐渐进入问题的本质内核。

在这样的思维拓展型创新实践课程中,学生享受着科学思考的快乐,经历着科学思维提升的过程。

(2)培养以观察能力为偏重目标的创新实践型课程

观察是学生学习的一个重要途径。结合计算机学科特点,我们认为培养学生的观察能力至少涵盖以下几方面内容:学习兴趣、学习动机、学习毅力、学习习惯等良好的非智力因素指导;专注力、记忆力、想象力等科学能力形成的指导;耐心摸索、独立思考等良好学习心理指导等。我们针对每一个领域系统开发短小精悍的个性化创新实践型课程。

比如,针对一些学生学习人工智能算法时走马观花,凭感觉盲目进行,不够深入的现象,我们设计并制作了"图像风格快速迁移"的人工智能微课程。该课程的教学目标是让学生解决如下问题:指定一幅输入图像作为基础图像,也被称作内容图像,同时指定另一幅或多幅图像作为希望得到的图像风格,算法在保证内容图像的结构的同时,将图像风格进行转换,使得最终输出的合成图像呈现出输入图像内容和风格的完美结合。其中,图像的风格可以是某一艺术家的作品,也可以是由个人拍摄的图像所呈现出来的风格。教学难点如下:如何分别表示和提取图像的内容和风格;如何刻画内容和风格上的相似性。图像的内容和风格由于含义广泛,没有严格统一的数学定义,并且有很大程度的主观性,因此很难表示。我们的目的是输出图像可以分别结合输入图像的内容和风格,也就是我们希望结果图像可以在内容上与内容图像相似,在风格上与风格图像相似。

该实验包含如下 7 个主要环节:

①设置随机噪声图像与内容图像的比例;

②设置训练迭代次数;

③设置内容图像与风格图像的权重;

④加载深度神经网络模型及设定均值;

⑤设置需要用到的卷积层;

⑥生成随机噪声图,与内容图以一定比例融合;

⑦给定一张图片,将其输入生成网络,输出这张图片风格迁移后的结果。

学生的部分实验结果如图 3 和图 4 所示。

我们就是以培养学生的观察能力为偏重目标来设计本课例的。实验和思考为观察服务。本课例既是对人工智能教材的丰富和补充,又激发了学生观察的兴趣和习惯,在观察中培养学生的实验能力、思维能力。

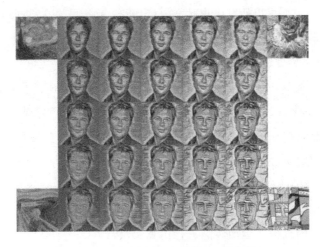

图3 图像风格迁移实验结果（学生甲）

图4 图像风格迁移实验结果（学生乙）

（3）培养以动手能力为偏重目标的创新实践型课程

为培养学生的动手和实验能力，我们设计了"基于 Webots 的仿生机器人开发与仿真实验"微课程。智能机器人技术是人工智能的一个重要发展方向。仿生机器人具有较强的灵活性和实用性，在战地侦查、防灾救险、海洋探测和智慧医疗等领域有着广阔的应用前景。Webots 是一款用于移动机器人建模、编程和仿真的开发环境软件。在 Webots 中，用户可以设计各种复杂的结构，不管是单机器人还是群机器人，相似的或者是不同的机器人都可以很好地交互；也可以对每个对象属性如形状、颜色、纹理、质量等进行自主选择。除了可以在软件中对每个机器人选择大量的虚拟传感器和驱动器，也可以在这种集成的环境或者是第三方的开发环境对机器人的控制器进行编程。机器人的行为完全可以通过现实环境验证，同时控制器的代码也可以实现商业化机器人的移植。

基于 Webots 平台的仿生机器人设计与仿真的主要实验步骤如下：

①在进行仿生机器人设计之前，一方面了解昆虫躯体的组成、各部分的结构形式以及腿部

关节的结构参数;另一方面可以研究昆虫站立、行走姿态,确定昆虫在不同地形的步态和位姿。

②设计机器人本体。机器人在行走过程中,机体重心投影必须落在三足支撑点构成的三角形区域内,当重心靠近边界的时候会使稳定性急剧降低。

③设计仿生机器人腿部结构。腿部机构是机器人的重要组成部分,腿部机构设计的基本要求为:实现运动的要求、承载能力的要求,以及结构实现和方便控制的要求。

④仿生机器人步态规划。保证机器人一半足抬离地面时还能提供三角支撑,并可以在保存机器人静态稳定性条件下允许较快的行走速度。

⑤在 Webots 平台对仿生机器人进行实体造型。

⑥编写相应的运动控制程序。

⑦对仿生机器人的机构和运动性能进行仿真、分析。

实验环境和实验结果如图 5 和图 6 所示。

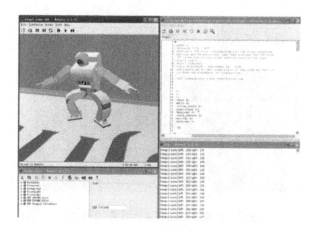

图 5　机器人实验开发环境

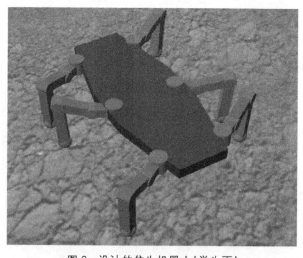

图 6　设计的仿生机器人(学生丙)

学生们很快被各个实验小组开发的各种各样的仿生机器人吸引住了,产生了强烈的探究欲望,接着教师引导学生通过展示典型例子、找规律、猜想、验证,最终理解和掌握智能机器人领域所蕴含的科学知识。

3 平台建设:创新实践型课程的有效实施

3.1 整体规划,量身定制

(1)合理安排时间

我们依据学校课程实施的整体规划和拓展性课程内容,统筹好各个老师和学生的时间,合理安排。我们是在教材原有知识点基础上进行部分内容的拓展,合理安排下星期的创新实践拓展课进行衔接,形成知识的系统性。大多数创新实践型拓展内容,我们安排在每周三下午第 6~8 节课的全校性的"兴趣课程"时间。

(2)合理安排人员

学生根据兴趣与爱好填写志愿,自主选课,学生同指导教师双向选择,同一课程中有不同班级、专业的学生,每班人数不超过 15 人。同时,我们根据教师的专业领域安排上课老师。我们课程组有 10 多位不同研究领域的创新实践课程专业教师,根据教师的研究领域和特长实施课程。比如,执教"图像风格快速迁移"微课程的老师是一位计算机视觉爱好者,研究方向为数字图像处理、计算机动画、科学计算可视化、机器学习等。他主持完成国家自然科学基金 1 项,浙江省自然科学基金 1 项,CAD&CG 国家重点实验室开放课题 1 项,为多个专业的本科生都做过专题培训讲座。

3.2 拓展实践,趣中求知

在实践过程中,我们通过课堂授课、作品欣赏、学生实践、优秀作品分享完成整个教学过程,强调在创新实践中学习知识技能,重视培养学生的创新意识和创作能力。

(1)兴趣激发,调动情感

"兴趣是最好的老师",兴趣是参与活动的直接动力。我们根据学生的身心特点,用生动的实例、生活化的语言调动学生对学习计算机和人工智能技术的积极性,让学生在动手做、动手画、动手拆、动手拍等实践操作中不知不觉地消除对现代实验室仪器设备的陌生感与神秘感。在刚接触创新实践课程时,我们让学生参与学术讲座、IT 企业参观、嵌入式设备和机器人平台搭建等活动,让学生对创新实践拓展课程产生好奇心,从而为后期的深入探索与创作活动奠定良好心理基础[10]。

（2）注重基础，训练思维

我们按比赛的思路和项目组织学习内容，借助具体的技术学习，引导学生有意识地关注实验步骤和思路，注重思维训练，让这门课真正起到提高学生综合素质的作用。在"基于Webots的仿生机器人开发与仿真实验"中，我们采取"欣赏、示范、练习、创作"相结合的方法来组织训练。"欣赏"是指让学生观看并思考教师精心准备的作品或素材；"示范"是指教师演示作品创作的过程，同时讲解相关工具和开发平台的使用方法；"练习"是在教师的指导下模仿制作；"创作"就是要求学生能利用所学过的基础知识和基本技能进行作品创作，通过这四步阶梯式的教学实践，夯实基础，培养技能。

（3）自主创作，凸现创意

在课程实施中，如果长期采用教师示范和学生仿照来教学，必定产生负面的效果。所以从教学的一开始就要让学生树立自主创作的意识，培养他们自主创作的习惯。

3.3　激励评价，不断成长

在评价上，我们采用参与评价、效果评价与作品评价的模式，在评价的主体上取向多元化，对学生的发展起到制约和激励导向作用，使其成为实施创新实践拓展型课程的有效保障。

（1）参与评价

我们在规定的时间里收集评价的原始数据，突出过程性评价，采用自评、互评和教师评价相结合的方法，学生、同伴和教师根据学生的学习态度、课堂参与状况、知识的积累、能力的拓展情况进行评价。评价要打破教师一言堂的做法，重视学生自我评价，让学生对自己在探究中是一个怎样的"过程"有充分认识，体现在方法上，体现在个性中，特别要体现学生的首创精神。我们多采用师生共同讨论的方式，评价的时间也不只是在学习结束之时，而应选择学习过程中的适当时机。

（2）效果评价

效果评价通过创新实践型课程科目考查的方式进行。在学生选修某一位老师的创新实践型课程学习结束时进行科目考查，主要考查学生在课程学习过程中相关知识和技能的掌握程度、发展状况。

（3）作品评价

作品评价对学生在课程学习过程中相关学习领域的技能和特长发展起到导向和激励作用。学生在学习该课程后，可以将相关作品制作发表或进行全校交流展示，积极申请大学生创新创业项目，或参加校级、省级和国家级相关竞赛。

4　总结与展望

创新实践型课程是对基础性课程的拓展和延伸,顺应了时代的发展和学生的能力发展需求,有广阔的发展空间。本文以学生的学科能力发展需求为核心,开发的创新实践型课程既满足了学生个性化计算机科学知识学习的需要,有助于拓宽科学视野,提升科学素养,也满足了教师对于计算机学科创新实践型拓展课程的实践、研究、反思的需要,为师生提供了更广阔、灵活的学习时空。

当然,创新实践型课程的开发与实施是一个长期的过程,接下来还需要教师与学生的共同坚持与努力,在实践过程中不断修正课程目标,改进课程内容,精心编写教材,才能把创新实践课程做实、做大、做强,最终提升学生的科学素养。

参考文献

[1] 付坤,李静,高青,等.高校工科类专业创新实践教育探索[J].实验室研究与探索,2016,35(7):221-223.

[2] 牟蕾.高等院校创新实践教育质量关键影响因素研究[D].西安:西北工业大学,2015.

[3] 李平.电子商务专业创新实践型人才培养体系构建[J].实验室研究与探索,2014,33(3):255-258.

[4] 郑伟南,曲娜,程凤芹.电气信息类大学生科技创新实践能力的培养途径分析[J].电子世界,2014(24):381-381.

[5] 徐晓红,郑志强,卢惠民.构建机器人技术创新实践基地的探索与实践[J].实验室研究与探索,2015,34(3):185-189.

[6] 许正望,童静,吴铁洲,等.基于CDIO的大学生创新实践能力培养方法的探索[J].当代教育实践与教学研究,2017(12):192-193.

[7] 曲娜,郑伟南,程凤芹.基于电子设计竞赛的专业课程改革及创新能力培养[J].电子世界,2014(24):465-465.

[8] 李辉.大学生创新能力培养中的创新实践教育平台建设[J].中国大学教学,2013(9):83-85.

[9] 李金萍,陆玲,刘自强,等.数字图像处理课程实验教学改革探索——在实验教学中培养学生创新实践能力[J].科技视界,2012(7):23-24.

[10] 李娟,陈美娟.提升研究生创新能力的助推器——校内研究生创新实践基地建设的探索与实践[J].中国大学教学,2013(10):76-78.

Python 数据分析基础教学初探

谢红霞　孟学多

浙江大学城市学院计算机与计算科学学院,浙江杭州,310015

摘　要: Python是当今热门的编程语言之一,数据分析是目前信息技术的重要研究方向,因此,用Python做数据分析自然受到了学生的欢迎。我们尝试面向全校Python零基础的学生开课,从Python基础编程到数据获取、数据分析与数据挖掘、数据可视化、数据分析报告这四个数据分析的基本流程展开教学。希望在教学实践中摸索经验,为后续纳入计算基础教学课程群,丰富课程体系做准备。

关键词: Python;数据分析;课程教学

1　引　言

大数据时代已经来临。在商业、经济及其他领域中,决策将日益基于数据和分析,而非基于经验和直觉。哈佛大学社会学教授加里·金说:"这是一场革命,庞大的数据资源使得各个领域开始了量化进程,无论是学术界、商界还是政府,所有领域都将开始这种进程。"

"数据"已然是一种重要的资源,"数据"中蕴含着无尽的能量。如何在海量数据中找寻有价值的信息,成为数据处理的热门技术之一。掌握基本的数据搜集、整理、分析和处理的技术是时代的需求。

Python数据分析基础就是讲授面对一个具体的数据分析问题时,如何获取原始数据,如何组织和存储数据,如何清洗数据,如何分析和理解数据的课程,即解决如何从海量的数据中挖掘出有用信息。

在一个越来越相信用数据说话的年代,不管学生来自哪个专业,都有数据处理的现实需求。例如,法学院的学生希望从党的十九大报告中通过词频分析得出国家发展的政策走向;外语学院的学生琢磨能否通过对英语四六级考题的分析得出考试高频字及常规用法;理工科的学生想通过爬虫爬取环境实时监测数据或微信朋友圈数据,进而对正在发生的如山体滑坡、车祸、水位上涨等因素进行分析,然后对环境做出预测或预警。显然,这样的课程非常受学生欢迎,它不仅可以用计算机结合各自专业解决该领域中的具体问题,而且培养学生的计算思维,从生动的案例中体会如何运用计算机科学的基础概念进行问题求解、系统设计及人类行为的理解。计算思维的培养是计算机基础教学追求的目标,人们一直以来都在寻找好的落地的方法,由此发现,这门 Python 数据分析课程是对计算思维培养非常好的尝试。例如这门课程对问题的定义普遍且具体,实现方法简单生动,结果可视且符合人对问题的理解。所有这一切得益于 Python,因为其简洁、易用,特别是拥有十分丰富、功能完备的第三方库,使得 Python 变得非常强大,目前已经是极受欢迎的动态编程语言之一[1]。另外,Python 的开源特点和不断更新的库,使得数据分析和数据挖掘的每个步骤都有许多不同的库支持,Python 已成为数据分析的一大利器。

2 课程内容及安排

2.1 课程概况

Python 数据分析基础课程从 Python 基础编程到数据获取、数据分析与数据挖掘、数据可视化、数据分析报告这四个数据分析的基本流程展开[2]。学生需要掌握 Python 基础、网络爬虫、SQL 数据库语言与 MySQL 数据库管理软件、概率统计知识、Python 数据分析以及机器学习建模的理论。具体内容如下:

(1)Python 基础编程

Python 是实现数据分析的基础,所以首先需要掌握 Python 基础编程技能。本课程面向 Python 零基础的学生,因此先用 5 周时间学习基础编程,尤其是学习 Python 中组合数据类型(列表、元组、字典、集合),掌握其概念及简单应用,其次重点学习第三方库的调用方法[3]。这些基础知识在后续的数据分析实践中将会不断巩固和提高,如爬虫程序本身就是 Python 的典型应用,数据可视化中应用了 Jieba 库、Matplotlib 库、Pyecharts 库等。因此,前 5 周只是掌握 Python 基础编程,技能的提高需在后续的应用中不断实践[4]。

(2)数据获取

数据是一切工作的出发点和落脚点,数据的获取可以有很多方式,如可以直接使用现成的数据集,下载网上的公开数据集,利用 Python 连接 API 进行爬取,利用 Phthon 进行基于 HTML 网页的爬取,以及从数据库中提取想要的数据等[4]。学生在这一部分主要学习编写代码从网页爬取想要的数据集,这也是数据获取中常用且较有技术含量的一种方式。学习时首先要了解 HTML 语言的特点,识别不同标签的含义。其次要掌握 Python 的

Beautifulsoup 包,从网页中抽取定位到的信息。

（3）数据分析与数据挖掘

这是本课程学习的重点,包含数据的清洗、存储、分析。从网上获取数据后要对数据进行清洗,如数据格式的转换、异常数据的处理、缺失值的处理等。清洗完的数据需要存入数据库系统,因为面对庞大的数据,文件存储的方式已经不能胜任了。首选 MySQL 这个很受欢迎、使用较广的数据库系统,当数据量不大时用 Python 自带的 SQLite 也是不错的选择。在接下去的数据分析中会用到概率统计学知识,理解概率论、统计学知识是理解数据分析模型的重要基础。这一部分内容依赖于数学及统计学基础,在本课程中只对用到的概念及常用统计图做出解释。接下去就是数据分析,这是本课程的精华,理解回归、分类、聚类的含义,学习利用第三方数据分析包完成相关的任务,重点学习线性回归、Logistic 回归、决策树、随机森林、KNN、KMeans 等库的调用,学习使用这些库解决具体问题。

（4）数据可视化

选择合适的方式让分析结果一目了然,这是课程中最有趣的部分,尤其是当学生看到各种各样炫目的图表,就会很想去实际尝试一下。常用 Matplotlib、Seaborn、Plotly 工具包绘制条形图、直方图、散点图、箱线图、统计图等,用百度开源的 Pyechats 包甚至可以轻而易举地画出热力图、词云图、三维图等更加酷的图。

（5）数据分析报告

培养数据分析的思维,学习数据分析报告的写作。一份好的数据分析报告应该有一个好的框架,根据问题逻辑及数据处理的流程娓娓道来,论证严密,数据完善,有理有据,让人信服,最后加上精美的图表提升报告的可读性。

2.2 学时、内容及成绩评定

本课程每周 2 学时,16 周,共 32 学时。成绩评定由三部分组成:平时成绩 20％,数据分析报告 30％,期末考试(开卷)50％。具体内容及学时分配如下:

前奏 Python 基础(5 周)

（1）Python 基础介绍

（2）数据结构:列表、字典、集合

（3）Def 语句、lambda 表达式

（4）程序流程控制

第 1 章 开启数据分析之旅(1 周)

（1）数据分析的一般流程及应用场景

（2）Python 编程环境的搭建及数据分析包的安装

第2章　获取你想要的数据(2周)

(1)获取互联网上的公开数据集

(2)用网站 API 爬取网页数据

(3)爬虫所需的 HTML 基础

(4)用 Python(Beautifulsoup)实现基于 HTML 的爬虫

(5)网络爬虫高级技巧:使用代理和反爬虫机制

(6)应用案例:爬取豆瓣 TOP 250 电影信息并存储成 CSV 文件

第3章　数据存储与预处理(2周)

(1)数据库及 SQL 语言概述

(2)基于 MySQL、Navicat 的数据库操作

(3)数据库进阶操作:数据过滤与分组聚合

(4)用 Python 进行数据库连接与数据查询

(5)用 Pandas 进行数据预处理:数据清洗

第4章　统计学基础与 Python 数据分析(4周)

(1)探索型数据分析:绘制统计图形展示数据分布

(2)探索型数据分析实践:通过统计图形探究数据分布的潜在规律(Seaborn 实现)

(3)验证型数据分析实践:在实际分析中应用不同的假设检验(Scipy 实现)

(4)预测型数据分析:回归、分类、聚类、用特征选择方法优化模型

(5)预测型数据分析实践:用 scikit-learn 实现数据挖掘建模全过程

第5章　报告撰写及课程总结(2周)

(1)培养数据分析的思维

(2)应用案例分析及报告撰写

(3 数据分析报告举例

为把课程内容重新梳理并巩固,期末时要求学生根据数据分析的四个流程完成一份数据分析报告,题材、内容不限,但要求符合报告的框架结构,具备数据分析的四个要素,要可读性好,有丰富的信息,最后有令人信服的结论。学生交上来的作业五花八门,题材非常丰富,技术分析也很到位。这里展示其中一个学生的作业:

数据说话——"唐诗宋词"中蕴含的信息

第一步,准备数据集。找到两个有唐诗宋词全集的网站,http://www.gushiwen.org/,http://www.guoxue.com/。这两个网站几乎包括了从唐朝到宋朝的全部诗词。通过两个简单的爬虫程序,使用 Requests 爬取网页内容,用 BeautifulSoup 解析网页并提取数据,再使用一个轻量级的数据库 SQLite 存储数据。最终从网站上一共爬取了唐诗 42986 首,宋词 19051 首。所爬取的数据有三个字段:作者、诗词题目、诗词正文。

第二步,数据清洗。对爬取下来的数据进行一定的处理,如剔除一些无用的数据,剔除空格、无法识别的生僻字等。

第三步,数据分析。因为所爬取的数据特征不多,后续主要从诗词创作排行、诗词中的高频字、诗词中所展现的地理位置分布这几方面分析。

先从作者的创作量开始分析,探索一下这两个朝代谁的诗流传下来的最多,分析结果如图 1 所示。核心代码如下:

```
#爬虫核心代码
i = str(i)
i = i. zfill(4)
url = 'http://www. guoxue. com/qts/qts_{}. htm'. format(i)
response = requests. get(url)
soup = BeautifulSoup(response. text,'lxml')
obj_text = soup. find_all('ul')
……
#把数据存储到数据库中
conn = sqlite3. connect('songci. db')
cur = conn. cursor()
sql = insert into sc (tittle,author,text) values (?,?,?)
para = (tittle,author,text,)
cur. execute(sql,para)
#唐/宋代诗人创作量排名数据分析
from collections import Counter
#频率统计
sql = cur. execute("select author from poem;")#
for row in sql:
#遍历数据库作者姓名
all_author. append(row[0])
#加入列表
cnt = Counter()
for word in all_author:
cnt[word] + = 1
most_author = cnt. most_common(10)
#画图
```

```
x_bar = np. arange(10)
ax1. set_xticks(x_bar)
ax1. set_ylabel("诗人排名",fontproperties = font)
ax1. set_ylim(0,3000)
plt. savefig("宋词诗人前十. png",dpi = 100)
plt. show()
```

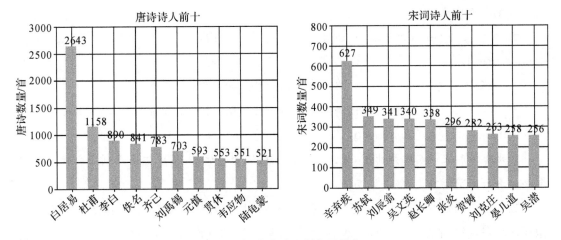

图 1　唐、宋代诗人创作量排名

图表的最大优点就是直观,从图 1 中可以看出,唐朝白居易以 2643 首的数量位居榜首,其次是杜甫,然后才是李白。宋朝辛弃疾以 624 首居首,然后是苏轼 349 首。

文本分析中最有用的莫过于做词频分析并用词云图将其可视化了,使用 Jieba 库分词,统计词频再用 WordCloud 库生成词云图。分析结果如图 2 所示。

图 2　唐诗、宋词词云图

```
# 生成词云图
WordCloud(font_path = "C:/Windows/Fonts/simfang. ttf",background_color =
"white",
    mask = background_image,scale = 3. 5). generate(cut_text)
```

从词云图看出,诗人和词人都比较感性和多情,"春风""东风""何处""不知"等出现得最多。

再用热力图来比较一下唐宋诗人的诗中不同地名出现的频率分布。热力图的做法很多,但当数百度推出的 Pyecharts 最热门,图库丰富,使用方便。它是百度开源的一个数据可视化 JS 库,用于生成 Echarts 图表的类库,成功地实现了 Echarts 与 Python 的对接。所生成的热力图分别表示唐诗和宋词中的热点地名分布。

```
#生成热力地图
data = [("西安", changan_count), ("南京", jinling_count), ("洛阳", luoyang_count), ……]
geo = Geo("诗词热点地名", "宋代", title_color = "#000000", \
        title_pos = "center", width = 1200, height = 600, background_color = '#f0feff)
attr, value = geo. cast(data)
```

对比唐诗和宋词两幅热力图,宋词中的热点区域向南偏移,从中似乎看到了当年宋朝在金兵的追击下节节败退,偏安江南的影子。

数据分析的魅力在上述作业例子中初步显现。因为数据维度有限,该例子中词频分析做得比较多,假如继续爬取诗词作者的生平、任职及诗词创作的年份等数据,那么可以分析诗词作者的黄金创作年龄段、创作量和任职的关系,唐诗及宋词的创作高峰期,在同一年代不同作者的创作区别等,这样数据的分析将会更有趣,可以挖掘出更有意思的信息。

3 总 结

在大数据时代,数据就是金矿,是一种取之不尽、用之不竭的重要资源,而且这种资源越使用越有价值,怎么挖掘及利用这个金矿的问题已然摆在我们面前。Python 数据分析基础课程展示了数据分析的巨大魅力和强大力量,也为计算机课程结合学生各自专业知识做了有益的尝试。该课程从问题出发,注重问题求解、系统设计及人类行为理解,很好地解释了计算思维的本质[5]。目前,该课程只做了一轮公选课的尝试,很多内容还有待完善,但从上课过程中可以感受到学生对于信息处理的学习热情,这给后续开课增强了信心。

参考文献

［1］ Python［EB/OL］.［2017-05-30］. https：//www. python. org/about/gettingstarted/.

［2］ 张莉,金莹,张洁. 基于 MOOC 的"用 Python 玩转数据"翻转课堂实践与研究［J］. 工业和信息化教育,2017(3)：70-76.

［3］ 嵩天,黄天羽,礼欣. Python 语言程序设计基础［M］. 2 版. 北京：高等教育出版社,2017.

［4］ 60 天入门数据分析师［EB/OL］.［2017-05-30］. https：//www. dcxueyuan. com/index. html.

［5］ Wing J M. Computational thinking［J］. Communications of ACM,2006,49(3)：33-35.

计算机科学与技术"创新实践"课程教学模式探索

张建海　仇　建　张　桦　许　晔

杭州电子科技大学计算机学院、网络空间安全学院,浙江杭州,310018

摘　要:高等教育的任务是培养具有创新精神和实践能力的高级专门人才,随着高校改革工作的深入推进,大学生创新实践能力在人才培养中的重要意义愈加明显。本文针对杭州电子科技大学计算机科学与技术专业 4 个学期"创新实践"必修课程教学模式进行了探索实践,提出了课程设计的 5 个基本原则,并在此基础上制定了具体课程实施方案。课程教学实践证明,本模式有助于激发学生的主动性,培养学生的独立思考、自主创新能力,取得了良好的效果。

关键词:创新实践;主动实践;计算机科学与技术;教学模式

1　引　言

2018 年 6 月 29 日,史学大家、复旦大学文史研究院院长葛兆光在复旦大学的毕业典礼上发表了毕业演讲。与大多数的毕业演讲不同,葛院长在演讲中三次说到了"请大家原谅",第一次说到"请大家原谅"是,"我要说,所有的大学,而不是某一所大学,都越来越像培训学校了,四年的大学课程变成了照本宣科,校园越来越像职业培训所"。这真正戳到了当前高等教育的软肋,作为工作在第一线的计算机学科本科教师,我们也感触颇深。在计算机本科教育中,计算机类本科生更关心的是学了几门编程语言,做了几个学生项目;学校也是迎合社会功利需求,以就业导向培养学生,而放弃了本应坚守的精英教育、通识教育目标。这一现象造成的直接结果就是中国大学生的创新能力和创新思维严重不足,极大阻碍了中国科技的发展[1-3]。

国家也早已认识到问题的严重性并出台了一系列举措,2010 年颁布的《国家中长期教育改革和发展规划纲要(2010—2020 年)》中明确提出,"要发展创新性人才培养模式,改革教学内容及教学方法、手段等,在高等教育部分,要深化教学改革,支持学生参与科学研究,强调实践教学环节等"。紧接着,2011 年和 2012 年教育部相继发布《教育部财政部关于"十二五"期间实施"高等学校本科教学质量与教学改革工程"的意见》(教高〔2011〕6 号)和《教育部关于做好"本科教学工程"国家级大学生创新创业训练计划实施工作的通知》(教高〔2012〕5 号),提出加强实践教学,构建创新人才培养体系,深入开展教育教学改革,加强大学生自主创新兴趣和能力培养。各高校也结合国家发展纲要和教育部对大学生培养目的的要求,在培养创新型人才方面进行了多方面改革和尝试,其中最为明显的就是大幅增加了各类实践环节[4-5]。这些改革和尝试确实在一定程度上起到了积极作用,但是从结果来看并没有完全达到预期的目标。正如中国工程院院士、华中科技大学原校长李培根院士所说:"中国高校从来不缺乏实践环节,但所从事的大多是被动实践——实践的对象、方法、程序等关键要素都是由教师制定的,学生沿着教师规定的框架、制定的方案进行。这种实践给学生留下的印象不深刻,也影响学生处理实际问题的能力。"[6]

杭州电子科技大学计算机学院多年来在培养学生创新能力、创新思维方面进行了多种尝试。2014 年在总结经验和多方调研基础上,以计算机科学与技术专业作为试点开设了"创新实践"课程[7]。本课程最初是从大二下学期到大四上学期,分 4 个学期完成,每学期 1 个学分。2018 年根据实际教学情况将其调整为从大二上学期到大三下学期。本课程为计算机科学与技术专业必修课程,所有本专业学生必须完成本课程学习。课程组通过自愿报名,择优选拔,为本课程配备了一批教学经验丰富、具有较强科研和工程实践能力的教师队伍,并通过导师学生互选的方式进行师生配对。课程采用小班化教学,每个教学班不超过 15 人。为了更广泛地探索创新实践教学模式,本课程为教师提供了充分的发挥空间,在教学内容、教学方式及课程考核等方面都给予教师足够的灵活性,取得了显著成效。笔者是本课程的第一批导师,截至目前已经完整带完两个教学班(每个教学班 4 个学期),在课程教学实践中对本课程教学模式进行了一些探索。

2 课程设计原则

笔者基于课程目标和大纲要求,进行了深入思考和广泛调研,在制定课程教学方案时遵循了以下课程设计原则:

(1)引导学生主动实践

目前,大多数创新实践训练采取的方式都是让学生进入实验室,参与教师科研项目,课题来源主要是教师在研或已完成的科研项目,虽然课题成果质量较好,但学生由于只是按照教师安排参与课题工作,缺乏自身真正的主导和创新过程,从而在自主创新能力培养上有所欠缺。笔者在进行课程设计时的主要目标之一就是为学生提供一个主动实践平台,让学生尽可能真正作为主体参与实践活动的各个环节,包括实践课题确定、问题(需求)归纳分析、解决方案设计、研发计划指定、课题研发实施、课题总结及成果整理等,以提高学生参与的积极性和提升其自主创新能力。

(2)普遍性与差异性培养相结合

本课程的一大特点是作为必修课要求专业所有本科生参与,面向全体学生进行创新精神和实践能力的培养,而不是大多数类似课程或项目采取的选拔少数尖子生参与的方式,体现了教育的普遍性原则,有助于激发每位学生的创新潜能。不过在实际课程实践中,教师仍然要尊重个体差异,因材施教,运用灵活多样的教育手段来引导和促进不同个体创新精神和实践能力的发展。

(3)4个学期一体化课程设计

本课程整个教学周期为4个学期,在教学周期内学生和教师都保持稳定不变,使教师更像是导师的角色,有利于持续针对性的训练。大多数教师是根据学生学习阶段和水平,在每学期设定不同层次的课题项目供学生选择完成,每学期学生都需要完成一个完整的课题。笔者采取了另一种模式,以能力培养作为主线设计每学期的课程任务,整个课程教学周期统一规划,形成学生创新实践能力的系统化培养模式。

(4)以创新为核心,重视能力培养

在课程设计中,明确以创新为核心,并将其贯穿到教学、实施及考核各环节,改变目前大多数类似课程重实践、轻创新的现状。正如李培根院士所说:"目前大学生并不缺少实践机会,但绝大多数实践环节都变成了技能培训。"甚至实践内容陈旧、形式单调,导致连技能培训的目标也难以实现。笔者在课程设计中,以创新为核心,以能力培养为主线,强调基础知识应用。

(5)鼓励创新,允许失败,重视过程

教师改变过去实践训练过于重视结果的评价导向,重视过程考核,鼓励学生大胆创新,勇于尝试新思想、新方法、新技术,不怕失败,以激发、引导学生创新精神。教师在教学实践中鼓励学生有批判质疑精神,创设民主宽容的学习氛围,鼓励学生充分表现自己,增强自信,发挥创造性思维能力。

3 课程实施方案

笔者根据以上课程设计原则制定了各阶段任务和能力培养目标以及考核方式。

(1)第一阶段(大二下学期)

在课程第一阶段,学生课业任务繁重,并且主要是难度较大的专业基础课,专业课学习大都还没开始,大多数学生也缺乏必要的动手技能。基于以上特点,本阶段任务设定为实践课题的自主选择。教师首先用3~4次课的时间,向学生详细介绍课程教学方案以及实验室平台、资源、教师和研究生课题等情况,推荐学生阅读文献了解相关技术和背景知识。鼓励学生充分利用实验室平台和资源,通过查阅资料并和教师、同学讨论提出自己的课题,当然也鼓励同学根据自己的兴趣选择课题。本阶段要求每位同学都要独立提出自己的课题,整理出具体方案提交给其他同学和老师,并在课堂上进行答辩讨论,根据答辩讨论结果对课题方案进行修正或重新选择课题。这个过程大约重复3轮,最终通过答辩和其他同学推荐,并综合考虑课题意义、技术和资源可行性、工作量等指标筛选出4~5个课题。所有同学根据自身兴趣和特点按照课题分组,并按照1学年的周期在教师指导下制订详细的研发计划及技术方案。每位同学根据任务分工在暑假完成相关技术的自主学习。本阶段为每一位同学提供了展示自身创新潜力的平台,着重培养学生文献阅读能力、资料收集能力、独立思考问题能力、发现分析问题能力以及表达能力。

(2)第二阶段(大三上学期)

在这一阶段,学生自主学习的时间较多,可以有更多的精力参与课题。经过第一阶段的训练,每位学生对自己的任务和目标有了明确的认识,并已在暑假期间自学了课题相关的知识和技术,本阶段的任务是各组按照原定计划开展课题研发,实现原定课题目标。教师将定期组织课题进展汇报和讨论,并尽量为学生提供所需资源和平台。课题组可根据需要调整课题计划和方案,甚至提前终止课题。本阶段结束时,课题应已完成整体研发,并有了初步成果。课题终止后,同学可选择加入其他课题组或重新选择课题。期末组织学生整理课题材料申请"国家级大学生创新创业训练计划"或"浙江省大学生人才计划(新苗人才计划)",有条件的课题组准备全国大学生科技创新挑战杯竞赛,以竞赛和项目支持创新实践课程教学。鼓励学生不怕困难、失败,勇于挑战难题,培养学生的团结协作和解决问题能力。

(3)第三阶段(大三下学期)

经过前两个阶段的训练,同学们已经对课题有了深入的认识,了解课题难点和痛点,熟练掌握所需知识和技术,并培养起了默契的团队协作氛围。其中一些课题也得到项目或竞赛支持。本阶段的任务主要是根据课题或项目要求,团队通力协作完成课题研发工作,并形成规范的课题总结报告,培养学生团结协作能力、表达能力和写作能力等。

(4)第四阶段(大四上学期)

基于前三个阶段的学习和训练,学生们对自己的兴趣和能力有了更好的了解,并根据对自己的了解规划以后的道路(考研、出国、就业)。在本阶段,教师的工作重点转向成果整理和学生就业发展指导:一方面指导学生对课题成果进行整理,形成软件著作、专利、论文等成果,并鼓励有条件的课题组参加创新创业大赛,进行成果转化;另一方面针对每位同学的特点提供个性化的个人发展规划指导,并积极为每位同学争取机会和资源,助推他们实现自己的理想。

4 案例分析

以笔者 2017 年秋季学期刚刚结束的"创新实践"课程班级为例。班级总共 13 名同学，通过创新实践训练课程自主选择 4 个课题，并在第二阶段末成功申请到了 2 个"国家创新训练计划"、1 个"腾讯公司创新创业训练项目"和 1 个杭电"校级创新训练计划"，申请发明专利 1 项，论文投稿 1 篇，获得软件著作授权 6 项，所有项目都已顺利完成验收。13 名同学中有 3 名顺利进入 985 高校读研深造（浙江大学 2 名，东南大学 1 名），1 名出国，1 名公务员，其余进入企业工作。大多数同学均表示这门课程是大学四年对他们影响最大的课程，对教学模式表示了极大认同。当然，笔者在课程教学实践中也发现了不少问题。

（1）为了鼓励教学模式创新，"创新实践"课程给了教师很大的自主权和灵活性，虽然这激发了教师教学创新的积极性，但也导致课程教学模式较为混乱，给教师和学生造成了困扰。下一步应在前期教学经验总结的基础上，为课程制定一套基本规则，在保证教师较高自主权和灵活性基础上，提升课程教学的规范性。

（2）课程教学周期设为大二下学期到大四上学期，由于大四上学期学生开始忙于考研、找工作、出国等，已经难以安心参与课程训练。而第四阶段正好是成果整理发表阶段，导致很多成果无法很好地呈现，对学生深造、就业也难以形成支撑。目前学院已注意到这个情况，从 2018 年秋开始将"创新实践"课程周期调整为大二上学期到大三下学期。

（3）第一阶段要求每位学生必须独立思考并提出和完善自己的课题，充分遵循了普遍性和差异性原则，使每位同学接受了基本的创新思维训练。后续阶段采用了团队协作方式，虽然目的是发挥每位同学不同的特点和优势共同参与到项目中，但是仍然有部分同学积极性和参与度不够，处于全程跟随状态。

5 结束语

大学生创新精神和实践能力是我国高校本科人才培养的重中之重。本文针对计算机科学与技术专业本科生 4 个学期"创新实践"必修课程教学模式进行了探索，所提模式经过两个完整周期的教学实践，取得了良好的效果，证明有利于提升学生自主创新的能力，为学生后续发展奠定了基础。本文也对目前课程存在的问题进行了反思并提出了相应的解决方案。

参考文献

[1] 何文森,杨华军,江萍,等.大学生创新实践能力培养[J].实验室研究与探索,2015,34(7):94-98.

[2] 孙璟,姜军,杨彦鑫,等.以提高大学生创新实践能力为目的的人才培养模式的探讨与研究[J].云南农业大学学报(社会科学版),2010,4(4):76-78.

[3] 王方国.基于实践教学改革的大学生创新创业能力培养研究[J].高教学刊,2015(3):64-65.

[4] 张书钦,董跃钧,董智勇.基于科技竞赛的计算机专业学生创新实践能力培养[J].计算机教育,2010(17):14-16.

[5] 宋雪丽.科技竞赛培养大学生创新实践能力的问题与对策[J].大学教育,2017(3):151-152.

[6] 张凯亮.基于工匠精神培育的大学生创新创业能力提升研究[J].教育理论与实践,2017,27(12):21-23.

[7] 郑秋华,仇建,张桦,等."创新实践"课程教学经验探讨[C]//浙江省高校计算机教学研究会.计算机教学研究与实践——2017学术年会论文集.杭州:浙江大学出版社,2017:117-121.

能力导向的教学案例设计

——以 Java GUI 编程为例①

章铁飞　傅　均

浙江工商大学计算机与信息工程学院，浙江杭州，310018

摘　要：传统程序语言的教学案例设计多是立足知识点，以知识点为主线构建教学案例，虽然有助于学生按部就班地学习理解，但是教学案例缺乏与编程能力有意识、精准的挂钩，不利于培养学生的综合编程能力。本文认为教学案例在承载知识点的同时，还要明确地与编程能力点挂钩，某个章节的多个教学案例就是一串编程能力点的能力培养线，所有教学案例自然交织成编程能力培养面。本文以编程能力点为导向，就 Java GUI 编程内容给出三个具体的教学案例。通过实践教学证明，这些案例有效地帮助学生以关联的方式理解 Java GUI 编程中的基本概念，培养学生综合运用 Java 界面程序开发包解决问题的能力；同时，锻炼了学生阅读官方文档、阅读官方示例代码的能力，启发学生迭代式的编程工作方式，为日后的软件开发夯实基本功。

关键词：Java；GUI 编程；教学案例

1　引　言

相比于 C 语言，Java 语言对 GUI 编程的支持更加自然和直接，提供的界面程序开发包易于上手，方便学生快速进行类 Windows 系统的界面开发，使得程序具备更亲切的交互界面，容易让学生对编程产生兴趣。另外，GUI 编程也是 Java 语言的一项基本内容，包含常用且重要的概念，比如容器、组件和事件等。通过 Java 程序界面编程，掌握这些基本概念，对日后的软件开发设计十分有利。编程语言学习的一个普遍共性就是模仿和大量的动手练

①　资助项目：浙江工商大学省级及以上教学平台自主设立校级教学项目"基于开源软硬件协同开发的嵌入式和物联网实践课程建设"（1130XJ0513027-003）。

习。同样地,要让学生掌握 Java 编程语言,首先必须提供优秀的教学案例供模仿[1],并作为后续作业的基础。传统的教学案例设计[2-3]多是立足知识点,即一个案例对应一个知识点,以知识点为主线贯穿教学案例的设计。这种方式有助于学生按部就班地学习理解,但是教学案例缺乏与编程能力有意识、精准的挂钩,不利于培养学生的综合编程能力。如果要培养的编程能力是一个面,那教学就是由点到线、由线到面的过程。教学案例的设计也应该秉承这一思路,即教学案例在承载知识点的同时,还要与编程能力点挂钩,某个章节的多个教学案例就是包含一串编程能力点的能力培养线,所有教学案例自然交织成能力培养面。归根结底,程序设计课最终目的是培养学生的编程能力,而不只是教授程序语言知识,因此以能力点导向的教学案例极其重要。

本文以编程能力点为导向,就 Java 的 GUI 编程内容给出三个具体的教学案例,每个教学案例对应一个编程能力点,又因为教学案例之间内在的关联性、承接性,所以三个编程能力点又对应一条编程能力线。本文给出三个面向 GUI 编程的具体教学案例,包括带菜单栏的边框、扫雷游戏界面和按钮阵列模拟 LED 数字显示;另外,还介绍案例设计背后的思路与出发点,以及阐述学生的理解难点和讲授的重点。

2 教学设计思路与思想

教学案例是整个教学环节的重中之重,没有教学案例,则无法支撑整个教学过程。巧妇难为无米之炊,所以要对教学案例严格地筛选。教学案例的内容需要满足以下几个要求。首先,选材具有权威性和正规性。其次,为提升学生的熟悉度和接受度,优先选择学生喜闻乐见的内容。最后,根据学生的理解能力梯度,要秉持从易到难、由简入繁的原则,注重案例之间的逻辑性和承接性。前期的案例为后期铺垫,后期的案例是前期的综合。理想的状态是后期案例使用的基本知识点在前期都有所涉及。掌握前期案例的同学,只需要关注已有知识点如何在后期案例中组合运用。

除了关注教学案例本身的内容,还要重视教学内容所承载的能力培养目标。教师不只是教授编程知识,更重要的是通过编程知识培养学生的能力。作者设计本教学案例的内容时,希望锻炼学生的能力包括:

(1)遇到问题,养成查阅官方说明文档的习惯;

(2)遇到问题,养成查阅已有示例源代码的习惯;

(3)理解迭代地编写程序,不再一切从零开始,懂得基于已有的工作。

学生日后从事软件开发工作,一项基本和重要的素质就是阅读官方说明文档。因为相比于官方说明文档,书籍等资料存在严重的滞后性。如果从事前沿的开发工作,可能连官方说明文档都不齐全,此时必须直接从他人的源代码中寻找答案。现在的软件开发工作越来越复杂,不再是个人从零开始的时代,大量现有的组件、框架、开发包可供使用,学生从大学里就应该学会迭代地基于现有基础开始工作。教学案例对能力培养的贡献矩阵如表 1 所示,例如案例 1 对能力 1 和能力 2 的培养有益。

表 1　教学案例对能力培养的贡献矩阵

教学案例	能力 1	能力 2	能力 3
案例 1:带菜单栏的边框	本案例来自官方文档	增加菜单选项时需要查阅官方示例代码	
案例 2:扫雷游戏界面	查阅按钮显示黄色背景的方法	按钮响应点击事件	基于案例 1
案例 3:按钮阵列模拟 LED 数字显示	查阅如何让按钮显示数字	如何确定哪个数字被点击	基于案例 2

3　教学案例

本文给出三个面向 GUI 编程的具体教学案例,包括带菜单栏的边框、扫雷游戏界面和按钮阵列模拟 LED 数字显示。第一个教学案例基于 Java 官方文档网页版[4]。具体的出处是 Java 官方说明文档主页,The java Tutorials,Creating a GUI with Swing,Using Swing Components,Using Top-Level Containers 中的 TopLevelDemo. java。主要的改动在于增加了三个菜单项。剩余两个教学案例基于教学案例 1 自主设计。

各个案例的具体内容如下:

案例 1:带菜单栏的边框(见图 1)。内容包含:①边框的标题为 TopLevelDemo;②菜单栏包含三个菜单项,分别是 File、Edit 和 Help;③内容框里是一个黄色的 JLabel。

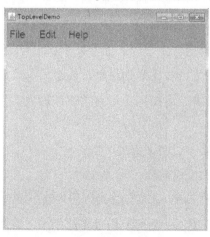

图 1　带菜单栏的边框

案例 2：带有 Menu Bar 的扫雷游戏界面（见图 2）。内容包括：①扫雷游戏边框的标题为"扫雷 v0.1"；②菜单栏中包含三个菜单项，分别包括 New Game、Hint 和 Help，每个菜单功能不需要实现；③按钮阵列基于 JButton 组件，采用 8×8 的 GridLayout 布局；④按钮初始背景色为灰色，点击后变为黄色。

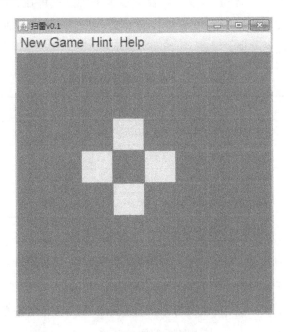

图 2　扫雷游戏界面

案例 3：按钮阵列模拟 LED 数字显示（见图 3）。图 3 左侧的 LED 阵列由 5×3 个按钮模拟，通过改变按钮的背景色，来实现对数字的模拟。右侧是 3×3 个按钮，每个按钮对应一个数字。比如右侧点击对数字按钮 5 以后，左侧对应的按钮从默认的白色改变为黑色，从而显示出数字 5。其中，左侧和右侧的按钮阵列与扫雷游戏的界面类似，都使用 GridLayout 布局。另外，左右两边阵列使用 BorderLayout 布局分隔。

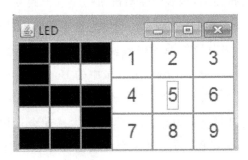

图 3　按钮阵列模拟 LED 数字显示

4 学生理解的难点及讲授重点

案例 1 是三个案例中的基础,所以实际授课过程中要重点讲述,详细到每条代码的作用以及效果,并且通过修改代码,实时地呈现界面效果,帮助学生切实理解代码功能。学生在三个案例中的疑难点如表 2 所示。

表 2 三个案例中学生的疑难点

序号	详细描述	针对案例
疑难点 1	如何在菜单栏中增加菜单项?	案例 1
疑难点 2	如何改变按钮组件 JButton 的背景色?	案例 2
疑难点 3	如何设定按钮上的文字显示?	案例 3
疑难点 4	按钮如何响应鼠标点击事件?	案例 2
疑难点 5	如何让按钮成组地动作?	案例 3

疑难点 1:菜单栏对象是 JMenuBar,要增加菜单项即以 JMenuBar 为容器,将组件 Menu放置到其中。Java 官方文档中子目录 Using Swing Components 中的 How to use menu 目录即说明如何使用组件 Menu。在说明思路后,要演示如何找到对应的子目录,并且如何从示例代码(MenuLookDemo. java)中选取所需要的片段来解决该疑难。

疑难点 2 和 3:改变按钮的背景色和设置按钮的文字都是对组件 JButton 的属性进行操作。按照面向对象程序设计思路,启发学生 JButton 对象一定含修改和设定自身属性的方法。按照这个思路,再引导学生去查阅 Java 官方文档中关于 JButton 对象的 API,可以找到两个对应的 API,即 void setBackground(Color bg)和 void setText(String text),最后向学生演示 JButton 实例对这两个方法的调用。

疑难点 4:当鼠标点击按钮后,很多学生对按钮响应点击到变换背景颜色的整个流程表示不理解。首先通过实例,描述事件的概念。当学生基本理解事件概念后,再引入组件的监听器这一基本概念,同时介绍对应的源代码模块,以及源代码模块与组件之间的绑定。另外,引入 Java 官方文档中 How to Buttons 子目录中的 ButtonDemo. java 示例源代码,辅助说明。通过上述步骤,学生基本对按钮响应鼠标点击事件有所理解。

疑难点 5:本疑难点与其说是知识点的问题,不如说是综合运用的问题。因为前两个案例中,按钮的操作基本是单个操作,而案例 3 中按钮的操作(左侧的按钮阵列)则以组为单位。学生就会感觉到陌生以致不知所措。此时,将该问题与学生以前学过的数组知识联系,按钮阵列与一维数组相对应。假设左侧所有的按钮构成一个按钮数组,并使用值为 0 和 1的数字来分别对应白色和黑色,数字 5 对应的数组 a 就是[1,1,1,1,0,0,1,1,1,0,0,1,1,1,1]。

$a[0]=1$,则表示第一个按钮显示黑色,而 $a[4]=0$ 则表示第二行的第二个按钮为白色,依此类推。每次需要操作按钮组时,数组值为 1 的按钮就显示黑色,而数组值为 0 的按钮就显示白色。通过联系已经掌握的数组知识,学生基本上可以解决该疑难。

5 应用效果及评价

2017—2018 年第一学期,本校对计算机科学与技术系本科生进行试点教学,教学班是大二学生,共有 29 人。绝大部分学生除了理解上述的三个教学案例,还慢慢养成查找官方说明文档、查阅示例代码以及迭代式的工作方式。更有少数同学,以案例 2 为基础,完整地实现了扫雷游戏,取得阶段性的成果。

6 结 语

程序设计语言教学需要选择合适的教学案例。本文以编程能力点为导向,给出三个面向 GUI 编程的具体教学案例,包括带菜单栏的边框、扫雷游戏界面和按钮阵列模拟 LED 数字显示。通过实践教学证明,这些案例有效地帮助学生以关联的方式理解 Java GUI 编程中的基本概念,并且培养学生综合地运用界面 API 解决问题的能力。同时,教学案例培养了学生阅读官方文档、阅读官方示例代码的能力,启发学生迭代编码的工作方式,为日后的软件开发夯实基本功。希望本文提出的教学案例可以得到广泛应用。

参考文献

[1] 覃国蓉. Java 语言教学中的两个案例[J]. 计算机教育,2005(11):30-31.

[2] 乔善平,荆山,隋永平. 基于案例驱动的 Java 程序设计课程实验教学探讨[J]. 计算机教育,2018(6):145-148.

[3] 王晓光. Java 课程教学中案例体系化设计[J]. 教育现代化,2017(50):161-163.

[4] The Java Tutorials [EB/OL]. [2018-01-10]. https:// docs. oracle. com/javase/tutorial/uiswing/components/index. html.

医药院校非计算机专业"医学数据处理与应用"课程设计与实施研究

赵 鸣 李志敏

浙江中医药大学医学技术学院,浙江杭州,310053

摘 要:掌握数据的整合、处理与分析的方法并能应用于实际,是高校学生适应大数据发展需要所必须具备的能力。本文针对医药院校学生,结合教学实践,从教学内容设计、教学方法改革、课程实施及考核等诸多方面探讨提高教学质量、提升学生医学数据处理能力的方法途径。通过教学实践表明,该课程的教学内容设置激发了学生对数据分析处理方面学习的自主性和积极性,理论结合实践,将数据分析方法应用到日常学习生活中。并且该课程在理论功底、科研能力、知识能力扩展等诸多方面都取得良好的教学改革效果。

关键词:医学数据处理;教学改革;能力培养;实践教学

1 引 言

在大数据的时代背景下,人们对数据的依赖日益提高,且深受大数据分析带来的恩惠。比如利用环境数据进行天气建模和分析提高天气预报准确度,根据大医疗数据分析进行癌症预防和针对性治疗,利用大数据揭开宇宙的运转奥秘……随着医疗信息化的推进,数字医疗改变了原有的医疗模式,大量的医学数据沉积,也等待着被发掘。医药院校的学生除了掌握基本的医学知识外,还应掌握一定的医学数据的处理和分析能力。

"医学数据处理与应用"作为医学类院校非计算机专业学生的通识选修课程进行开设,共计34学时,2学分。课程的目标是引导学生认识数据,掌握收集整理数据、处理数据、分析数据的常用工具及方法,并能实施数据展示以及撰写分析报告。

2   教学内容设计与实施

该课程的设置基于学校大学计算机基础课程设置的"1＋x"模式中的x模块,学生已经在基础课程中了解了 Excel 的数据类型、数据输入、数据验证、筛选、图表制作、公式与函数等内容。学生对数据认识与应用有一定的基础,因此本文结合实际将课程的内容设置为两大模块:基础提高模块和能力提升模块。

2.1   基础提高模块

该模块在内容上引入若干个医学数据案例,分为 6 部分内容展开。

(1)数据处理与分析概论

引入"谷歌成功预测冬季流感""大数据与乔布斯癌症治疗"等数据分析案例,讲解数据分析的基本概念,并介绍数据分析"六步曲"的构成:明确分析目的和思路、数据收集、数据处理、数据分析、数据展现、报告撰写。并以裁缝铺做衣服的步骤与"六步曲"的每一步对应,加深学生印象。最后以实验"癌症患者的年龄比例分析"将数据分析"六步曲"串联起来,帮助学生复习 Excel 中数据分析中的统计分析函数。

(2)数据分析方法论与数据收集

引入"5W2H 问诊技巧"数据分析案例,讲解数据分析方法论,详细扩展一个简单易懂、使用广泛的 5W2H 分析法。设置"模拟问诊",安排学生两人一组,相互模拟,并根据分析的目标进行数据收集。最后以"门诊挂号"作为分析主题,思考所需采集的数据以及字段,熟练运用 5W2H 分析法,掌握 5W2H 收集数据的方法。

(3)数据处理之数据有效性

引入"患者信息表"数据分析案例,讲解数据有效性的作用与设置,进一步帮助学生理解数据的意义,同时通过利用数据有效性,减少数据录入可能带来的错误,确保录入数据的规范。最后以"门诊挂号收费系统"的数据录入帮助学生掌握数据有效性的设置方法,利用公式进行条件限制。

(4)数据处理之统计分析函数

引入"某医院住院病人相关数据统计表"数据分析案例,讲解使用统计分析函数来辅助分析。重点介绍 SUM()、AVERAGE()、SUMIF()、COUNTIF()、VLOOKUP()等常用统计分析函数处理分析案例的数据,要求学生根据实际应用场景设计统计分析的案例并处理。

(5)常用的数据分析方法

引入"××年职业(助理)医师人员数""哺乳类动物的心率与寿命相关分析"等数据分析

案例。对描述性数据分析、探索性数据分析以及验证性数据分析进行讲解,重点针对描述性数据分析里所包含的对比分析法、分组分析法、结构分析法、平均分析法和交叉分析法进行案例展示及应用。

(6)常用数据分析图的制作与报告撰写

引入"某地区户籍人口年龄构成表""癌症患者年龄分布构成表"等数据分析案例。数据在经过分析后,为了能更直观地传达分析结果,还应该将数据制作成图表进行展示。通过数据间的关系来选择合适的图表类型,并介绍简单、实用的数据分析工具数据透视表。数据分析报告应注意写作规范性、重要性、谨慎性、创新性,了解数据分析报告的种类,选择合适的分析报告形式。最后采用综合性实验的形式,以 3~5 人为一组,自设主题,通过网络资源收集数据,选择合适的数据分析图,制作相应的数据分析报告。

2.2　能力提升模块

该模块主要借助 Python 开展教学。Python 作为目前热门的编程语言,具有大量的适用于数据处理与分析的标准模块、附加模块以及函数,可以非常方便地完成一般的数据处理与分析操作。同时,Python 语言的学习曲线相对平坦,适合非计算机类专业学生入门。

为了让学生理解 Python 语言,我们以程序实例的方式讲解基础语法元素、数据类型、程序控制结构、函数和代码复用,并讲解 Python 对文件数据的读写、筛选,数据处理分析相关库(pandas,matplotlib)的使用等。主要分为以下 5 部分内容。

(1)Python 基础与应用

通过圆面积的计算、简单的人名对话、斐波那契数列的计算等几个微实例的代码,引导学生理解 Python 语言并运行程序,熟悉开发环境配置。

(2)Python 语言基础

给出"温度转换""蟒蛇绘制"等程序实例进行解析,使学生初步认知 Python 的程序格式框架、注释、命名与保留字、基本数据类型、程序控制结构、函数和代码复用。通过回声程序、绘制彩色蟒蛇、绘制正方形螺旋线,让学生具备一定的编程能力。

(3)CSV(逗号分隔值)文件与 pandas 库

介绍最通用的存储数据的 CSV 文件,让学生利用 Python 进行单个或多个的 CSV 文件的读写、数据的筛选,对数据进行简单的汇总操作。介绍数据分析库 pandas、库的安装和导入方法、pandas 序列、数据结构及基本操作方法。

(4)图与图表

利用 matplotlib 绘图库绘制条形图、直方图、折线图等基本图表类型。再结合 pandas 库创建其他类型的统计图,如矩阵散点图、密度图、自相关图等。

（5）描述性统计与建模

使用 pandas 和 statsmodels 生成标准的描述性统计量和模型。

3　结　语

本课程已经实施两年，在案例上做了很多更新，从学生的表现及期末课程设计来看，学生对数据分析的掌握及运用有了很大的提升。同时据笔者了解，课堂上讲解到的一些数据分析方法还被应用到日常学习和生活中。比如数据分析方法论的 5W2H 分析法，因其简单易懂的特性被广泛应用在思考具体的问题上，能够使思考问题全面化、思路条理化。再如统计分析函数，班级及部门学生干部运用查找函数快速查找学生信息；多图表被有效地应用在与统计调查相关的作业及竞赛中；数据处理的小技巧，如快速填充数据、文本型数据转换成数值型数据、快速选中表格区域等也被学生们广泛应用。此外，非计算机专业学生对程序设计表现出浓厚的兴趣，会主动利用"中国大学慕课""网易公开课"等平台进行基础 Python 的学习。在今后的教学中，要多引导学生个人或组队自发地寻找值得分析的医学相关主题，进行数据分析，促进其对医学数据的进一步理解与运用。

参考资料

[1] 关鹏,黄德生,杨晶,等.研究生选修课"医学数据处理与 SPSS 实用技术"考试质量解析及思考[J].中国卫生统计,2015,32(5):801-802.

[2] 胡芳,黄田,刘钰涵,等.医学信息专业学生数据分析与建模能力培养模式[J].医学信息学杂志,2016,37(10):90-94.

[3] 张西栓.大数据时代非统计学专业统计学教学改革研究[J].教育教学论坛,2016(18):95-96.

[4] 丁克良,周命端,刘淼.研究生课程"现代测量数据处理"教学改革与实践[J].测绘通报,2014(增刊 2):297-299.

基于工程认证的操作系统实践教学环节的改革研究①

赵伟华 刘 真 董 黎

杭州电子科技大学计算机学院,浙江杭州,310018

摘 要:为提高操作系统实践环节的教学效果,我们依据工程教育专业认证的三个核心理念,结合操作系统实践环节本身的特点,对课程进行了一系列教学改革,包括:基于成果导向确定课程教学目标及教学内容,以学生为中心改革教学模式,以教学目标达成度评价课程教学质量并指导课程教学的持续改进。实践证明,这些改革措施有助于培养学生对复杂问题的分析设计能力、团队协作能力及沟通交流能力。

关键词:工程教育专业认证;操作系统实践环节;教学改革;OBE;达成度

1 引 言

我校计算机科学与技术专业于 2014 年及 2017 年连续两次顺利通过工程教育专业认证,这表示本专业在培养学生工程能力方面已经取得一定的成绩,但同时也对教学过程提出了更高的要求。操作系统是本专业非常重要的核心课程,可为学生建立较全面的计算机系统的概念。但课程本身概念多,原理性和实践性强,为提高教学效果,培养学生对复杂问题的分析与设计能力,本课程设置了独立的实践教学环节:操作系统课程设计。近两年,我们将成果导向(OBE)教育理念引入操作系统实践环节的教学改革中,以教学目标达成度评价课程教学效果,并以此指导课程教学的持续改进。

---

① 资助项目:浙江省高等教育课堂教学改革项目"工程认证下的操作系统课堂教学改革"(kg20160129)。

2　基于成果导向确定课程教学目标

工程教育专业认证有三个核心理念：成果导向，以学生为中心，持续改进[1]。我国工程教育专业认证协会颁布的《工程教育认证标准(2014)》也强调：以成果导向为原则，以全体学生为中心，以持续改进质量为根本目的[2]。

依据 OBE 模式的"目标导向、反向设计"原则，首先要确定课程对专业毕业要求的支撑，在此基础上确定课程的教学目标，目标的描述必须是明确、具体、可观察、可测量的，这是有效进行达成度评价并进而指导课程教学持续改进的前提。我国工程教育专业认证协会颁布的《工程教育认证标准(2014)》共设置了 12 项毕业要求，经调研分析后确定操作系统课程设计需支撑 4 项毕业要求的能力培养，具体如表 1 所示。

表 1　操作系统课程设计需支撑的毕业要求及指标点

毕业要求	能力指标点
要求 3：设计/开发解决方案	3-1：能够针对一个复杂系统设计满足特定需求的系统、单元(部件)或工艺流程
	3-3：能够在设计环节中体现创新意识
要求 4：研究能力	4-2：能够针对特定的计算机复杂工程问题设计实验
	4-3：能够收集、分析与解释数据，并通过信息综合得到合理有效的结论
要求 9：个人和团队	9-2：能够在团队合作中承担个体、团队成员及负责人的角色
要求 10：沟通	10-1：能够就计算机复杂工程问题撰写报告和设计文稿、陈述发言、清晰表达或回应指令

由此可见，操作系统课程设计最主要培养学生的复杂工程问题的分析与设计能力，对复杂工程问题解决方案的分析与改进能力，其次还要培养团队协作能力、终身学习能力等。关于课程对复杂工程问题的支撑分析如下：

(1)实验项目 1：简单文件系统的设计与实现。该项目要求设计一个基于多级目录结构的、建立在虚拟磁盘上的文件系统，涉及的工程原理有数据结构的队列、树等相关知识，磁盘设备的特点，文件系统原理知识，C 语言编程能力与算法性能分析能力等。

(2)实验项目 2：Linux 设备驱动程序设计。该项目要求设计一个 Linux 中的字符设备驱动程序，涉及的工程原理有字符设备的特点、Linux 中驱动程序的结构及接口、文件系统相关知识、C 语言编程能力等。

(3)实验项目 3 和 4：Linux 中添加系统调用、内核模块等。两个项目都要求学生对 Linux 内核有一定程度的了解，培养学生的系统分析与改进能力。

为达成课程对毕业要求上述能力的支撑，课程组讨论分析后确定操作系统课程设计的教学目标是：目标 1，能够独立完成 Linux 实验平台的搭建，包括 Linux 系统的安装、源码分析工具的配置、内核的重新编译等工作；目标 2，能够在模拟环境下，根据各实验项目的功能要求，应用操作系统原理知识设计解决方案，并编程实现；目标 3，在实验项目的方案设计及实现过程中，应在算法及数据结构设计、实现的技术思路等方面体现一定的创新意识；目标 4，具备对实验结果进行分析与解释并推导出有效结论的能力；目标 5，学生在项目上机验收、撰写设计报告时能清楚分析并阐述其设计思路的合理性及正确性；目标 6，在以小组为单位协作完成实验项目时，能够承担个体、团队成员及负责人的角色。各课程目标对毕业要求指标点的支撑关系如表 2 所示。

表 2　各课程目标对毕业要求指标点的支撑关系

毕业要求指标点	课程目标
3-1	2
3-3	3
4-2	2
4-3	1,4
9-2	6
10-1	5

3　依据课程教学目标设计教学内容与教学模式

3.1　依据课程教学目标合理设计教学内容

依据课程教学目标及我校学生实际情况，我们设置了循序渐进的操作型、应用型、设计型三个层次的实验，教学内容及对课程教学目标的支撑情况如表 3 所示。

表 3　教学内容对课程教学目标的支撑

实验类型	实验内容	支撑课程目标
操作型	Linux 实验平台的搭建，内核编译，Gcc、Linux 基本命令及源码查看工具的使用	1
应用型	Linux 进程管理及进程通信相关系统调用的应用编程	2,3,4,5,6
设计型	Linux 系统调用的添加	2,3,4,5
	Linux 内核模块编程	2,3,4,5
	Linux 设备驱动程序设计	2,3,4,5,6
	一个简单文件系统的设计与实现	2,3,4,5,6

3.2 根据课程教学目标及教学内容合理设置教学模式

根据课程教学对学生能力培养的目标要求及实验内容的难易程度,我们在教学设施过程中采用了多种教学模式,具体说明如下:

(1)学生自学

课程设计所需的实验平台 Linux 系统的安装及配置,编译器 Gcc、源码中部分嵌入式汇编语言及源码查看工具的使用,全部由学生自学,教师以答疑方式给予帮助,培养学生的终身学习意识及能力。

(2)个人独立完成与小组协作完成相结合

对操作型实验、Linux 中添加系统调用及内核模块,代码量少,难度较低,因此要求个人独立完成;对代码量较大的 Linux 进程通信程序及简单文件系统的设计与实现,采用小组协作方式进行,以小组讨论方式完成总体方案及模块接口的设计,依据项目工作量大小分成若干功能模块,每个成员完成其中的一部分且必须详细给小组其他成员说明实现过程,从而保证每个小组成员都能全面理解整个项目的实现思路及方法,最后需集成为一个统一的可执行程序。这个过程既培养了学生对复杂问题的独立分析及解决能力,又培养了学生的团队协作能力,使得学生能够在团队合作中承担个体、团队成员及负责人的角色。此外,学生在完成项目过程中,能够将所学知识应用到方案设计及编程实现中,并进一步尝试性能的改进,使创先思维得到培养。

(3)项目上机验收

对每个学生进行上机验收工作,教师可针对项目的解决方案设计、数据结构及算法设计、编程实现细节、程序运行结果分析等多个方面提出问题,由学生现场解释说明。该教学环节能够培养学生的沟通交流能力,包括就复杂工程问题陈述发言、清晰表达或回应指令的能力。同时因为现场验收,学生在项目实现过程中投入更多精力,提高了实际动手能力及解决问题的能力。

(4)完成课程设计报告

对独立完成的项目,每个同学应完成相关项目的设计报告。对小组协作完成项目,由组长完成总体方案及模块接口设计说明,成员分工介绍,每个小组成员完成自己分工部分的报告撰写。设计报告内容应包括:总体设计方案的思路,数据结构及算法设计,模块接口设计等的详细说明,程序运行结果的分析,项目实现过程中遇到的问题及所采用的解决办法,项目的创新点说明,阅读的参考文献,项目的进一步改进思路等。课程设计报告的完成,有助于培养学生的实验结果分析能力、文档撰写能力、文字表达能力等。

4 基于目标达成度设计有效的评价机制

工程教育认证的成果导向理念为课程教学质量评价提供了新的思路和方法,它认为课程评价是课程教学目标的达成性评价,而不是比较性评价;评价结果应该用"合格/不合格""达成/未达成"等表示。因此,基于目标达成度的课程评价方法要求教师应以学生为中心,关注学生能力的达成,并将评价结果用于课程的持续改进中[3]。在教学评价的发展过程中产生了多种评价模式,影响较大的有:目标模式、差距模式、CIPP 模式、回应模式、解释模式等[4]。通过对这些模式的分析比较研究,依据工程认证的成果导向和持续改进内涵,我们综合应用了目标模式和 CIPP 模式的评价理念,设计操作系统实践环节教学目标达成度的评价机制,实行以能力为中心,以过程为重点的开放式、全程化评价。

所谓教学目标达成度,是指教师根据课程教学目标进行教学设计(教学内容、教学方法等)且实施后,学生通过本课程学习后所获得能力达到课程教学目标的程度。要获得有效的评价结果,做好评价设计是关键,包括依据教学目标设计评价指标、评价内容及评价依据,选择评价方法,确定评价标准等。

4.1 依据教学目标设计评价指标、评价内容及评价依据,选择评价方法

课程需要达到的教学目标即评价指标,如前面的表 1 所示。工程认证要求评价主体(即评价者)应是多元化的,可包括正在学习本课程的在校学生、讲授本课程的教师、应届毕业生等。针对不同的评价主体,考虑到可操作性,首先应选择不同的评价内容及方法:教师是教学活动的直接参与者,评价内容应全面且可操作,以提高评价的可靠性和准确度,具体设置如表 4 所示,评价方法为详细记录学生的各项成绩;而对于在校学生来说,评价操作要简单易行,因此评价内容为课程目标相关的毕业能力要求,评价方法为问卷调查。然后分别对各评价主体得到的评价结果计算达成度,最后将上述各评价主体的达成度按一定权重计算课程目标的达成度。

表 4 教师评价内容及评价依据设置

课程目标	评价内容	评价依据
目标 1	相关工具的学习情况	工具使用的熟练度
	实验 1 的完成质量	项目验收
目标 2	设计方案质量	设计报告
	系统实现质量	项目验收

课程目标	评价内容	评价依据
目标3	设计方案的创新性	设计报告
	系统实现的创新性	项目验收
目标4	设计报告中对实验结果的分析	设计报告
	项目验收中对实验结果的解释说明	项目验收
目标5	设计报告中对设计思路的阐述说明	设计报告
	项目验收中对设计思路的阐述说明	项目验收
目标6	设计报告中分工的合理性	设计报告
	对小组成员完成内容的了解程度	项目验收

4.2 确定评价标准

工程认证的核心理念之一是以学生个人能力发展为中心,实行的是达成性评价而不是比较性评价。因此评价时应根据课程教学目标明确给出每项评价内容的评价标准,依据每个学生的能力程度,给予从"不熟练"到"优秀"不同的评定等级。此外,学生在能力达成过程中,通常不是以同样的进度、同样的方法取得的,这就要求教师关注他们独特的学习需要、进度和特性,以更弹性的教学方式来配合学生的个别需求,允许"多次评价,先后达标"。

5 总 结

在工程教育专业认证背景下,我们将其核心理念贯彻到操作系统实践环节的整个教学过程中,以成果为导向,以学生为中心,依据课程对毕业能力要求的支撑确定具体、可测量的教学目标,在此基础上设置合理的实验项目及教学模式,并基于目标达成度设计课程的评价机制,引导学生自主学习、合作学习。教学实践证明,课程的教学改革提高了操作系统实践环节的教学效果,对培养学生的复杂问题的分析及设计能力具有重要意义。

参考文献

[1] 樊一阳,易静怡.《华盛顿协议》对我国高等工程教育的启示[J].中国高教研究,2014(8):45-48.

[2] 王孙禹,赵自强,雷环.中国工程教育认证制度的构建和完善[J].高等工程教育研究,2014(5):23-24.

［3］张宏.基于学生成果导向的课程评价改革思考［J］.湖北函授大学学报,2015(5)：106-107.

［4］刘佩佩.几种典型课程评价模式探析［J］.湖北第二师范学院学报,2011(3):118-119.

实验教学

面向"创新实践"课程的远程实验平台的研制[①]

曾 虹 郑鹏达 张 桦 吴以凡

杭州电子科技大学计算机学院,浙江杭州,310018

摘 要:本文介绍了一种面向"创新实践"课程的通用远程实验平台,提出了基于 Modbus/TCP 的实验操作和基于 WebSocket 协议的实验会话方案,具有多类型控制器统一接入、实时远程实验的特点,摆脱了对于传统实验室环境的依赖。

关键词:远程实验平台;Modbus/TCP;WebSocket

1 远程实验平台的现状

远程实验平台是一个硬、软件复合概念,可以在不直接接触或者没有实际设备的情况下研究硬件设备[1]。目前,远程或虚拟实验室的应用在教育领域已经得到广泛的实现,降低了创新发明实现的成本,并且使学习培训更加便利。

"创新实践"课程的学生需要在课业学习中进行实验,因为他们可以通过处理仪器设备和相应数据来应用理论概念,并且他们的知识和技能都需要得到更好的巩固,让他们在将来的生活和工作中更好地发挥所习得的内容[2]。课堂中学到的知识和能力不仅可以在传统的实验室中得到实践和应用,还可以在计算机远程和虚拟实验室中得到开发。在线学习不仅可以让学生以不同的方式学习一些实验技能,也会刺激年轻人更好地运用数字产品[3]。虚拟和远程实验室可以收集学生的实验数据,也可以让学生与远程的实验设备进行交互。远程实验管理和远程实验环境,配合通信支持以及制定的实验教育标准,可以使人们得到完整的智能自适应远程实验室体验[4]。

30 多年来,随着高等教育开始将在线方法与传统校园教育结合起来,远程教育已经得到了部分的实现。现在,虚拟和远程实验室已经在全球都得到了成功的开发和实施。美国

---

① 资助项目:浙江省 2016 年度高等教育课堂教学改革项目(kg20160128)。

田纳西大学查塔努加分校在 1995 年上线网络在线工程实验室,通过 LabVIEW 编写的软件来进行虚拟实验[5];西班牙德乌斯托大学 2000 年建立的 Web 实验室,可让学生访问大学内的真实设备并进行体验式学习的远程实验室[6];华东理工大学的王华钟实现了一种以水箱实验装置为示例的远程实验系统,利用动态数据交换机制从网络服务器获取数据[7];华为公司提供了一个云端的物联网远程实验室,可以远程体验照明系统实验环境并进行数据管理、设备管理[8]。上述实验室比较侧重于实验室效果的实现,而对于物联网实现过程并没有很好的展现。

本文使用工业上常用的 Modbus 通信协议进行多控制器管理操作并结合 WebSocket 协议进行远端实验会话,通过简单的实验示例,让使用者充分理解物联网协议,并可依托例程进行二次开发升级。经过一系列设计和实现,该远程实验平台已经可以进行物联网基础实验,具有一定的实验教学价值。

2　总体设计

远程实验平台的总体结构如图 1 所示,分为三个部分:上层客户端、中间层软件服务端、底层硬件平台端。上层客户端包含账户操作界面和远程操作界面;中间层软件服务器包含与客户端通信的 WebSocket 服务、存储数据的 MongoDB 数据库、与底层硬件平台通信的 Modbus 服务。底层硬件可以包含不同的控制器,本课题以树莓派和德州仪器的 CC3200 作为示例。

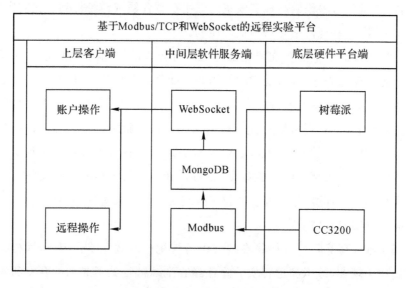

图 1　远程实验平台的总体结构

（1）实验设计

底层硬件平台控制着各种硬件资源，完成实验功能，同时与软件平台通信。硬件平台参考了一些实验进行设计：基于树莓派的通信系统温湿度监测系统[9]、基于 CC3200 的云端气压和温度监测和测量系统[10]。

本文最终提出并实现了两个测试实验例程：基于 CC3200 搭载的 TMP007 温度传感器的温度实验和基于树莓派外接 HC-SR04 超声波传感器的超声波测距实验。

（2）通信协议设计

软硬平台间的通信协议的制定是整个实验室的核心关键环节。

控制硬件平台的通信协议使用 Modbus 协议的变式版本 Modbus/TCP，可以在使用 TCP/IP 协议的互联网环境中使用 Modbus 消息通信。Modbus 协议可以用来支持各种从站设备，它可以与不同类型、不同硬件供应商、拥有不同通信属性的目标从机设备进行通信。Modbus 协议对相关功能码存在约定，本文相关实验文件中主要使用了保持寄存器、输入寄存器、线圈数据存储区域。线圈可以视作现实生活中的开关；保持寄存器是主机和从机拥有读写权限的寄存数据区域；输入寄存器是主机仅拥有读权限而从机拥有读写权限的寄存数据区域。

服务端与上层的软件客户端之间的通信协议采用 WebSocket 协议。WebSocket 协议是一种建立在远端主机服务器和客户端之间的双向通信协议。使用此协议的主要原因是可以利用该协议进行实时性的数据推送服务。WebSocket 传递数据借助轻量文本数据交换格式 JSON 来进行约定。JSON 定义了用于便捷表示且结构化的规则化数据。JSON 在进行数据转化时，因为需要对数据进行序列化和反序列化，会带来数据开销，但由于我们这里的数据规模比较小，所以性能瓶颈在本实验平台中不会是很大的问题。

3　实现与调试

（1）底层硬件平台实现

根据平台设计方案实现的正在进行实验的硬件设备如图 2 所示。

Modbus 协议的移植直接决定整个底层硬件平台通信的实现。树莓派平台基于的系统是 Linux 环境，语言使用 Python，利用 Modbus_tk 库来实现 Modbus/TCP 从机。Modbus_tk 支持 Modbus 的 TCP 和 RTU 的功能移植，可以定义自己的寄存器块并实现读写，创建基于 Modbus 进行通信的应用程序。CC3200 协议的移植，采用基于 Modbus 协议并开源实现的 FreeModbus 协议，根据 CC3200 现有 TCP/IP 基于 Socket 和 TI-RTOS 实时操作系统中拥有的类似于 Linux 的 TCP 协议实现 Modbus/TCP。

实验内容的 Modbus 设置基本一致，达到统一的通信协议设定要求。重点区别其实是在相关实验函数的实现以及文件升级技术不同。

图 2　正在进行实验的硬件设备

（2）中间层软件服务端实现

远程实验平台使用 MongoDB 数据库。MongoDB 是一个面向文档并易于扩展的数据库，它使用了非关系型映射来促进开发。MongoDB 基于集合和文档概念来实现，使用灵活的工作方式来存储数据，类似于 JSON 的文档数据模型。数据库中进行测试服务的用户数据采用学生和教师数据库的数据，控制器和实验数据需要人工进行手动后台更新，相关日志信息会在主服务进程中自动更新。

针对树莓派平台所使用的文件升级技术基于 SFTP 技术。SFTP 是基于 SSH 实现的文件传输工具，在数据传输中使用 SSH 进行安全传输；通过单独的 SFTP 会话就可以实现大部分的命令语句，如文件复制和执行。利用 SSH 的 Python 版本 Paramiko 库，使用 SFTP 模块进行文件传输，使用 SSH 模块进行对传入的树莓派文件的启动。

针对 CC3200 文件升级使用 LOADTI 技术。LOADTI 是基于 JavaScript 的命令行加载程序，可以对 TI 目标设备加载或运行一个 *.out 可执行文件，脱离图形界面的限制并且易于使用，可以用于实现快速完整性和批处理回归测试。程序实现使用 Python 调用 LOADTI 的 bat 程序，并设定 *.ccxml 目标设备和 *.out 目标实验文件，其他参数使用默认设置。

（3）上层客户端实现

上层客户端界面基于 C♯、XAML 结合 WPF 框架共同实现。

上层客户端的流程：①在客户端程序进行界面初始化之后，就进入登录界面进行账户登录；②账户登录通过后，可以进入主界面选择进行账户操作或者实验操作，账户操作包括切换账户和修改密码，其中修改密码需要向服务器提交密码替换请求；③远程实验操作需要先进行实验选择，这一部分操作将选择所需要进行实验的控制器以及相应的实验文件；④远程实验操作在选择完实验文件后，将得到进行实验控制的权限，可以进行相应的控制实验；⑤在与服务器交互过程中，相应的错误信息都将会显示在界面上来提醒用户出错。

远程实验客户端界面如图3所示，点击"开启远程实验"按钮后，可以对 Modbus 相关协议中的参数进行设置，服务器也对相应控制器下载选定实验文件使其等待 Modbus 命令输入。这里选定实验文件为超声波距离实验，其实际测试的样机为树莓派装置，设置数据为125mm，由硬件实验平台执行回传的数据为126mm，所测实验误差为8‰。

图3　远程实验客户端界面

4　结　语

我们基于 Modbus/TCP 和 WebSocket，通过对于硬件平台、通用通信协议、服务端、客户端的实现，设计了一个完整的远程实验平台。

（1）底层硬件平台中的控制器可以便捷接入多类型传感器进行实验，并设置了相应的测试实验；

（2）通过对 Modbu/TCP 协议的移植，实现了多控制器使用通用通信协议与主机进行通信的功能；

（3）服务端实现 WebSocket 服务和 Modbus 服务，并部署了相应数据库，对相关数据处理过程进行设置；

（4）客户端实现了前端界面展示，可进行实验、实验文件升级等操作。

该实验平台可以培养学生结合硬件学习以 Modbus/TCP 为代表的物联网协议的能力，并在例程基础之上进行二次开发。

参考文献

[1] Parkhomenko A，Gladkova O，Kurson S，et al. Internet-based technologies for design of embedded systems［C］. The Experience of Designing and Application of CAD Systems in Microelectronics (CADSM)，2015,3(2):167-171.

[2] Jara C A，Candelas F A，Puente S T，et al. Hands-on experiences of undergraduate students in Automatics and Robotics using a virtual and remote laboratory［J］. Computers and Education，2011，57(4):2451-2461.

[3] Prensky M. Digital natives, digital immigrants part 1［J］. On the Horizon，2001，9(5):1-6.

[4] Larrondo-Petrie M M，Da Silva L R. Implementation of cloud-based smart adaptive remote laboratories for education［C］//Frontiers in Education Conference（FIE）. IEEE，2017:1-5.

[5] Henry J. Engineering laboratories on the Web［EB/OL］. ［2018-6-2］. http://chem. en-gr. utc. edu.

[6] García-Zubia J，López-de-Ipiña D，Orduña P，et al. Evolution of the WebLab at the University of Deusto［C］. EWME 2006，2006.

[7] 王华忠,程华,姚俊.基于 Internet 的过程控制远程实验系统开发［J］.实验室研究与探索,2009,28(7):72-74.

[8] 华为技术有限公司.物联网远程实验室［EB/OL］.［2018-3-21］. http://developer. huawei. com/ict/cn/site-iot.

[9] Luo Q，Xie M. Temperature and humidity detection system of communication system based on Raspberry Pi［C］. International Conference on Intelligent Transportation，Big Data & Smart City (ICITBS)，2018:214-216.

[10] Palle D V，Kanchi R R. Cloud-based monitoring and measurement of pressure and temperature using CC3200［C］. International Conference on Intelligent Systems and Control，2017:393-397.

专业建设与
课程体系建设

软件测试人才培养：兴趣引导与跨课程融合

曹 斌 王 婷

浙江工业大学计算机科学与技术学院、软件学院，浙江杭州，310023

摘　要：软件测试在实际软件工程中占有非常重要的角色，而我国当前大学课程对软件测试的重视程度却与实际不相称，最直接的体现便是课时的设置和实践较少，使得现有教学方式对软件测试人才的培养无法适应市场需求。本文根据软件测试人员的特点分析现阶段的人才培养问题，并提出了兴趣引导与跨课程融合软件测试思想的解决思路。

关键词：软件测试；人才培养；兴趣引导

1　引　言

软件测试是一门非常重要且极具挑战的学科，它不仅仅是一项通过敲击键盘将被测系统搞"崩溃"的任务，而是一个为了保证系统具备一定正确性而高度组织、精心设计且需要付出大量工作的过程。据统计，国际著名 IT 企业的软件测试费用占整个软件工程所有研发费用的 50％以上[1]。作为计算机与软件专业的大学教师，我们培养学生掌握未来开发软件的基本能力。既然实际中软件测试占了总成本的 50％以上，我们若没有将软件测试思想在大学相关课程中进行有效的融合，学生将不会正确地认识软件测试的重要性，缺乏必要的测试技能，进而无法很好地为将来大型软件项目开发做好扎实准备。

2　软件测试人员的特点

与传统软件开发对技术人员的要求相比，软件测试更倾向于对综合素质的要求，这是因为软件测试人员不仅要懂技术，还要懂管理、沟通，否则无法保证软件质量。具体来说，软件测试人员具有如下三个特点：

(1)创建测试用例是一项非常具有创造性的工作

我们都知道从软件测试经济学观点出发[2]，穷举所有测试用例是一件不可能完成的任务，因为在实际项目中没有足够的时间和费用可以支持测试每个可能的输入。因此，测试人员的任务就是去挑选一个合理的测试用例集合来满足特定的需求，而这需要对测试与业务有深入的理解。一个能力强、有经验的测试人员能够用较小的测试集来找出大量的程序错误，而一个水平相对较弱的测试人员可能使用了大量的测试用例却不能够找出更多的错误。

(2)与开发人员的创造性相比，测试人员的创造性并不容易被看出

软件开发人员编写代码并让程序执行起来，我们能够简单直观地通过阅读他们的代码或运行程序来看出开发人员的能力、创造性以及其他体现他们水平的特征。软件测试人员编写测试用例后，直接通过阅读测试用例很难看出他们出色的地方。我们无法看到他们当初在设计测试用例时所付出的努力，他们的创造性并不容易被观察到，所以软件测试人员的创造性一般未被外界充分赏识和认可。

(3)测试人员更懂业务领域

相对于开发人员，软件测试人员不仅能够看到项目的完整应用场景，还能够从更广泛的视角来审视问题。因此，有专家建议当某个业务领域的新人加入项目组时，应当从执行测试入手[3]。这样他们就能够看到项目的全貌并且对问题领域有直观的感受。

3 现有软件测试人才培养问题

从上述测试人员的特点可以看出，软件测试对技术人员的要求更加全面和综合。然而受传统人才培养模式的影响，高校在软件测试复合型人才培养上存在如下两个主要问题：

(1)学生对软件测试兴趣不足，缺乏有效引导

与软件开发写代码让程序运行起来相比，软件测试倾向于逆向过程，即如何让软件无法执行。大部分学生认为软件测试没有贡献生产力，工作价值无法得到正向的、直接的体现，因此，会在心理上产生"还是软件开发'高大上'""开发价值高，更被人认可"等暗示。此外，出于节省成本、快速交付等急功近利的原因，我国很多软件公司对软件测试重视程度不高或过度依赖工具测试，使得一些工程师向学生传递不正确的观念，比如"软件测试技术简单、技术含量低""软件测试待遇差"等。对于上述错误认识，大学教师在教学过程中没能给予纠正，此外再加上软件测试的难度，导致大量学生对软件测试无法提起兴趣。例如，教师在软件测试课程的第一堂课也仅是照本宣科地介绍下测试的重要性，而并未通过实际的案例或有趣的教学方式让学生从心理学、经济学等"外围"去认识到软件测试的技术难点，使得不少

喜欢开发的学生在一开始便对软件测试有了轻视的态度。

(2)现有教材和教学模式"知识碎片化",学生综合能力无法有效提高

现有国内软件测试相关教材大多以基本概念介绍为主,超过 1/2 的内容在介绍测试类型、标准等众多枯燥乏味的概念知识,面对软件测试用例设计技巧的介绍却只是蜻蜓点水,没有进行系统而详细的讲解。同时,大部分大学教师照本宣科地讲授书本内容,进行"碎片化"的教学,使得学生难以从原理出发形成对软件测试学科和工作的整体认识。即使在讲软件测试课程的"干货"时也未能让学生系统地了解到方法间的不同和递进关系。例如教师已讲完等价分类法,学生也做了作业,但是学生最终还是不清楚到底为什么要学习等价分类法,应在什么情况下用等价分类法,甚至实际应用中真正的测试用例是什么样子都不清楚。又例如,在讲解基于逻辑覆盖的测试方法时,从语句覆盖、判定覆盖、条件覆盖再到条件组合覆盖等,这些方法间的不同以及彼此间的关系很多时候也被割裂开来,学生们未能从方法论上认识到这些方法的适用场景。类似的单一孤立知识点的学习对学生来说并不合适。

更重要的是,由于软件测试对人员的综合素质要求非常高,不仅对待测试项目的开发技术要熟悉,还需要根据实际测试需求灵活运用测试用例设计技巧进行用例的选择,对性能测试、打桩技术、集成测试策略等也要恰当运用。而当前大多数高校的软件测试课程或课本并没有将这些知识系统地进行讲授,或者在实践环节将上述能力要求进行系统训练,使得学生的测试能力没有得到较大的实质提升。

4 软件测试兴趣引导

针对学生兴趣不足的问题,我们根据多年的教学和科研经验,认为可以从如下三方面进行尝试引导:

(1)从课堂教学形式上进行兴趣引导

教师可以引入心理学和经济学内容,并围绕面向企业的实际测试,从一个看似简单的测试项目出发,在课堂上循序渐进引导学生认识到软件测试背后的技术挑战以及测试人员在实际项目中的重要作用,激发学生对软件测试的兴趣。在具体理论教学过程中,鼓励学生利用所学的测试用例设计方法论去自由发挥,设置一定的课时进行课堂用例设计讨论;在实践教学过程中,加强工具教学和掌握,从企业实际测试项目中借鉴相关主流工具进行案例教学,让学生能掌握一线的工具使用经验。

(2)从学生好胜心进行能力引导

教师将软件测试工作与软件开发工作从多个维度进行对比,让学生有全方位的认识。比如,现在软件开发套路已基本成熟,公司要求开发工程师用成熟的框架、既定的前后端开

发技术与数据持久化技术,很少允许开发人员随意变更技术领域,让学生逐渐意识到开发人员现在也开始呈现"重复性"劳动的特点。相反,测试工程师却需要针对不同的业务领域不停地分析和设计问题特点,灵活运用各种测试技巧才能很好地完成任务,因而其比软件开发人员对知识领域的知识理解程度更加深入。此外,测试工作对工程师的综合能力要求更高,一般人无法胜任,潜在地也会让好胜心强的学生尝试测试工作。

（3）从科研角度激发兴趣

教师引入国外经典软件测试著作、软件测试领域顶级会议(如 ICSE)研究方向、心理学和经济学等辅助性材料,进一步帮助学生扩充知识面,让学生从研究角度对软件测试有更深入的了解,并激发他们探索和解决问题的好奇心。

5 软件测试跨课程融合

针对现有教材和教学方式"知识碎片化"、学生综合能力难以提高的问题,我们认为需要与其他专业课程紧密融合,在不同阶段进行跨课程的软件测试思维训练。该过程大体可以分为三个步骤。

（1）软件测试与大学新生专业导论课

一般计算机和软件专业的大学新生在刚入学的第一学期会有导论课程,例如软件工程导论、计算机导论等。这类课程的目的主要是给学生提供一个对计算机领域的概述性认知,以方便他们对未来的专业选择有个直观的认识。不同学校对这一类课程的介绍内容有所不同。但是据笔者了解,现有的新生导论课程对软件测试的介绍课时大部分不到 1 课时,这与软件测试在实际软件开发项目中的重要性相比极为不匹配。因此,我们认为有必要加强软件测试相关概念和方法的介绍在导论类课程中的课时占比,让新生在入学的第一年就能够正确认识软件测试的任务及其重要性。

（2）软件测试与软件工程课程融合

计算机和软件专业的学生在大二一般有一门软件工程的专业必修课,这个课程主要介绍软件开发生命周期模型、分析、设计、测试、团队协作、文档撰写等。有关软件测试的内容大致覆盖了 2 课时左右的教学量,主要讲授黑盒测试与白盒测试。但由于这两大类测试用例设计方法涵盖了较多的设计技巧,在 2 课时的时间里很难讲透,并不能很好地让学生掌握一些基础的用例设计方法,比如判定覆盖、等价类划分等。因此,我们建议软件工程课程授课老师增加软件测试的授课内容,对基本的测试用例设计技巧进行案例讲解,并安排相应的实验课,让学生进行测试用例实践,进而打好软件测试的基本功,为大三的软件测试专业课的深入学习奠定基础。

（3）软件测试与完整项目实践融合

学生进入大三后，会正式接触软件测试专业课的训练。然而现有的软件测试教材"知识碎片化"，且大部分内容为枯燥乏味的标准、分类等介绍，而测试用例设计技巧及项目实践的内容较为陈旧和肤浅。为此，我们建议大三学期的软件测试课程应在软件测试理论方面重点围绕测试用例设计方法和案例进行讲解，同时增大实验比例，教会学生使用较为成熟的软件测试工具进行打桩（Easymock）、性能测试（Jprofiler、Jmeter）等，在自动化测试和软件质量过程管理工具的使用上也进行适当的讲解，进而让学生能在 16 周的学习中不仅掌握必要的测试用例设计方法论，还能在工具使用上对测试有直观的感受。根据笔者的教学经验，整个学期围绕一个完整的项目展开实践，来讲授上述这些方法与实验会有较好的效果。通过这样的完整项目实践，学生可以了解软件项目的开发和测试整体流程。在开发时考虑可能会出现的问题；在测试时反思，并深入挖掘，以自身的开发实践来促进测试，对测试的技术难度和复杂度有更深切的体会，从而提高软件测试技能。

6 总 结

本文从软件测试在实际软件项目中的重要性出发，分析了软件测试及测试工程师的特点，并结合这些特点分析了当前我国现有软件测试人才培养方面的问题，即学生对软件测试兴趣不足和现有教学模式"碎片化"导致学生综合能力不足。针对这些问题，本文结合笔者多年的软件测试教学经验，进行了从兴趣引导和跨课程融合的解决思路探讨，这些思路也将会在笔者未来的课堂上进行实践，并进一步观察效果和实时调整。

参考文献

[1] 孟斌.软件成本模型及软件最优发布问题研究与应用[D].哈尔滨：哈尔滨工程大学,2014.

[2] Myers G J, Badgett T, Sandler C.软件测试的艺术：第 3 版[M].张晓明,董琳,译.北京：机械工业出版社,2012.

[3] Palmer L. The inclusion of a software testing module in the Information Systems Honours course[J]. South African Computer Journal,2008,12(1):83-86.

面向新工科建设的网络工程专业教学改革思考

金　光　　江先亮　　陈海明

宁波大学信息科学与工程学院,浙江宁波,315211

摘　要: 信息技术教育日益普及,新工科建设对高校工科专业改革发展提出了要求。目前在计算机和网络工程专业(方向)教学过程中,存在知识陈旧、实践开发能力培养不足等矛盾和问题。本文剖析网络工程专业(方向)的核心课程设置和存在问题,介绍了近年来网络教学领域国内学者开展的各种课程改革和新兴课程建设,并以"无线网络技术"课程为例,列举分析了目前国内外高校的实验环境建设,提出了相应改革思路。

关键词: 新工科建设;网络工程;教学改革;无线网络技术

1　引　言

在信息革命大背景下,网络技术日新月异,基于互联网和物联网的各种创新应用层出不穷,对人类的社交、工作、学习、产业和经济等产生深远影响。

2018 年 1 月,教育部公布普通高中新课标[1],大幅减少基本软件操作使用内容,许多以往属于计算机专业本科的内容都将进入高中,如编程、计算思维、数据结构、算法、人工智能、开源硬件、网络空间安全、Python 语言等。

教学内容和层次逐步下沉,这与信息技术自身创新—普及—更新迭代的演进规律相吻合。中小学课程既已包含成熟的信息技术知识,高校信息技术专业课程必须定位更高。信息技术各专业自身课程除教学方法改革之外,教学内容更需与时俱进,及时推陈出新,传授前沿新颖的技术知识。

第四次工业革命扑面而来,"中国制造 2025"正有序推进。新知识呈指数级发展,边缘交叉学科不断涌现,知识成果转化周期缩短。面对知识更新的挑战,许多现有工程教育课程内容陈旧,和新技术、新产业、新学科差距较大,与实践和社会需求脱节[2]。

在教育界一大批有识之士的呼吁下,教育部积极推进新工科建设。2017 年以来,先后形成了"复旦共识""天大行动""北京指南",明确提出"根据新技术和新产业发展趋势,培育建设新兴工科专业;重组并优化涵盖各学科基础知识的新工科专业的课程体系和教学内容;构建新工科专业的实践创新教育教学体系"[3]。

与此同时,工程教育专业认证也在各校陆续展开,提倡以学生为中心、产出导向和持续改进三大理念,强调培养本科生解决复杂工程问题的能力。对工科和信息技术专业学生而言,学习新技术、新知识,掌握实践开发能力尤显重要。

2 网络工程专业(方向)教学现状

下面具体针对网络工程专业和计算机专业的网络工程方向展开分析,其他专业情况类似。

计算机技术是信息技术的核心,计算机专业的在校生和毕业生数量领先其他专业,最初的计算机科学与技术逐步衍生出软件工程、网络工程、物联网工程、网络空间安全、智能科学、大数据等新专业。也有许多高校继续保留统一的计算机专业,但内部细分成上述若干方向。

但计算机专业教育的问题和矛盾不少,北京大学张铭教授[4]指出,"较之国外,国内一些高校的计算机教育仍处于滞后、呆板的状态","信息技术更新非常快,内容越来越广泛,而高校课程体系相对滞后,学生学习一些陈旧甚至过时的内容,对未来职业发展产生了不必要的转换代价"。

作为高校教师,又身处一日千里的计算机网络技术领域,我们对当前教学环节中的知识陈旧、重理论轻实践、忽视能力培养等问题感受颇深。

网络工程是从计算机科学与技术专业衍生的新兴专业,过去十多年已有400余所高校开设。该专业通常要求学生:学习计算机、通信、网络方面的基础理论和设计原理,掌握计算机通信和网络技术,接受网络工程实践的训练,具备从事计算机网络设备和系统的研究、设计、开发、工程应用和管理维护的基本能力,等等。

简单分析网络工程专业(方向)课程设置,除去工科公共课(英语、数学、电子等)、计算机基础课(数据结构、操作系统、计算机组成、程序设计等)、与通信交叉课(数据通信原理)、与信息安全交叉课(网络安全、密码学),体现"网络工程"特色的核心课程包括:

- 计算机网络,专业核心基础知识,包括 IEEE 802.3 和 TCP/IP;
- 网络管理,围绕 TCP/IP 协议栈,包括相关网管协议、MIB 库等;
- 网络工程设计(系统集成),包括网络规划、设备配置、综合布线等;
- 协议分析与设计,对 IEEE 802.3 和 TCP/IP 各种主流网络协议的分析;

● TCP/IP 协议原理，主要是 TCP/IP 核心知识的扩展和深入。

我们认为，上述课程体系存在两大不足：一是知识陈旧，不少内容落后于技术发展和社会需求；二是实践开发环节缺失。

网络工程专业(方向)的教学改革应该重点开展教学内容和实践能力两方面的工作，接下来会展开分析。

3 国内网络课程领域的教学改革创新

网络工程专业(方向)的主要专业内容是在"计算机网络"这门核心课程基础上发展而来的，随着网络技术蓬勃发展，其内涵和外延不断得以扩张。目前在计算机网络相关课程领域，国内诸多学者开展了各种教改创新活动：

针对"计算机网络"课程，南开大学吴功宜等[5]长期致力教学内容改革，涵盖网络协议知识、网络编程实践等。国防科大孙志刚等[6]进一步从软件定义网络角度开展"计算机网络"课程实验环节教学改革。通过"物联网导论"课程，清华大学刘云浩[7]对国内高校物联网工程专业的创建发展起到引领作用。上海交大王新兵[8]致力于推动"移动互联网"新兴课程建设。清华大学徐恪[9]针对"网络经济学"课程建设开展了探索工作。清华大学崔勇[10]尝试开展"互联网＋创新创业"课程建设。我们则主要致力于"无线网络技术"[11]课程建设。

以上课程，为网络工程专业(方向)的教学内容注入了新鲜血液，其中许多新兴课程在越来越多的高校得以开设。

可以预见，伴随技术和应用的继续发展，还会有更多新技术、新知识进入专业课程的内容范畴。

4 网络工程专业(方向)实践能力改进分析

总体上，网络工程专业(方向)毕业生的就业竞争力较强，跻身 IT 高薪一族。但瑕不掩瑜，许多学校网络工程专业(方向)的培养目标不清楚，课程设置不合理，实践环节薄弱，重知识传授而非能力培养，与社会需求脱节等[12]。有同行建议积极改革，加强学生工程实践能力培养，提高专业素质和竞争力[13]。

目前绝大多数高校网络工程专业(方向)的实践能力培养主要面向网络设备系统的管理、配置、运行、维护等(如思科、华为等认证考试)。但随着人工智能、自动化等技术应用逐渐普及，机器换人步伐加速，社会需求明显变化。单纯操作配置的运维岗位需求趋减，而研发岗位需求趋增，薪资变化趋势也是如此。例如，15～20 年前一位思科认证工程师的薪资远超一位网站程序设计工程师,而现状则恰恰相反。显然,重操作轻开发的专业人才培养定位面临严峻挑战。

当前网络技术呈现"中心高速化,边缘无线化"的特点。大量服务器主机迁至数据中心(云端),软件定义网络等新技术得到应用。而客户机、终端、智能设备更多采用无线接入,在网络发展初期,无线网络仅为分支,现已后来居上。突破线缆束缚之后,无线局域网、无线城域网和蜂窝网络、卫星网络、无线自组织网、RFID 智能卡、无线传感网、无线个域网、无线车载网和智能交通、无线体域网、无线室内定位、无线智能家居、无线网络安全等诸多领域技术多点开花,无数物联网的创新应用风生水起。可以说,无线网络的应用范畴、影响力、发展潜力等堪比当初的互联网。

我们认为无线网络技术知识内容繁杂,学生应通过课程渠道加以系统学习,信息大类相关专业应积极开设"无线网络技术"新兴课程,尤其是网络工程专业(方向)更应将其作为核心课程。该观点已得到越来越多高校师生的认可。

但不同于其他存在多年、积累深厚的经典课程,"无线网络技术"新兴课程面临艰巨挑战,其技术类型繁多,理论知识体系随技术进步不断演变。

更困难的是实验实践环节安排尤其困难,薄弱之处更显突出。我们了解到,国内诸多高校同行出现了意见分歧,可分为以下几类:

●一部分教师鉴于教学计划安排学分和学时有限,以理论授课为主,暂不设置实验实践环节;

●一部分教师认识到实验实践的重要性,但实验室建设存在困难,实验环节以仿真实验为主,基本不安排实践实验;

●一部分教师除仿真实验以外,也考虑开展相应实践实验,但技术多样化导致实验器材和场景繁杂,自建实验环境难度和工作量较大。

我们认为,本课程的工程性特点和从培养学生实践动手能力出发,决定了实验实践环节必不可缺。但如何高效稳妥地推进课程实验环境建设,成为亟待解决的重要问题。我们调研了国际国内现状,简要分析如下:

在美国国家科学基金会的资助下,普渡大学面向本科生开展"无线网络技术"实验实训课程教学[14]。Sanguino 等[15]开发了教育工具 WiFiSim,帮助学生建模和分析无线局域网。Guerra 和 Peréz[16]建设了机器人和物联网实验室,用于学生科研。Kurkovsky 和 Williams[17]在物联网系统开发中使用配置多传感器的 Raspberry Pi(树莓派)作为实验平台。国内同行也分别使用 OPNET 和 MATLAL[18]、Cooja[19]等主流仿真软件,设计了各种实践实验环境。

以上国内外同行的实践教学研究工作较深入,具有开发设计的特点,富有个性和创新性。不足在于相关技术内容较松散,实践环节教学缺乏整体性,我们尚未检索到较完备的整体实践学习环境。而国内同行构建的实践实验环境更多体现虚拟仿真特点,以成熟平台的应用操作型实验为主,实施方便,简单易用,但较少体现开发和设计性,难以满足培养学生实践开发能力的需求。

5　结语和展望

综上所述,信息技术教育日益普及,新工科建设正全面展开。高校相关专业课程需与时俱进,不断补充完善新知识、新内容。网络工程专业(方向)的教学过程中存在教学内容相对陈旧、实践能力培养不足等问题。

我们立足"无线网络技术"课程在以往已有工作的基础上,继续研究和探索。一方面编撰和修订教材,提供前沿新颖的理论教学内容;另一方面开发设计相应的实验实践项目,为建设"无线网络技术"教学实验室提供有效示范和帮助,切实提高学生的技术水平和实践动手能力,进一步推动网络工程专业(方向)教学改革和新工科建设。

参考文献

[1] 教育部公布高中新课标,编程、计算思维成必修内容[EB/OL].[2018-1-17].http://www.sohu.com/a/217228181_670404.

[2] 钟登华.新工科建设的内涵与行动[J].高等工程教育研究,2017(3):1-6.

[3] 新工科研究与实践项目指南教育部办公厅(教高厅函〔2017〕33 号)[EB/OL].[2017-6-2].http://www.moe.edu.cn/srcsite/A08/s7056/201707/t20170703_308464.html.

[4] 张铭.计算机教育的科学研究和展望[J].计算机教育,2017(12):5-10.

[5] 吴功宜,吴英.计算机网络[M].4 版.北京:清华大学出版社,2017.

[6] 孙志刚,李韬,徐东来.基于开源模式的计算机网络实验教学[J].中国计算机学会通讯,2017,13(9):50-53.

[7] 刘云浩.物联网导论[M].3 版.北京:科学出版社,2017.

[8] 王新兵.移动互联网导论[M].2 版.北京:清华大学出版社,2017.

[9] 徐恪,王勇.赛博新经济:"互联网+"的新经济时代[M].北京:清华大学出版社,2016.

[10] 崔勇.视界:互联网+时代的创新与创业[M].北京:清华大学出版社,2016.

[11] 金光,江先亮.无线网络技术教程[M].3 版.北京:清华大学出版社,2017.

[12] 张新有,曾华燊,窦军.就业导向的网络工程专业教学体系[J].高等工程教育研究,2010(4):156-160.

[13] 施晓秋."产学三级联动"工程能力分级培养模式的构建与实践[J].高等工程教育研究,2017(5):66-71.

[14] Yang S,Hixon E.可持续无线网络方向本科生科研教学研究——美国国家科学基金本科生科研教学项目概述[J].计算机教育,2016(4):3-15.

[15] Sanguino T J M,López C S,Hernández F A M. WiFiSiM:an educational tool for the study and design of wireless networks[J]. IEEE Transactions on Education,2013,56(2):149-155.

[16] Guerra J,Peréz A F. Implementation of a robotics and IoT Laboratory for undergraduate research in computer science courses[C]. Proceedings of the ACM Conference on Innovation and Technology in Computer Science Education,2016.

[17] Kurkovsky S,Williams C. Raspberry Pi as a platform for the internet of things projects:experiences and lessons[C]. Proceedings of the ACM Conference on Innovation and Technology in Computer Science Education,2017.

[18] 鲁凌云,王移芝,陈娅婷.无线网络实验教学中 MATLAB 和 OPNET 协同仿真策略研究[J].计算机教育,2017(7):61-64.

[19] 郭显,方君丽,张恩展.基于 cooja 仿真器的无线传感器网络实验研究[J].计算机教育,2017(3):167-172.

智能机器人教育在探索人才培养新模式中的应用

孟冰源　　李知菲

浙江师范大学数理与信息工程学院，浙江金华，321004

摘　要：创新人才的培养是我国人才发展战略的重要目标。本文初步探讨机器人教育在培养创新人才方面的重要作用。我校将智能教学机器人引入大学信息技术基础教育中，探索人才培养新模式，以培养大学生的创新精神，提高综合实践能力。

关键词：创新实践；信息教育；人才培养；机器人

1　开展智能机器人教育的背景

"中国制造2025"已经从概念走向了实际，在未来的智能工厂中，机器人是不可缺少的一个关键因素。利用机器人来提升工作效率，抢占智能制造的制高点，有助于中国制造业的转型发展，推动中国从制造业大国向制造业强国不断转变。教育部《教育信息化"十三五"规划》中指出，有条件的地区要积极探索信息技术在 STEAM（科学、技术、工程、艺术、数学）教育、创客教育等新的教育模式中的应用。

为了响应国家号召，应对"中国制造"转型升级对机器人的市场需求，浙江师范大学数理与信息工程学院虚拟现实与动作捕捉实验室引进了多套智能机器人设备，将其作为学习工具和研究平台。我们立足于自身师范院校的特色和优势进行了探索性的尝试，将智能机器人教育教学融入综合实践中，创新性地设置了智能机器人实践课程（选修）。改变了传统信息技术基础教育中以"计算机"为核心的教学思想，建立了以"机器人"为主，"计算机"为辅的全新的教学模式和教学方法。我们通过学习和分析一些具体的机器人应用案例，加深学生对机器人的认识，帮助学生理解相关基础知识，掌握开发机器人的基本技能。

2　智能机器人的介绍

行走是智能机器人基本的功能,为了直观地展现创新实践教学的成果,我们在实践教学中采用了搭载 17 个 LD-2015 数字舵机,以 Arduino 为控制器的双足仿人机器人[1],主要对机器人的步态进行实践教学。数字舵机的控制精度和响应速度具有很大的优势,可以满足机器人行走的需要。该机器人组装使用的都是一体化结构,结构支架一体成型,使机器人更加坚固,系统的稳定性更高,其总体结构如图 1 所示。

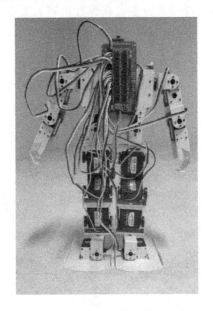

图 1　双足仿人机器人总体结构

3　课程实践内容

步态是指在机器人行走过程中,各舵机在时间和空间上相互协作的关系。我们从仿人机器人系统的力学特性出发,对机器人步态进行规划,并应用于教学机器人中,在多种步行课程实验中取得了成功。在课程实践过程中,我们首先对实验目标进行分析:智能机器人初始直立状态双腿并齐,此时,把右腿当成支撑腿,左腿向前伸出半个步长的距离开始进入起步状态;接下来,进入双腿交替支撑,左、右腿轮流作为支撑腿的周期步行阶段;最后,把左腿当成支撑腿,右腿伸出半个步长的距离,进入止步状态,回到双腿并齐直立的静止状态。步行的三个状态在整个步行周期中分别扮演了重要的角色,它们虽然存在差异,但具有密切的关系,详细流程如图 2 所示。

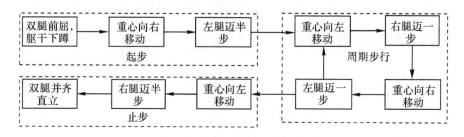

图 2　步行的三个状态

在运动的过程中,机器人上半身的重心变化不需要被关注[2]。因此,代码的编写以及动作设计相对下半身的步态而言要简单得多。在设计机器人上肢动作时只需要关注各关节的独立性,避免误运动。在实验教学中我们主要研究机器人下肢的姿态变化。在慢速步行中,双臂摆动对机器人稳定的影响有限。为了尽量减少干扰因素,我们使机器人的两个手臂与身体保持相对静止。图 3 为简化后的智能机器人在各行走状态下关键时刻的位姿[3]。其中图 3(a)、图 3(b)和图 3(c)分别为起步阶段,周期步行阶段以及周期步行结束,进入止步阶段的位姿变化。

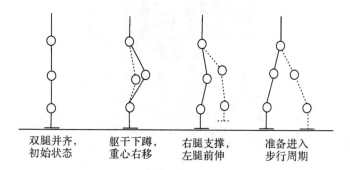

(a)起步阶段

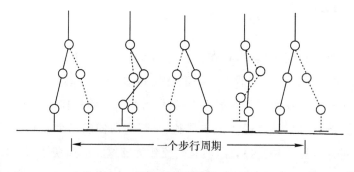

(b)周期步行阶段

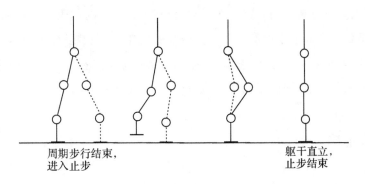

周期步行结束，
进入止步

躯干直立，
止步结束

(c)止步阶段

图3　智能机器人在各行走状态下关键时刻 的位姿

机器人行走的步态设计就是使机器人的每个关节按照设定的顺序和角度进行旋转的过程。然后，每个关节不断地循环设定好的姿态，也就实现了机器人的步行运动。这其中的关键在于设定机器人关节变化的顺序和角度。我们分析实验可以得出，踝侧向关节角度和髋转向关节角度在数据值上相等。重心移动和屈伸如图4所示。

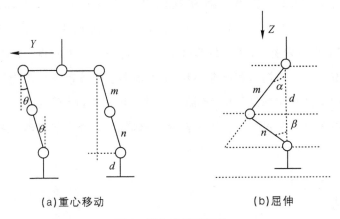

(a)重心移动　　　　　　(b)屈伸

图4　重心移动和屈伸

根据空间向量法，结合 D-H 法，我们很容易就能计算出机器人在行走的各个时刻每个关节的角度变化。按照角度变化我们可以逆向对机器人进行步态规划，从而完成课程实践的目标。

自主学习能力是当前教育中对学生重点培养的能力之一。具备良好的自主学习能力之后，学习对学生而言就不再是被动的接受过程，而是主动地获取知识和信息的过程。在实验过程中，学生根据智能机器人的运动反馈纠正在学习过程中出现的错误，与此同时通过与同学之间进行合作学习，产生浓厚的学习兴趣，实现从"想学"到"会学"的过程，提升自己的核心素养。

创新实践充分调动了学生的主观能动性。在教学过程中学生主动走进实验室进行学习和研究,从前期的姿态分析、动作分解、关节角度设计,到最后的代码编写都能较好完成。我们的创新实验项目在实际教学中激发了学生较大的兴趣,解决了以往课程实践抽象乏味、学生缺乏学习兴趣、教学效果不好的难题。学生通过实践课程熟悉了机器人的相关知识,掌握了机器人开发的相关技能,锻炼了动手能力,培养了独立解决问题的能力。

4 教学成果

传统的课程考核评价方式较为单一,主要通过平时作业、期末考试成绩来进行考核。实施创新实践教育以后,考核方式由成绩性评价转为成果性评价。在综合成绩中要反映出对学生平时的学习过程、理论与实践的结合能力的评价;客观地对学生平时的学习过程、掌握基础理论能力、理论与实践相结合的能力进行评价。我们根据机器人在行走时各个关节在坐标系中的位置以及机器人在行走过程中的稳定性进行综合判断:通过我们建立的模型计算出的关节变化顺序、变化角度,满足机器人行走的需要,整体而言具有较好的稳定性,基本完成教学目的。在整个教学实践过程中我们建立了机器人行走的动态模型后,基于Arduino 控制器完成了智能机器人的实践开发,基本达到了预期的目标。教学实践反馈教学效果良好,丰富了课堂内容,改进了课堂教学质量,促进了师生间良好的互动交流,让学生主动参与实践激发了学生的学习和研究兴趣,培养了学生的逻辑思维能力和语言表达能力,对学生实践能力的提高有较好的帮助,有助于培养学生良好的编程实践能力和自主学习能力。接下来我们将进一步探索智能机器人教育的新模式,结合目前机器学习、人机交互等新理念,创新实验项目和教学方式,提升教学效果。

5 总 结

智能机器人教育是现代信息技术发展的新型产物,它不仅为传统课堂提供了机遇和挑战,同时还可以作为传统课程教学模式的补充和延展。在智能机器人教育过程中,我们要充分根据课程特点,设计合理的课程架构,选取科学的教学模式,设计有效的教学方法,优化合理的评价方法,充分发挥学生的主观能动性,以期实现较好的教学效果。

机器人教育具有趣味性、创新性和可操作性等特点,它的生命力是非常旺盛的。机器人教育在基础教育未来的发展中大有可为,为创新教育提供了广阔的空间,是开发每个学生特长和潜能,培养高素质创造性人才的优秀素材。我们师范类院校开设智能机器人教育正是顺应了师范教育改革的潮流,不仅可以为基础教育提供更好的师资力量,也为师范类院校在人才培养模式上带来了新的思考。我们要按师范专业的特点,发挥师范类院校的优势,进一步开展一系列智能机器人教育课程、活动,形成一种师范模式,更好地普及机器人教育,为基础教育培养优秀人才。

参考文献

[1] 孟浩,王妍玮.基于 Arduino 的双足仿人机器人设计[J].林业机械与木工设备,2014,42(2):38-40.

[2] 徐凯.仿人机器人步态规划算法及其实现研究[D].北京:清华大学,2004.

[3] 孟月霞.基于 Kinect 的仿人机器人控制系统[D].哈尔滨:哈尔滨理工大学,2017.

[4] ZHUANG Y F,Liu D Q,WANG J G. Dynamic modeling and analyzing of a walking robot[J]. School of Automation Beijing University of Posts and Telecommunications,2014,21(1):122-128.

新工科理念下成人教育计算机专业人才培养目标定位的思考

王赛娇

台州广播电视大学高职学院,浙江台州,318000

摘　要:随着社会经济和计算机技术的快速发展,社会对计算机软、硬件技术人才的需求也不断地变化。面临变化的需求,成人教育应以新工科理念为指导,根据成人教育计算机类专业人才的社会需求和成人教育学生的特点,重新定位计算机专业人才培养目标,并对专业课程体系和教学实施方法进行积极改革与创新。

关键词:新工科;成人教育;计算机专业;人才培养目标

1　引　言

随着全球经济和信息事业的快速发展,计算机已成为人们工作和生活中不可缺少的一部分,可以说几乎所有的行业都需要一定数量的计算机专业人才。但从成人教育计算机专业近几年毕业的学生就业调查显示:计算机专业学生就业率却持续降低,就业状况亮起了红灯。这让我们不得不思考,目前成人高校计算机专业人才培养是否与社会需求有所脱节,是什么导致我们的成人教育毕业生就业竞争力下降,以及在新的形势下成人高校应该培养什么样的计算机专业人才。这都需要我们在新的理念指导下重新思考专业人才培养的定位问题。

2　成人教育计算机专业学生就业情况分析

笔者对某成人高校过去三年的计算机专业毕业生的就业情况进行了抽样回访调查,共调查专科毕业生 255 人,本科毕业生 151 人。调查发现,从事本专业工作的仅占 17.8%,主要岗位集中在电脑服务公司,从事相近专业的占30.5%,主要岗位为各企事业单位的计算机信息服务和网络营销等,而转做其他行业的高达42.6%,待业的占9.1%。

近几年,计算机行业迅猛发展,可以说就业岗位比比皆是。但计算机专业也是各个高校的热门专业,毕业生人数年年递增,面临的竞争也非常激烈,加上近几年社会对计算机人才总需求有明显变化,需求的主体也由政府机关、国有企业向中小企事业单位转移,计算机专业毕业生的就业也发生了明显变化。面对变化的需求,成人教育计算机专业欲在未来的市场中占一席之地,需重新定位专业人才培养目标和培养方案,从而提高人才培养质量。

3 成人教育计算机专业人才培养定位存在的问题

成人教育自成立以来,虽然人们一直不懈地探索、研究和实践,也取得了一定的发展,但成人教育计算机类毕业生就业却日益困难。究其原因,我们认为主要有两点:一是人才培养目标脱离了成人学生的实际条件和求学需求。目前,我们很多成人高校还是模仿普通高校的一贯做法,盲目跟风,在培养目标和课程设置上仿照普通高校的计划来实施,而我们的成人教育学生大部分来自社会,他们的社会性与职业性非常明显。因此,成人教育计算机类毕业生就业困难的一个主要原因,并不是毕业学生数量太多,而是人才培养方向针对性有所偏差。二是教学内容与教学方案陈旧,不适合已变化的生源。随着近几年普通高校的大力扩招,成人教育的招生已日益困难。成人教育的招生对象也明显发生了转移:成人教育本科的招生对象由普通高校专科毕业生向成人高校专科毕业生转移,而专科的招生对象由普通高中毕业生向职业中专毕业生转移。他们的学习基础较差,若依旧以若干年前的教学内容与教学方案来实施教学,这不仅影响学生的学习兴趣,甚至会因为某些学科太难而使有些学生无法完成学业。内容的陈旧同时也导致成人教育的学生在就业时与其他高校毕业生相比没有竞争力,最终造成就业尴尬的局面。

4 新工科理念下成人教育人才培养目标重新定位的路径

2017年,教育部提出了新工科行动计划,计算机专业作为新工科领域重点关注的专业,成为新工科建设的热点,同时给成人教育计算机专业人才培养目标的定位指明了方向。

4.1 以就业为导向定位计算机专业的培养目标

成人教育计算机专业培养目标的定位,首先要遵循成人教育的规律和特点,根据市场需求和高校自身的教育条件,结合成人教育学生的知识背景,以就业为导向,有针对性地科学定位专业人才培养目标。考虑到成人教育学生的学习基础相对薄弱,学习计算机高新技术专业课相对较难,今后从事高新技术研究与开发的可能性也小,我们主要对中小企业的计算机基础应用型人才需求进行了调查。调查显示:随着新经济、新产业的改革发展步伐加大,专业要求层次更加明显,能力要求也更加细化,其中对计算机信息化类型工作人才需求日益增加,如信息收集及数据处理、基于计算机环境的网络销售及图形图像类处理等。可见,成人教育计算机专业的主要就业市场为计算机应用操作型和计算机信息管理型。因此,人才培养目标的定位并非如同普通高等学校计算机专业那样培养的是研究型人才,而应该培养的是有创新和实践能力的"技工式"应用型人才。这种"技工式"应用型人才具备面向新型技术的信息化管理和动手操作能力,同时具备较高的职业素养、较强的工作能力和未来社会适应能力。

因此,我们可以将成人教育人才培养目标分为以下几个方向:

(1)计算机信息系统管理方向:培养管理企业信息系统的能力,包括信息收集与分析能力、信息的处理和维护能力以及数据库管理与维护能力。

(2)网络建设与维护方向:培养计算机网站建设与维护能力,包括局域网的网络构建和部署能力、网站建设能力以及网络安全管理能力等。

(3)计算机软、硬件维护方向:培养熟练的计算机硬件维护和系统维护能力,包括计算机硬件组装与维护,各种常见软、硬件故障的判断与维修能力等。

(4)计算机图形设计方向:培养较强的图形设计能力,包括平面构成、电脑广告设计、图案设计、多媒体出版物设计、三维动画设计能力等。

4.2 模块化结构的成人教育计算机专业课程体系设计

根据成人教育计算机专业人才培养目标,结合新工科理念,以模块化的结构设计一种突出应用能力培养和职业素养的新课程体系。同时可以依据现有条件,将课程体系进一步细化,并可供学生根据自身需要进行选择。

(1)基础学科模块:培养学生基本的学习能力,主要包括高等数学、电路电子学、计算机文化基础、办公自动化等课程。

(2)通识学科模块:培养学生适应未来社会的能力,主要包括职业素养、地域文化、社会经济学等课程。

(3)专业学科模块:培养学生专业分析能力,主要包括面向对象程序设计、计算机组成原理、操作系统、数据结构等课程。

(4)业务学科模块:培养学生专业业务技能,主要包括计算机组装与维护、计算机网络安装与维护、网站管理模块、图形图像处理、网页设计、计算机信息管理等课程,还包括课程的实验与实训。根据成人教育学生的特点,需加大实验操作课时,与理论课时比可以达到

3：2,甚至 2：1。

(5)动态学科模块:主要培养学生快速掌握新技术应用的能力,主要包括信息技术应用、人工智能的技术应用、大数据分析技术应用等。

以上 5 个模块所开设的系列课程可由学生根据自身需要自由选择,同时根据专业所规定的学分要求进行相应的统筹和调整。另外,整个教学模块采用动态管理的办法,及时增设新兴的、极具潜力的、发展前途较好的课程,这样使学生所学的知识和技能能适应社会的变化和需求,真正做到服务于社会与行业。

4.3 多渠道多平台制定教学实施方案

首先,修改相应的课程教学大纲,科学地完善课程教学内容,必要时对专业课程和业务课程教材进行单独的编制与修订。根据成人教育计算机专业的人才培养新目标和业务规格新要求,在修订时要突出知识新、应用性强的特点,着眼于提高学生的知识、能力和素质结构,提高学生分析问题、解决问题的能力。其次,在教学方法上要注重成人学生独特的实践经验和实际需要,加强训练学生预测未来的技能,培养和提高学生的创新素质。最后,在教学资源建设上,考虑到成人教育学生上课时间分散、自学课时较多的特点,要积极利用校园网、微博、微信等构建自己独有的成人教育教学资源平台,同时积极开展线上+线下互动学习,满足学生随时学、随地学的需求,以提高学生学习专业知识的兴趣与能力。

5 结 语

随着社会新经济、新产业的快速发展,社会对高校人才培养的规格、标准和类型不断提出新的要求,成人教育作为同社会经济联系较为紧密的一种教育形式,面临着变化的需求,应在新工科理念的指导下积极地进行改革。计算机专业是成人教育的一个重要专业,积极运用新工科理论重新定位人才培养目标,创新教学内容和教学方法,这对推动其他成人教育专业改革有着重要的意义。

参考文献

[1] 林健.面向未来的中国新工科建设[J].清华大学教育研究,2017,38(2):26-35.

[2] 徐晓飞,丁效华.面向可持续竞争力的新工科人才培养模式改革探索[J].中国大学教学,2017(6):6-10.

[3] 姚艳君.成人教育应用型人才培养模式创新研究[J].高教探索,2017(增刊 1):147-148.

[4] 郝兴伟,徐延宝,王宪华.我国高校计算机教学情况调研与分析[J].中国大学教学, 2014(6):81-86.

[5] 郑志新.高校成人教育计算机类专业课程设置研究[J].成人教育,2015(3):71-73.

软件工程与实践教学的实施

王竹云

浙江财经大学信息管理与工程学院,浙江杭州,310018

摘 要:"软件工程"课程是计算机专业必修课,要求学生系统地学习软件开发的过程、工具、方法,掌握软件开发的技术,培养学生在基础技能、团队协作、资料收集、人际交流、项目规划等方面具备较强的能力,使学生适合在现代软件企业中发展。本文根据课程的特点,给出了教学改革与实践教学的方案。通过近几年的努力,学生的综合素质明显增强,就业情况普遍较好。

关键词:课程特点;教学改革;因材施教;课程整合

1 引 言

计算机科学与技术学科是知识更新极快的学科之一,"软件工程"课程是计算机科学与技术专业的必修课程,也是计算机类课程综合应用的一门课程。课程的教学理念、教学方法与教学手段只有不断地加以调整和优化,才能适应该课程教学的需要。我们在继承传统教学方法的基础上,结合专业的特点,不断改革和完善课堂教学、实践教学等的教学方法与教学手段,努力提高学生的学习能力和实践创新能力,取得了一定的实施效果。

2 课程特点

"软件工程"是一门指导计算机软件开发和维护的课程。设置课程的目的就是要求学生通过系统地学习软件开发的过程、工具、方法,掌握软件开发的技术,能用工程的观点来认识软件工程的建设;掌握项目系统的开发方法;掌握项目系统开发的各个步骤及技术,按计算机软件工程规范国家标准撰写文档,使其将所学的理论知识快速应用于项目开发实践,从而具备从事计算机系统开发和维护的初步能力。课程内容抽象,总结性的内容多,条条框框较多,教师不太容易讲解,学生学习起来也感到内容空洞、枯燥乏味、难学。这种普遍现象的主要原因如下:

(1)课程的综合性强。软件开发是一项系统工程,需要开发者具有操作系统、网络操作系统、数据结构、数据库系统和前台开发工具等多方面知识和综合能力。而学生学习的只是单一的课本知识,知识面窄而且没有系统化。

(2)实践经验的缺乏。本课程是实用工程学科,课本内容采用将知识点从具体到抽象、对实践经验进行概括总结的方法加以叙述,但学生对实例并不了解,难以理解所讲述的知识,另外没有适合学生观摩和借鉴的实用软件系统。

要想将该课程讲得通俗,让学生易于接受又能达到相应的教学效果,必须对该课程进行改革,采用案例实践教学,突出实践环节,培养学生开发计算机应用系统的独立解决问题的工作能力及自己动手的实际操作能力。

3 教学改革

3.1 依据培养对象,因材施教

大学本科教育在传授基本理论和基本知识的同时更强调基本素质、基本技能和基本方法的培养,专业理论以培养技术应用能力为主线,具有较强的针对性和实用性。大学本科教育的培养目标不仅是要给学生传授知识技能,而且要培养具有创业和创新精神的人,进行以人为本的教育,培养学生职业道德、技术操作、团队合作和创业能力,传授人文价值观。

3.2 按培养目标,对课程进行整合

现有的《软件工程》教材中对具体方法的介绍一般以面向过程的结构化方法为重点,而面向对象的程序设计方法中的统一建模语言(UML)发展很快。讲授时对课程中纯理论部分适当简略,注重与有关课程的有机结合,重点介绍软件生命周期的 3 个时期 8 个阶段(问题定义、可行性研究、需求分析、总体设计、详细设计、编码和单元测试、综合测试、系统运行与软件维护)的主要步骤、方法;并通过实践教学,让学生自己经历软件开发的每一步,选择适当的开发方法,分组完成一个实用的中小型计算机应用系统的开发工作。

以软件开发过程与特征为本课程的开始,引申出软件生命周期等软件工程的主要思想,并强调文档的重要性,把文档的具体内容放到相应的章节讲授。在详细介绍软件开发的要求与方法时,对系统、管理等影响软件开发的基础性知识,强调其对软件系统建设的作用。

重点在讲解软件系统建设共性、常用开发方法的基础上,介绍结构化、面向对象的分析、设计的思想和方法,并直接用于实践教学中。

针对学生实际应用了解较少,可将有关典型应用,如教师本人多年的软件项目开发的实际范例与开发项目中遇到的实际问题和解决问题的实践体会等内容有机地插入相应的章节,不仅帮助学生理解课程有关知识,也提高学生的学习兴趣,加深对相关知识的理解,为以后继续提高打下一定的基础。

3.3 以问题驱动开展教学

课程开始的第一堂课就以开发项目的实际范例向学生讲述管理信息系统的演变过程:分别介绍单机 MIS 系统、多用户 MIS 系统、网络型 MIS 系统、客户/服务器(client/server)MIS 系统、浏览器/服务器(browser/server)MIS 系统、局域网与广域网 MIS 系统,使学生初步认识开发项目从单机的开发到多用户及在网上应用的全过程。指出本课程综合性、实践性特点,明确提出以分组实现一个中小型应用系统分析、设计、实施、测试、运行与维护及相应的文档为主线进行教学,重点介绍工程化思想、方法与工具,对于系统建设过程中需用到的数据结构、数据库技术、计算机网络、前台开发工具及开发环境等先行课程内容,则从系统建设的角度合理运用,对于上述有关课程所缺的知识要求学生自学。让学生明确学好该课程后要完成一个项目的设计工作,最后要提交开题报告、可行性分析报告、软件需求说明书、概要设计说明书、详细设计说明书、系统测试分析报告、系统使用说明书、项目总结报告和系统程序最终软件,并通过项目答辩。教师给出项目总评成绩。[1]

当课程进入可行性分析章节后,在介绍相应各阶段的任务,常用的方法、工具的同时,对学生分组进行的课程设计实践项目开展相应的检查、交流,并要求传给老师电子文稿,老师在一个工作日内批改并返回修改意见。这样做使课堂上讲解的内容及时得到应用,让学生从感性认识上升到理性认识。学生实践中遇到的共性问题又反馈到课堂教学中,这样学生在解决实际问题中加深了对知识的理解。

软件文档是软件的重要组成部分,是软件系统建设各阶段的工作成果和评价依据,因此软件文档的撰写能力是软件开发人员必须具备的素质。软件文档属技术资料,其写作要求具有一般技术资料的基本要求,同时又有软件本身的特点。[2]在课程中明确地将软件文档作为实践教学的内容,也作为课程设计必须完成并提交的内容之一。我们把《计算机软件工程规范国家标准汇编 2011》作为本课程的文档要求。

这种带着明确的实践任务,按照阶段划分、强调文档等系统工程的思想,采用理论与实践相结合的教学方法,使学生既了解了软件开发的基础性、共性知识,又掌握实际开发方法的应用。

3.4 培养团结协作的精神

在软件设计过程中,不仅要发挥每个成员的个人能力,更强调团队合作精神。在教学中除了介绍项目组织过程中强调团队团结协作的重要性外,更主要的是在项目进行的过程中来体现。小组成员的组合以及每个成员的分工均由学生自主进行,但事先告知组合前要注意考虑每组人员的理论知识与实践动手能力相互搭配。每组推荐一名小组长,小组长就类似于项目经理,不仅负责日常事务,还要管好项目要求的各项技术。组员们既要服从组长的领导,又要主动发挥个人积极性,互相尊重、互相学习,依靠团队的力量完成任务。当遇到问题或困难时,任课老师会给予指点、协调。这样同学们不仅提高了专业水平,还加强了团队合作意识,加深了同学们之间的友谊。

老师在整个项目进行过程中采用多种方式给予指导,经常了解学生的项目进展情况。同时给出一些案例,让学生在总结别人的经验的基础上完成自己的系统。老师在教学过程中除了单一的讲授外,还组织形式多样的讨论、演示活动,提高教学效果。

4 实践教学及其组织

软件工程实践课程的设计目标是培养学生的团队合作及工程项目研发能力,让学生在团队环境下使用最新的软件开发工具获得较真实的软件开发经验,提高学生在项目规划、队伍组织、工作分配、成员交流等多方面的能力,培养积极向上的合作精神。

4.1 实践教学

实践教学的主要形式是建立开发小组,每个团队由 5 位或 6 位学生组成,强调协作和分工,完成既定的项目。

项目开发分为 8 个阶段:①问题定义,各团队编写开题报告,并进行公开答辩;②可行性分析,对技术可行性、经济可行性、社会可行性进行分析,给出新系统的逻辑模型,制订系统开发的初步计划;③需求分析,制定假定和约束,以及对功能、性能的规定,说明输入输出要求、数据管理能力要求、故障处理要求,规划运行环境规定;④总体设计,包括系统模块结构设计,功能需求与程序的关系设计,人工处理过程设计,用户接口、外部接口、内部接口的接口设计,运行模块组合、运行控制、运行时间的运行设计,逻辑结构、物理结构的数据库结构设计,出错信息、补救措施、系统维护的系统出错处理设计;⑤详细设计,由系统结构、代码设计、输入设计、数据库设计、程序模块设计、输出设计、测试用例设计的 7 个文档组成;⑥程序设计与单元测试,各小组编写代码并进行单元测试;⑦集成测试(即系统测试),采用白盒测试技术与黑盒测试技术,以及自顶向下、自底向上或自顶向下与自底向上相结合的测试方法进行测试;⑧运行与维护,进行改正性维护、适应性维护、完善性维护与预防性维护。[3]

我们精心编制设计了 8 个实验项目。实验内容需要 18 上机机时,这 18 机时为教学计划安排的实验课时,学生若在规定的上机时数内未能完成,需在课外额外补充上机时间以完成实验作业。实验项目如表 1 所示。

表 1　实验项目一览表

序号	实验项目名称	项目类型	实验课时	必做/选做
实验一	问题定义	设计性	2	
实验二	可行性分析	设计性	2	
实验三	需求分析	设计性	2	
实验四	总体设计	设计性	2	必做
实验五	详细设计	设计性	4	
实验六	程序设计与单元测试	操作性	2	
实验七	集成测试	综合性	2	
实验八	运行与维护	综合性	2	

实践教学采取团队评分制,考核方式为:文档评审占 40%;程序评审占 30%;答辩占 30%。

4.2　实践教学的组织

课程设计或项目开发的项目可以由任课教师给出,也可以由学生自己选择,经老师同意即可。在系统开发环境选择上,可以根据项目需求和学生掌握知识的情况,自主地选择所熟悉的一种前台开发工具、后台数据库、操作系统等。如前台开发工具有 VB、VC＋＋、Java、Delphi、PowerBuilder;后台数据库有 Sybase、Oracle、SQL Serve;操作系统有 Windows、UNIX 等。

从项目立项开始,进行系统可行性分析、需求分析、设计、实现与测试、评价等各环节,每个阶段应递交相应的文档,并进行检查和交流,对检查中发现的问题和不足,要求进行改进和完善,才可进入下一个阶段的工作。每一个阶段都要求有评审,严格控制。检查、交流与指导工作重点放在老师指导上,也可在师生之间、同学之间互相进行,各组汇报进展、成果以及遇到的问题,其他同学可提问和给出帮助性建议等。特别是做同样或类似的项目的小组会针对性很强地提出实际问题或从中得出有益的启发,老师在最后提一些综合性的建议和要求。

项目结束后,要组织答辩。先由小组长对他们的项目的功能及基本情况进行简明扼要的陈述,然后让每个同学说明在整个项目开发过程中所完成的任务,并进行一一演示操作运行。老师可针对每个同学的实际负责的部分至少进行 3 个以上的提问,这样既有助于帮助每个同学对知识的掌握,又可以了解每个同学所完成的任务。

在学生完成项目之后,除递交系统和文档外,每个同学还必须进行总结,说出个人在参与项目开发过程中的心得体会。让学生自己在总结中学习知识,在总结中提高水平。

最后,学习效果评定,针对本课程特点,将理论和实践能力、学习态度、创新能力等进行综合评价,并从众多的项目组中挑选出较好的一两个组进行评价,使同学们充分认识到自己所做的与其他组确实存在一定的差距,找出问题所在,不断改正自己的系统,力求更加完善。

5　实施结果

软件工程实践教学体系已在我校计算机科学与技术专业教学中进行了全面实施,涉及的学生总数达 1000 余人。通过近几年的努力,学生的综合素质明显增强,就业情况普遍较好。企业认为,我校所采取的工程化实践培养机制适合业界的需求,培养的学生在基础技能、团队协作、资料收集、人际交流、项目规划等几个方面明显具备较强的能力,更加适合在现代软件企业中发展。学生认为,学了四年的课程,是"软件工程"课程将其所学的基础知识与专业课程有机地结合起来,教会了其设计、开发一个系统,使之能够很快地适应新的教学体系和实践教学的教学内容,通过工程化实践教学,自己的理论应用能力有了很大提高,所学知识在企业实习及实际工作中能够真正找到用武之地,在就业等方面具备更强的竞争力。应届毕业生带着实践教学的文档到招聘单位应聘,叙述按软件工程学的方法研制项目的过程,展示项目的成果,得到招聘单位的认可,更易被招聘单位录用。同时,考核方式的变革使得实践能力真正成为评价人才的标尺,体现了素质教育的理念。

参考文献

[1] 薛华成.管理信息系统[M].5 版.北京:清华大学出版社,2007.

[2] 郑人杰.实用软件工程[M].北京:清华大学出版社,2010.

[3] 张海藩,牟永敏.软件工程导论[M].6 版.北京:清华大学出版社,2013.

创新创业型人才培养教育教学模式探索与实践

吴　俊　冯向荣

义乌工商职业技术学院机电信息学院，浙江义乌，322000

摘　要： 高校创新创业型人才培养是一项重要任务，推进创新创业型人才培养教育教学模式的探索是顺利完成创新创业人才培养的重点。我校从创新创业型课程体系建设、人才培养模式、创业教育实效性来进一步提升学生创新创业能力，为培养高质量人才打好基础。

关键词： 创新创业；人才培养；现代学徒制；课程体系；创业竞赛

1　引　言

教育部明确提出从 2016 年起全国高校必须开设创新创业教育课程，以培养学生的创新能力和创业意识[1]。培养大学生创新创业精神和实践能力是高校开展创新创业教育的核心目标，高校创新创业型人才培养需要围绕人才培养模式、教师队伍培养、人才培养平台建设等开展。

2　创新创业教育课程体系建设

2.1　"以赛促学、以赛促教"课程体系建设

创新创业大赛表面上是在"赛学生"，实质上是在"赛教师"，对于高职的教师来说，不仅需要扎实的专业知识，还需要将"双师型"的能力传教给学生。围绕"以赛促学、以赛促教"建立一套紧密结合大赛与教学的课程体系，围绕教学理念、教学观念、教学方法倡导自主学习，培养创新能力，在大赛的选拔、训练、参赛等过程中，建立行之有效的课程体系，从而培养学

生良好的心理素质、职业素养和就业能力。教师围绕"以赛促学、以赛促教"的课程体系,进行全面的选拔和点对点的辅导。课程体系还可以围绕"专业创新"及"专业创业",结合企业进行德国式的双元制教学课程体系建设。社会和学校将成为一个统一的整体。

2.2 创新创业学分替换制建设

创新创业学分替换制度建设,促使大学生在规定修业年限内根据自己的特长和兴趣参加科技创新、学科竞赛和自主创业等活动,并取得具有一定创新和实践意义的成果。从项目、要求、等级、学分和认定部门来划分,学分制度可以分为:学术论文、专利、大学生创新创业训练计划项目、创新创业类大赛及学科竞赛、自主创业、创业培训和国家职业资格证书、专业技术技能证书。学术论文学分的认定内容与标准如表1所示。项目参与式创新创业教育实施流程如图1所示。

表1 学术论文学分的认定内容与标准

项目	要求	等级	学分	认定部门	备注
学术论文	国内外期刊正式发表	SCI	10	科研处	第一作者
		EI	6		
		国内核心	4		

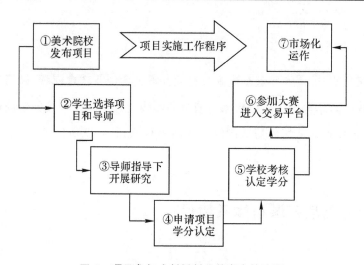

图1 项目参与式创新创业教育实施流程

2.3 丰富教学内容

在基础课和专业课的基础上增加创新创业教育课程,强调创新创业教育的过程性、实践性、创造性和应用性,通过丰富多彩的实践教学充实创新创业教育,整合实践课程与理论课程,培养学生的独立工作能力,提升学生的创新意识,增强学生的社会责任感和就业能力。改变传统的"填鸭式"教学模式,采取更加具有创造性,能激发学生潜能和求知欲的教学方法[2]。

教师还应顺应社会发展潮流,在专业课程基础上随时关注社会文化动态[3]。

2.4 建立具备创新创业教育特色的工科专业课程体系

将创新创业教育纳入计算机专业系列课程,创新创业型人才培养教育教学与计算机专业系列课程有机融合,建立多层次、立体化的课程体系,突出专业特色与学科,在实践教学环节、学科前沿课程建设、综合性课程、教学方法、教学内容和考核评价改革。通过融合,梳理和整合学科竞赛平台,形成由课内到课外、校内到校外的层次化实践教学组织流程[4]。

3 创新创业人才培养模式

我国的创新创业教育可以分为四个阶段:启蒙期;勤工俭学创业期;部分高校开设"创新班"和培养创业精神的通识课,即 1.0 启蒙期;大众创业、万众创新的 2.0 政策期。

3.1 现代学徒制模式

现代学徒制是通过学校、企业深度合作,教师、师傅联合传授,对学生以技能培养为主的现代人才培养模式。创新创业人才培养将企业创新人才与学校学生以一对多的形式进行手把手带动,深化产教融合、校企合作,是推进工学结合、知行合一的有效途径。

3.2 "青创＋轻创"培训项目模式

学院同阿里巴巴国际站合作开设"青创＋轻创"培训班,主要内容包括阿里巴巴国际站的操作规则及操作技巧,案例包括阿里巴巴橙功营的培训方法和成功经验。同时为"青创＋轻创"班同学提供创业场地和创业指导,开展定期的专题培训指导,提供问题的解决渠道。

3.3 "Wish 星青年"培养模式

学院和中国 Wish 官方开展的校企合作项目,通过培训挑选收录学员 175 人次,目前已有多位学员销售额达到 1 万美元以上。"Wish 星青年"主要培养 Wish 平台跨境电商创业、就业实战技能人才,通过培训、测评、考核等方式来进行择优选择。该培养模式为创新创业人才培养提供新的途径。

3.4 SYB 创业培训班模式

SYB 的全称是"Start Your Business",意为"创办你的企业",它是"创办和改善你的企业(SIYB)系列培训教程的一个重要组成部分",由联合国国际劳工组织开发,是为有愿望开办自己中小企业的创业者们量身定制的培训项目。

SYB 培训不仅针对学生,还针对社会下岗失业人员,鼓励他们实现自主创业,培训主要针对新增劳动力,实现"创新强省,创业富民"的理念。通过参加 SYB 创业培训班,学生进一步走向社会,不仅可以和社会人员一起接受创新教育,还可以从中获取社会经验知识,同社会上的人员交流合作,学习具有实践意义的课程体系。

4 增强创业教育实效性

创业是我校三大特色之一,学校不仅有创业学院,还在各个分院成立创业班,校内外开展大学生创业竞赛项目,得到了市政府和相关企业的资助,探索以课程改革强化知识获取,以课程实训强化能力获取以及人文关怀强化素质获取的可复制,适于推广的创业教育实效性途径[5]。

4.1 改革人才培养模式

同高教园区、创业园区、文创园及创业学院和企业进行创业基地建设、企业参与和联合培育创业项目,将创业理论成果转化为现实生产力,形成内外联动机制,提供管理、技术、培训和咨询等服务。

学校还同创业学院开展建设创新创业交流室、模拟谈判工作室等实训基地。以创业班、创业课程、创业模拟训练等各种形式,对各个领域的学生进行意识、知识、精神和技能的培养。激发学生创业热情,转变学生创业观念,提升学生创业能力,改变学生创业观念。

4.2 开展创业计划竞赛

学校主动将团委、学生社团、勤工助学中心和竞赛等活动结合起来设计创业计划竞赛,开展丰富多彩的创新创业竞赛活动。通过案例向学生展示成功创业者的创业精神、创业过程和创业纪律。通过大赛的宣传活动,可以整合社会资源促进大学生创新创业发展,创业计划竞赛围绕专业,以计算机项目为载体,以学院师生为源头,以社会服务为实践场合,充分发挥大学生的主体作用,达到了培养创新创业型人才的目的。

学校紧密依托义乌市场优势,励精图治,打破常规,开拓创新,走出了一条以"创"立校的特色办学之路,形成了创业教育、创意教育、国际教育三大办学特色,在培养创新创业型人才和服务地方经济社会发展方面取得了令人欣喜的成绩。我校注重内涵建设,深化产教融合,加强校企合作,深度融入义乌区域经济社会发展,搭建"专业＋创业"课程体系,搭载协同开放实践平台,培养了大批创新复合型的电子商务创业人才,有力促进了义乌"小商品之都"建设。

参考文献

[1] 刘双奇."全过程实习"创新创业型人才培养模式的探索与实践[J].东北农业大学学报,2016(5):86-90.

[2] 周晓晶.创新创业教育人才培养模式的研究与实践[J].中国现代教育装备,2014(23):63-65.

[3] 褚晓冬.创新创业型人才培养模式研究与实践[J].课程教育研究,2016(14):220.

[4] 孙跃东.创新创业型人才培养的探索与实践[J].时代教育,2016(11):102-104.

[5] 孙云龙.创新创业型人才培养模式研究[J].高教学刊,2016(2):12-16.

服务于区域建设的高校创业人才培养模式研究

谢志军　　王保成

宁波大学信息科学与工程学院,浙江宁波,315211

摘　要:在当前地方区域建设发展新形势下,基于区域建设的需求开展地方高校创业人才培养,是时代的要求,是区域建设的需求,也是对教育更高水平的要求,构建什么样的创新创业人才培养模式也成为高校尤其是地方高校教育工作者的新课题。本文分析了培养创业人才的意义,构建地方高校"分子型"创业创新人才培养模式,解析其内涵,为地方高校开创了一个人才培养新方向。

关键词:区域城乡建设;地方高校;分子型;创新创业人才培养模式

1　问题提出

区域建设的成效,归根结底取决于劳动者素质和创新人才的数量、质量。创新创业人才是大量人才资源中的精华,是提高自主创新能力,实现经济增长方式转变的重要推动力量。创新人才资源的开发利用,不仅可以直接促进社会生产力的进步,而且可以优化区域人才资源结构,有助于从根本上提高其他生产要素的利用与配置效率,实现区域城乡经济持续、快速、协调、健康发展和社会全面进步。因此,创新创业人才已经成为区域经济生产的关键要素,只有针对性地培养创新创业人才,才能保证人才兴业战略和推动区域建设的方针得以顺利实施,使之成为推动区域城乡建设的主要力量和最直接的动力源泉。高等教育以其通过人才培养传播知识,通过科学研究创造知识的功能,成为经济社会发展的重要因素,地方高校教育发展需要为区域经济发展提供支持。

联合国教科文组织在1999年发表的《21世纪的高等教育:展望与行动世界宣言》中提出:"必须将创业技能和创业精神作为高等教育的基本目标。"2007年10月15日召开的中共十七大,在中国社会发展的关键时刻,提出了"以创业带动就业"的要求。2015年,李克强总理在政府工作报告又提出"大众创新,万众创业"。全国很多高校就"大学生创新创业能力培养""高校创业教育""大学生创业与就业研究""大学生创业培训研究"等课题进行了研讨,在当前高等教育深化改革、提高质量的新形势下,高校要通过创业教育培养学生的能力,为区域城乡建设培养创新型、创造型、创业型人才。深入开展创业教育,使学生不仅成为接受给定知识和给定技能的主体,还成为具有创造能力、创新能力的主体。

基于区域建设开展地方高校创业人才培养,是时代的要求,是区域建设的需求,也是对教育更高水平的要求,构建什么样的创新创业人才培养模式也成为高校尤其是地方高校教育工作者的新课题。

2 关于创业人才的概念

关于"创业",学术界的定义很多,主要可概括为三个层面,即"创新性行为""创立事业、职业""创办企业"[1]。彼得·德鲁克(Peter Drukker)认为,创业是开创新的事业,必须要创造一种新的组织模式,而非重复老套的旧模式,其本质也是在组织中建立新的生产函数。可见,传统上对创业的理解,就是新组织的创造。然而,这在一定程度上限制了创业内涵的丰富性。Sharma 和 Chrisman 在此基础上,进一步对创业的概念进行研究,并提出一个综合性的新观点,创业既包括新组织的产生,也包括在组织内创新的过程[2]。所谓组织内创新,与国内学者提出的"内创业""岗位创业"等概念在本质上是一致的。因此,在创业的概念上,事实上国内外学者已形成一定的共识:创业包括新组织创造和组织内创新,且创新是创业的根本特征[3]。

对于创业人才的概念界定,学术界没有统一的定义。法国经济学家萨伊认为,创业者是打破经济稳定状态及其组织制度,以一种创造新财富的方式将各种生产要素聚集在一起的人。熊彼特则认为,创业者是引进"新结合"的经济概念,"新结合"则包括新产品、新生产方法、新市场、新原料等的重新组合[4]。根据上述分析,我们了解到创业人才、创业者的含义几乎是一样的。创业人才是"具备开拓进取精神,敢为人先并奠立事业基础的开创性、综合性、复合性高素质人才"。

创业人才培养有两个维度:一类是培养将知识、技术转化为商机的企业家;另一类是指并非真正创办企业的一群人,他们具有敢为人先的冒险精神,具有创新意识、社会交际能力和独创工作能力,具备专业岗位技术和管理技能。

综合多个学者的研究,本文中所出现的"创业人才"概述为:那些具有创业素质和创业能力,创办属于自己的新事业,为社会提供服务和创造财富的人。

创业人才的特征主要包括:个人的创业欲望比较强烈,拥有独立思考和判断的能力;勇于尝试并敢于承担由此带来的各种结果;个人期望值较高;具有良好的首创精神;具有良好的沟通能力，责任心较强，自信心较强，同时善于学习，及时更新知识。我们可以把创业的全过程大致分为创业前期、中期和后期（变革）三个阶段，不同阶段展示出创业人才的不同特征。在创业前期阶段，创业人才要有强烈的创业动机和愿望，对创业机会有敏锐的觉察能力，同时充分把握已有的机会，不断创造新的创业机会。在创业中期阶段，创业人才要实现对人、财、物和信息有着良好的组织整合能力，通过科学有效的整合发挥出单位最佳的运行状态，实现利润的最大化。在创业后期阶段，即创业变革阶段，创业人才要谋划长远，审时度势，不仅为企业的发展做好长远打算，还要在发展中勇于发现变革机会，为企业寻找二次变革机会，实现组织的升级换代等。

通过以上表述，我们总结出创业人才有如下显著特征：具有创新精神，对瞬息万变的市场有着自己独到的认识，善于发现商机，通过创立企业使创新成果商业化并获得盈利。创业人才可以是刚刚创建企业的创业者，也可以是未创立企业但已拥有这些能力的创业者。

3　地方高校创业人才培养中的问题

目前，高校早已不再仅仅是研究、传播、保存、教授纯粹学问，它同时担当起服务社会经济发展的重任。高校服务社会经济发展的方式有很多种，把学生培养成符合市场需求的创新创业型复合人才，让他们不仅能实现自身价值，还能够为社会创造更多价值和就业岗位，无疑是高校服务社会的一种重要方式。

一些地方高校开始探索怎么样培养服务本区域的创业人才，在这个过程中取得了一定的成果，同时也存在一些问题。

3.1　地方高校创业人才培养目标定位不准确

我国地方高校的创业人才培养研究起步较晚，并且培养质量整体不高。尽管许多地方高校都在大力宣传创新创业教育的意义，但尚未厘清创业人才培养的目标到底是什么。在某种程度上有些高校仍然认为创业人才培养属于政府职责，而非地方高校的责任。正是地方高校创业人才培养目标定位不准确，导致了当前地方高校的创业人才培养工作流于形式，有些甚至只是为了应付领导检查而草草行事。实际上，在我国社会转型期，社会发展已经不满足于单纯的基础实践能力和简单的管理技能。服务区域创新型经济发展，向社会输送具有创新创业精神和创业能力的毕业生，成为地方高校的使命。

对创业人才培养的目标定位上，有些院校注重创业素质的培养，而有些院校则注重培养创业意识和创业精神，另外有些院校注重培养创业理论知识的系统性传授和大学生创业实践能力。创业人才培养的根本目的，不只在于培养学生的实践动手能力，更在于培养学生在未来社会中的认知能力、创业能力和生存能力,增强学生的创新意识、合作意识、诚信意识,以及承担风险甚至失败的勇气和担当精神,进而为社会创业文化整体建设发挥辐射作用。在实际操作和执行中,很多院校未能把握培养理念,角色定位有失偏颇。

3.2　地方高校创业教育基本设施、人力资源等要素不完善

第一,创业课程体系开发滞后。为了锻炼学生的创业能力和更好地为自主创业做准备,国外的很多学校都开设有创业教育教学课程。然而目前国内设立的创业教育课程种类和教学课时非常有限,不能给学生全面的课堂教学和实践指导,因此不能引起大学生对创业的积极关注,也触动不了大学生对创业冷漠的态度。创业教育的对象是学生,所以相比较其他课程,创业人才培养课程更应该注重学生的主体作用,让学生积极参与其中,充分调动他们对创业的积极性,是创业课程设置的价值所在。但是调查显示,国内大多数高校的创业教育课程仍然停留在专家报告讲座的形式上:台上老师讲老师的,台下学生不停刷手机,对老师讲的创业知识充耳不闻。这种创业教育理论课程的教学效果可想而知。

第二,专职教师缺乏。我国科技发展日新月异,对地方高校毕业生能力及综合素养提出了更高的要求。为了适应社会发展需要,我国地方高校迫切需要建立一支理论知识扎实、技术过硬、科研能力强、实践水平高的创业人才培养师资队伍,从而实现创业人才培养的目标。但令人遗憾的是,我国地方高校中理论实践型导师占专任教师总数的不到1/3,而西方发达国家一般为50%以上;我国高水平创业教育教师更是凤毛麟角。这样的创业教育师资队伍,不仅无法提升地方高校的创业人才培养的质量,反而阻碍了地方高校为地方经济发展输送吻合社会需求的创业人才。

第三,创业教育平台和资源不足。这种不足之处主要表现在当前地方高校在创业人才培养方面投入的人力、物力、财力较少,平台设施建设不够健全。创业教育实训基地设施不够健全,主要体现在很多地方高校内部还未成立大学生创业园,拥有众创空间的学校就少之又少,根本无法为学生提供丰富的创业实践平台。这和学校创业人才培养经费不足有很大关系。此外,目前地方高校对与学生创业项目和活动的支持依然不足,这不仅会使地方高校不能形成良好的创业文化氛围,而且会降低学生的创业实践兴趣。

3.3　创业教育的生态系统不完善,校内外资源整合乏力

李凌己在《创业教育能否让学生满意》一文中第一次提出创业教育生态系统:创业教育生态系统是一个由创业知识流的创新和传承贯穿的,由教育的课程、学生、教师、学校创业教育环境和社会创业环境等要素组成的,自组织的、动态的、相互依存的有机整体,并首次以"创业教育生态系统"为调查对象,对课程内容、教学方法、学习工具、课堂满意度、学校创业教育环境等内容进行调查。创业教育其实是一个生态系统,它由相互关联、相互作用的多个

因素组成，各个因素之间相互影响和相互支撑，而且每一因素都有助于总体功能的发挥。创业活动是一个十分复杂的社会现象，是一个既要保持其组织内部良性运行，也要维系与相关联的各个外部环境要素之间紧密联系和相互依存的生态系统。对于只有知识、技能和满腔激情的大学毕业生来说，单纯依靠学校的创业教育，虽能在一定程度上改善创业者的能力素质，但终究无法解决创业者在创业中所面临的所有问题。

高校解决创业教育实效性问题已经迫在眉睫。同时，我们还应看到当前高校创业人才培养还存在其他的一些问题，地方高校目前不仅在利用社会、政府的教育资源方面做得很欠缺，一些高校内部缺乏统一的组织部门专门负责创业人才培养工作，导致校内创业教育资源分散于部门、院系之间，无法进行有效的整合，致使已有的教育资源被闲置、浪费。走出资源整合乏力的困境，成为地方高校提高创业人才培养实效性的关键。

3.4 创业项目"溢出"不够，服务实体经济不明显

要创业，必须走出校园，关注社会发展的需要，了解国计民生的需要，那么地方高校怎么让创业人才走出校园，如何更好地服务实体经济发展？地方高校作为向社会输送应用型人才的主战场，在创业人才培养上更需要立足于社会经济发展之需，培养吻合地方需求的创业人才，而不是闭门造车，只能输入学生，无法输出人才。地方高校主要是依托所在区域办学，生源也主要来自本区域，培养人才多半在本区域就业，这决定了它在创业人才培养方面要为社会发展源源不断地提供创业人才，服务社会实体经济发展，所以地方高校应该更注重应用技术人才的培养。但是创业不是纸上谈兵，而是提供实实在在的产品和服务，并且满足市场需求，这就要求创业者要有专业的技术水平和丰富的实践经验。但是现在很多地方高校的创新创业项目多半依附于学校层面，只能存在于大学创业园中，不能走向社会，服务实体经济。这些项目一旦进入竞争激烈的社会，多数会夭折，没办法脱离学校的支撑存活，这是国内地方高校普遍存在的问题。

4 地方高校创新创业人才培养模式

如同任何一个职业、任何一项技能一样，创业从不成熟到成熟必将经历多种因素的影响。在这个过程中，个人选择固然重要，教育扮演着更为重要的角色。约翰·杜威的实用主义教育理论提倡"从做中学""从真实体验中学"，西蒙·派伯特的建造主义倡导"在制作中学习""重视学习者的主动性"，这些理论与当下开展创业教育的理念一脉相承。地方高校创业人才的培养以学生为主体，问需产业、企业，激发学生创业兴趣，突出技术应用的实践手段。这种创业模式既具有技术含量，又具备周期短、见效快等特点，符合地方高校学生创业的发

展新趋势,有利于培养技术应用型创业者。

4.1 开展创新教育

高校培养大学生职业素质能力的重要方式之一就是开展创业创新教育,通过创业创新教育培养大学生艰苦创业、勇于创新的精神,强化创业创新意识,开发提高学生的创业知识能力和精神品质,转变大学生的就业观念与择业理念,激发大学生的创业兴趣,形成一定的创业创新能力,结合区域城乡建设需求,力争培养具有创新性思维方式,掌握一定创业技能,具有创新创业素养的创造性人才[5]。创新创业教育首先要开设创业教育指导课程。培养学生的创新创业能力,这就要求地方高校要开设以培养创业创新意识为核心的创业指导公共课程,使学生掌握具备创新创业能力所必需的基本知识、基本技能。增加课程的选择性与弹性,增加选修课在课程设置中的比例,满足学生创新创业的欲望,拓宽学生的知识面,提高学生的综合素质,从而为今后的创业打下坚实的知识基础和素质基础。同时,要完善创业教育教材体系。在借鉴外国经验的同时,结合本校实际情况,科学、完整、系统地设置创业教育课程体系,并在教学计划、教学改革实践中加以体现。创新创业教育离不开高素质的师资队伍。

创业教育的成功与否,关键的因素之一就在于师资队伍建设。创业教育需要的教师是具有创业激情、创业能力、创业实践的创业者兼学者,而这种教师,在我国高校中非常缺乏。必须一方面通过集中培训,加强教师掌握创新创业教育的基本知识;另一方面通过开展产、学、研一体化活动,学校在政策上鼓励有能力的教师创业,让教师深入实践单位、企业,体验创业过程,积攒创业案例,丰富创业教学经验。还可以邀请创业者作为特约演讲者或担任实习导师,使没有创业家庭背景的学生也能够对创业者和创业机会有更好的理解。

创新创业教育必须建立与传统考核不同的考核体制。地方高校要根据创新创业型人才的培养目标,建立科学合理的考核体制。全面评价、考核学生在各个阶段、各个方面创新创业的意识、知识、能力和心理品质发展等情况,激发学生的创新创业激情,激励学生积极进取,为区域建设服务,争当创新型、创造型、创业型人才[6]。考评制度的方式应多样化,例如:知识考核可采用试卷的方式,创造力的考核可采用实验、设计、调研等方式,也可以通过网络定期测试。而对教学效果评价,要做到纵向、横向相结合,力图使考评结果客观、合理、公正。从全国高校教育水平考评角度来说,应当把每年大学毕业生的创业比例作为对大学办学水平的重要评价指标之一,设定一定的创业率指标要求,有效引导高校从就业教育和择业教育向创业教育的转变。

4.2 创业文化的熏陶

加强创业文化意识的熏陶,使学生在接受高等教育的过程中学会创新创造,学会发展成长;要强化学生创新创业素质和基本品德的养成,突出学生的积极性与实践性;要贴近大学生关心的社会实际和热点问题,让学生开阔视野,培养创新创业的灵感;增强大学生克服困难、接受考验、承受挫折的能力。地方高校要努力建设体现时代特征和学校的校园文化,突出创业文化教育,完善文化活动设施,开展丰富多彩、积极向上的学术、科技、体育、艺术、娱乐活动和专题教育活动的同时,开展丰富多彩的创业活动,经常分析创业者成功的个案,进行多种形式的创业创新计划比赛,激发学生的创业创新热情和创业创新理念,形成尊敬创业者的浓厚氛围。强调校园文化活动的"四个结合",即校园文化与课程建设的有机结合,专家的创造性指导与学生主动性的有机结合,创造性思维能力培养与实际动手能力训练的有机结合,立志成才与关心社会的有机结合,把创业教育寄于校园文化建设之中[7]。

4.3　注重创业社会实践

地方高校要不断丰富大学生社会实践的途径,搭建社会实践平台,为大学生了解社会、锻炼能力、培养创业创新精神提供服务。在创业教育实践中,学校要面向全体学生、面向创业项目团队和面向创业精英,建立 4 种不同类型的创业教育平台。第一类是主要面向大学一年级新生的创业见习基地。让学生在接触社会中得到创业精神的具体感悟。基地来源具有广泛性,只要蕴涵创业精神的教育活动场所,皆可纳入。第二类是主要面向大学二、三年级学生的创业实习基地。通过短学期的实践教学、专业生产实习等环节,学生在基地指导人员和学校指导老师的引导下,经受实际训练,全面提高创业素质。第三类是主要面向有创业激情和兴趣的学生的创业社团基地。通过成立创业类社团,配备指导老师,投入经费支持,使学生在活动中提升创业能力。第四类是主要面向潜在的大学生创业个体的创业岗位基地。通过学校与科教园合作创设校内外创业实践岗位,包括校内勤工俭学岗位、便民服务岗位、校外工作岗位等。

4.4　构建创业实践基地

地方高校要加大基础投入,构建创业孵化基地,打造创业平台,帮助大学生开展以专业为核心的自主创业活动,并且给予如专业技术工商注册、财务管理经营等方面的专业辅导。地方高校在实施创业教育的过程中,要采用校企联合的模式,可在企事业单位创立学生创业实践基地,学校本身也可以利用自身的优势创办一些实体,为学生提供创业实战演习场所。根据学校专业设置情况,制订周密的创业培养计划,通过创业教育的实践活动,鼓励广大学生在不影响学习的情况下利用周末及业余时间创立一些投资少、见效快、风险小的实体。学生从中体会到创业的乐趣与艰辛,体会成功的喜悦,在潜意识中培养了创业意识,在活动中锻炼了创业技能。

参考文献

［1］彼得·德鲁克.创新与创业精神:管理大师谈创新实务与策略［M］.张炜,译.上海:上海人民出版社,2002.

［2］乔治·戴,保罗·休梅克.沃尔顿新兴技术管理［M］.北京:华夏出版社,2002.

［3］唐纳德·舍恩.培养反映的实践者［M］.郝彩虹,等译.北京:教育科学出版社,2008.

［4］谢志远.大学生创业教育的本土化的探索实践［M］.杭州:浙江大学出版社,2011.

［5］刘洋.高等学校实施创业教育的研究与探索［J］.现代教育科学(高教研究),2004(2):83-84.

［6］罗家玲.论高等学校创业教育及大学生创业［J］.学术论坛,2007(10):203-204.

［7］马敬峰.大学生科技文化素质培养模式改革探索——宁波大学全面实施"大学生创新创业训练计划"［J］.中国大学教学,2009(7):22-24.

［8］覃永晖,吴晓.服务区域城乡建设的地方高校创新创业人才培养模式［J］.广东农业科学,2011(22):175-180.

新工科理念下与阿里云产教融合培养大数据人才的模式探讨①

张红娟　林　菲　傅婷婷

杭州电子科技大学计算机学院,浙江杭州,310018

摘　要:新工科背景下,高校大数据人才的培养,离不开企业大数据和实际项目案例的支撑。本文以杭州电子科技大学计算机学院与阿里云进行产教融合为例,讲述了新工科背景下,产教融合实践平台的搭建、师资培养和产教融合前后课程体系的变化。

关键词:新工科;产教融合;大数据人才;阿里云

1　引　言

2015 年,国务院印发《统筹推进世界一流大学和一流学科建设总体方案》,强调"深化产教融合,将一流大学和一流学科建设与推动经济社会发展紧密结合",对高等教育和"双一流"建设提出了深化产教融合明确要求。2016 年,党中央印发《关于深化人才发展体制机制改革的意见》,进一步明确要求"建立产教融合、校企合作的技术技能人才培养模式"。

2017 年 12 月,国务院办公厅发布了《关于深化产教融合的若干意见》,进行"四位一体"的系统化政策设计,其核心内容是"改进产教融合、校企合作的办学模式。健全行业企业参与办学的体制机制和支持政策,支持行业企业参与人才培养全过程,促进职业教育与经济社会需求对接"。2018 年政府工作报告指出,要做大做强新兴产业,实施大数据发展行动。

近年来,以大数据、物联网、人工智能等相关领域为特征的新经济步入了高速发展阶段,然而由传统教育模式培养出来的人才却无法从数量和质量上满足其发展的需求,因此,全面推动以培养创新型复合人才为主的新工科势在必行[1]。而大数据专业的人才培养,必须要

---

①　资助项目:杭州电子科技大学 2016 年高等教育研究资助项目"大数据背景下计算机＋会计复合型人才培养模式探索与实践研究"(YB201629)。

依托企业这一"风向标"。当前中国高校大数据专业正在起步阶段,无论是课程体系、实验平台、师资还是科研能力,都比较薄弱,而企业恰好能从行业和企业实际项目案例等维度提供相应的支撑。

2　确立产教融合模式

2.1　搭建产教融合协同实践平台

杭州电子科技大学地处 IT 行业集中度较高的杭州,长期与各大 IT 企业有着密切的合作。学校倡导校企携手开展产教合作协同育人项目。下面以杭州电子科技大学计算机学院与阿里云的产教融合项目为例进行分析探讨。

该项目实践平台分别设置在阿里巴巴园区和杭州市西湖区文一路 115 号,场地和硬件设备分别由阿里巴巴和杭州电子科技大学计算机学院提供,系统软件等配置由阿里云中心设计和完成。校内学生的教学实践主要在文一路 115 号的实践平台上完成,部分会在阿里巴巴园区内体验。计划中实践平台均会对外开放,以培养更多的大数据库分析、运维和管理人才。

2.2　产教融合的师资培育

实现优质教育资源共享和校企间有效互动,成为产学融合的桥梁,也是阿里云在教育行业的下一个目标。高校的优势是课程体系完善、以学术为导向,让学生有扎实的学术基础以面对未来的工作和研究,注重学生的可持续发展和国际视野等,并且储备了一批教学经验丰富、学习能力极强的师资队伍;而阿里云的优势是结合企业应用,拥有优质教育资源(人才、数据、项目环境),可以培养和输出大规模高质量云生态人才,但缺少大量的培训师资。两者融合将为整个云生态的合作伙伴提供源源不断的人才,助力整个云生态下大数据人才的供应和质量提升。

学院加强教学内容与课程体系改革,阿里云帮助学院开展多元化师资培训,包括讲座、实践项目培训和跟班助教等培训形式,促进大数据技术与教育教学的深度融合;创新教学模式,同时推动教学管理体系的现代化发展,从教学内容和管理两方面进行全方位优化。

3   课程体系和教学内容改革

3.1   阿里云大数据实践课程体系

目前,阿里云大数据实践课程体系包括六大模块。学生学完每一个模块后都必须提交实践作业。作业不合格不能进入下一个模块的学习,但学生可以预约导师进行辅导。通过前五个模块的学习后,学生有机会接受一位精英培训师的一对一辅导,模拟与企业的面试。六大模块的知识结构如图1所示。

其中"模块5:大数据平台的安全性"为选修课程。模块中 MaxCompute 为阿里云的大数据 SQL 分析组件,TableStore 为阿里云的 NoSQL 数据库管理系统。

图 1   阿里云大数据实践课程模块结构

3.2   融合后的课程体系

根据阿里云建议,阿里云大数据课程六个模块的学习不会超过 10 个月。结合软件工程专业课程设置,我们把阿里云课程融合进学生大三的专业模块方向中,在一个学年内学习完毕。

软件工程专业已经设置的课程有:数据库系统原理、操作系统、计算机组成原理、Oracle数据库应用、Linux系统及应用、大数据基础、大数据实践开发、大数据实用案例与分析、数据仓库与挖掘、数据可视化原理及应用。

经过与阿里云团队的反复沟通,在软件工程专业中设置了"阿里云大数据"方向,该方向的课程结构如图2所示。

图2 阿里云大数据方向课程结构

按照图2,模块0是软件工程专业原有的必修课程,模块1即专业原有的"大数据基础"课程,在后续的几门大数据课程中融合进阿里云模块2、3、4的课程内容,这样既没有影响软件工程专业原有的课程设置和学分设置,又保证了课程内容的与时俱进和足够的项目实践案例。所有的大数据库课程的实践,都由阿里云的工程师承担。

4 结束语

在新工科背景下,产教融合已成为近年来促进职业教育、高等教育发展,加强创新型人才和技术技能人才培养的一项重要方针,产教融合的核心是要让行业企业成为重要的办学主体,这是深化教育供给侧结构性改革的重大举措。

高校大力推进工程教育专业认证,将国家级标准引入创新人才培养体系,全面保障和推动产教融合项目的发展。

参考文献

[1] 杨克瑞.产教融合:问题、政策与战略路径[J].黑龙江高教研究,2018(5):35-37.

基于多平台创新创业教育培养模式的探索和实践①

周杭霞　陆慧娟　陈建国　刘　倩

中国计量大学信息工程学院,浙江杭州,310018

摘　要:针对本科院校中计算机专业学生开创创新创业教育的现状,我们制定了一套有效的创新创业实践教育设计方案、课程体系及与人才培养相互激励机制和实践平台,为当前应用型本科教育和人才培养模式中亟待研究与解决的问题提供了一定的理论依据、实证材料及数据分析。

关键词:多平台;创新创业教育;培养模式

1　引　言

创新创业教育是适应经济社会和国家发展战略需要而产生的一种教学理念与模式。自1989 年世界经济合作和发展组织的专家柯林·博尔在北京召开的"面向 21 世纪教育国际研讨会"上正式提出了"创业教育"概念后,教育部又提出"高等学校创业教育要面向全体学生,融入人才培养全过程,把创业教育有效纳入专业教育,建立多层次、立体化的创新创业教育课程体系"[1]。自此,培养具有创新意识、开拓精神的创新型人才便成为当代大学生培养的目标。

目前,本科创新创业教育的影响力远不如高职高专,《2011 年中国大学生就业报告》显示,2010 届本科毕业生自主创业比例为 0.9%,而高职高专毕业生自主创业比例达 2.2%;三年后本科毕业生 2.8%的人自主创业,而高职高专有 6.9%的人自主创业[2]。从数据上看,本科毕业生自主创业率低于高职高专毕业生自主创业率,其主要原因是,高职高专院校重视学生的实践和创业意识,专业紧跟市场发展需要,创业门槛低。由此可以看出,本科院校中

---

①　资助项目:中国计量大学校立教改项目"计算机专业创新创业实践教育模式研究"(HEX2016006);浙江省高等教育教学改革项目(jg20160071);浙江省示范性中外合作办学项目等。

发展创新创业教育已迫在眉睫。

针对当前本科计算机专业创新创业教育和人才培养方案实施过程中,过分强调以市场和就业为导向,而忽视了作为职业人的一种可持续性发展战略问题,多平台创新创业培养模式的探索和研究有着重要的现实意义与战略价值。

2 目前高校计算机专业创新创业人才培养问题

随着人工智能、大数据技术等新一代信息技术的广泛应用,计算机作为一门紧密结合信息化技术的学科,除了简单的专业知识学习和计算机应用能力培养外,应将核心关注点放在如何提升学生独立解决问题的能力,以及如何培养其创新意识和创新能力上。在当前信息时代大背景下,高校只有打破传统教育模式,重构创新创业课程体系,推进创新创业教育教学改革,才能达到实践型创新创业教育的目标[3]。

我国现有的教学模式在实践创新能力培养方面,面对学生的个性化、特色化以及专业的社会化的问题,难以适应日益增长的人才需求,具体表现在以下两个方面。

2.1 传统教学方式

传统的教学模式中,教师的主要任务是向学生灌输标准化知识,学生的主要目的是对知识的认识和记忆[4]。在传统实践教学中,虽然有大量的实践环节,如课外实习的生产实习和认知实习等,但局限于参观了解专业发展方向,而且仅有部分实习涉及简单的企业项目的理解层面,与创新创业教育理念相差甚远。

2.2 传统"创新"人才培养模式

近些年来,各类培训学校层出不穷,为学生提供了较为丰富的实践环境和实践指导,目前各高校也有诸多实践环节与其合作进行实践教育。虽然这种培训机构为学生提供了快速进阶的平台,但此类培训皆存在一些共性:时间短,目的性强,标准化培养,无法满足企业的多元化需求。应用型创新型人才的培养更需要的是基于知识来提高学习者的创新意识,创业是人才培养而不是人工技术培训[5]。

3 高校多平台创新创业人才培养模式研究

为了适应教学改革形势,开展创新创业教育工作,高校应改变原有的教学模式,将以往单一传授知识的模式转变为培养创新意识和创新能力的创新型人才培养模式,为进一步提高大学生创新创业能力提供良好氛围。

针对计算机专业教学面临的变革及问题,我们分析与研究创新创业人才培养的一些关键要素及其内在逻辑关系,并对实践工作不断进行摸索与总结,提出了三个改革方面。

3.1 创新创业意识培养

提高创新创业能力和素质,最重要的是增强大学生的创新创业意识和思维,构建循序渐进式课程体系框架中的基础层次。

首先将创新创业意识融入大学第一学年日常课堂教学中,依据本阶段教学目标设置两种课程:一种是创新意识培养课程,如开设相关的国家专利或科技前沿专题讲座、学术讲座等;另一种是创业意识培养课程,如开设"创业分析与计划书"课程,创建创新创业论坛,分享众筹、创客等案例,使学生及时了解国内外创业者的成功过程。

3.2 创新创业能力培养

创新创业能力培养是构建课程体系框架中的第二层次,也是过渡层。针对计算机专业学生创业新能力的培养来说,要在理论教学的同时更加注重实践方面。

将计算机专业整个大学期间的实践教学活动作为整体来考虑,实践平台由导师制、学生社团、大学生科技创业园、校企合作、创业学院共五部分组成(如图 1 所示),构建出一套针对计算机专业创新创业教育与人才培养的相互激励机制及相应的实施方案,以分阶段、多平

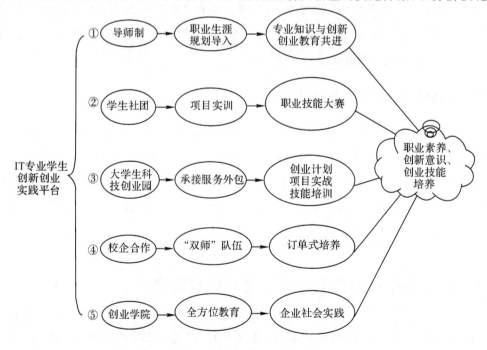

图 1　IT 专业人才创业实践多平台实施方案

台、阶梯式创新创业教育形式,达到多层次、立体化的人才培养模式。整个计算机专业创业教育实践按照 5 个平台阶梯式的发展进行,每一个平台的教育与实践都离不开职业素养、职业道德规范、创业意识和创业技能实训,最终目标也是培养本科院校计算机专业学生的职业素养、创业意识与创业技能。

3.3 创新创业能力实现路径

创新创业能力实现路径可以说是创新创业能力具备的一种初步模拟。

一方面学校通过开展选修实训课程,组织学生参加各种相关竞赛,初步检验学生的创新创业能力,如组织学生参加"挑战杯"创业计划竞赛、互联网大赛、电子大赛、物联网技术应用大赛等多种竞赛活动,鼓励学生申报课题,申请专利,激发学生的创新灵感,体现学生的创业能力。

另一方面构建创新创业的实践平台。借助校内创新实验平台开展第二课堂活动,拓展校外实践平台,提高创新创业能力;进行专业实验室建设,推进以学生兴趣为主导的技术应用和以学科竞赛为主的大学生实践科技创新平台的开展;加强校企合作及联合培养基地建设,培养学生具有较强的动手实践能力、自主设计能力和综合科研创新能力。

鼓励学生从大一开始就选择确定创新课题,开展相关第二课堂活动。从学习专业课程,到创新课题探索、联系指导教师,再到申请各类创新项,形成专利或论文,延伸至毕业论文或毕业设计,形成系统化的培养体系,整个过程对提升学生的创新精神和创业实训能力都有助益[6]。安排大四学生进行顶岗实习。实习过程中,针对具体企业的需求,制定科学合理的创业实践过程,包括:创业项目内容选定,组建创业项目团队,编制创业项目计划书,创业项目启动准备及运营,创业项目运营管理与维护,创业项目运营成果综合评价[7]。让大学生在真实企业的工作岗位上进行顶岗工作,切实感受自身的工作能力,充分提高自身的创新创业能力。

4 应用实践

基于计算机专业人才创业实践多平台的创新创业教育培养模式,中国计量大学信息工程学院探索了专业创新机制及创新能力人才培养模式。2016—2018 年期间,中国计量大学信息工程学院取得了以下主要成果:培养的本科生申请并获批多项国家及 40 余项省级大学生创新创业项目;参与该项教学实践研究工作的教师中,有 5 人被学校聘任为首批创业导师;创办 ACM 基地、多媒体基地、服务外包基地、创业学院等创新创业培训基地;以此工作为核心,登记软件著作权 30 余项;经培养指导的计算机专业学生中有至少 15 人选择创业。

参考文献

[1] 郭雷振.我国高校创业课程设置的现状探析[J].现代教育科学,2011(9):28-32.

[2] 陈亮,王燕萍,邹建华.高职创业教育与专业教育融合共生模式实践——以江西外语外贸职业学院为例[J].职业技术教育,2012(32):76-78.

[3] 李伟铭,黎春燕,杜晓华.我国高校创业教育十年:演进、问题与体系建设[J].教育研究,2013(6):42-51.

[4] 李太平,王超.个性课堂及其建构[J].高等教育研究,2015(12):63-70.

[5] 李正新."双创教育"研究项目的价值及其实现路径[J].中国高教研究,2016(10):88-92.

[6] 杨潞霞.基于大学生创新创业能力培养的课程体系建设[J].计算机教育,2018(1):131-134.

[7] 谭立章,钱津津.以创业实践为载体提高创业教育实效性研究[J].高等工程教育研究,2015(1):140-143.